Hans Graßmann

Ahnung von der Materie

Physik für alle

Hans Graßmann

Ahnung von der Materie

Physik für alle

DUMONT

Erste Auflage 2008

Umschlag: Zero, München
Satz: Fagott, Ffm
Gesetzt aus der DTL Documenta
Gedruckt auf säurefreiem und chlorfrei gebleichtem Papier
Druck und Verarbeitung: CPI – Clausen & Bosse, Leck
Printed in Germany

ISBN 978-3-8321-8082-9

$$S = k \cdot log(W)$$

Inhalt

Einleitung: Lang lebe Boltzmann!

Boltzmann ist hier vor 100 Jahren gestorben, das war 1906, er hat sich das Leben genommen. Deshalb hat der Physiker Sreenivasan im Schloss von Duino eine Konferenz veranstaltet, zum Gedenken an Ludwig Boltzmann. In erster Linie waren die Physiker der umliegenden Universitäten eingeladen. Von denen hat sich aber keiner blicken lassen, außer jenen, die einen Vortrag halten durften.

Das Schloss war trotzdem voll, denn junge Menschen aus der ganzen Welt waren gekommen, aus China, aus Indien, aus Afrika und aus den Ländern Europas, mit ihren Lehrern. Es waren Schüler der internationalen Schule in Duino, wo die besten Schüler der Welt, egal ob reich oder arm, zwei Jahre zusammen lernen und leben dürfen.

Wenn so viele junge Leute auf Schulausflug sind, geht es meist hoch her, aber das hier war wohl kein Schulausflug, denn alle waren ganz still und besonnen, so, als wäre Boltzmann erst gestern gestorben, als hätten sie ihn gekannt, als wäre er ihr Großvater gewesen. Und dadurch wurde er es auch, auf eine Art, die man nicht leicht erklären kann.

Es ist deswegen sinnvoll, Physikbücher so zu schreiben, dass sie auch für Jugendliche verständlich sind. Und dies ist der erste Grund für dieses Buch.

Dann gibt es noch einen zweiten Grund, und das ist eine andere interessante Geschichte, und sie ist auch wahr: Vor ein paar Jahren habe ich nämlich einmal ein Physikbuch für Jugendliche geschrieben (es hieß »Alles Quark?«), es endet mit der Physik von Boltzmann und mit der Physik der Information, zu der die Arbeiten Boltzmanns hinführen. Denn in einem Physikbuch für Jugendliche darf man nicht nur zum 150. Mal über die Physik von vorgestern reden, sondern auch ein wenig über die von morgen, andernfalls wird es langweilig.

Ja, und dieses Buch hat dann zu Entwicklungen geführt, die es sonst nicht gegeben hätte, die also, so gesehen, ohne die Jugendlichen nicht stattgefunden hätten: Zuerst einmal waren meine Freunde vom Verlag ganz begeistert von der Physik der Information und haben mich sehr ermuntert, die Arbeit weiterzutreiben. Das war sehr wichtig, denn wenn man niemanden hat, mit dem man über solche Dinge reden kann, wird man ja trübsinnig und kommt nicht voran.

Und dann hat auch der alte Valentin von Braitenberg sich der Sache angenommen. Valentin ist einer der großen Hirnforscher des 20. Jahrhunderts. Er ist schon pensioniert und arbeitet auf der alten Burg seiner Familie über Meran. Auf so einer Burg kann man gut reden und denken, und nebenan hat Valentins Frau in der Schlosskirche ihr Atelier und malte währenddessen an ihren Bildern. Das gab eine sehr schöne Stimmung, und wir sind mit der Arbeit gut vorangekommen.

Aber um neue Physik zu machen, braucht man irgendwann auch richtig Geld, sonst kann man zum Beispiel nicht die jungen Leute bezahlen, die die ersten Robotgehirne programmieren sollen. Manche finden ja, die jungen Leute sollen ruhig umsonst arbeiten, das nennt sich Prekariat und es sei wegen der Globalisierung und somit modern, also eigentlich in Ordnung, irgendwie. Ich sehe das nicht so. Wenn jemand arbeitet, soll er auch bezahlt werden, ansonsten ist es Betrug. Und wenn es Betrug ist, wie soll es dann Wissenschaft werden?

Da hat wieder das Buch für Jugendliche geholfen, es ist seltsam, aber wahr: Denn so ein Buch lesen ja auch Erwachsene, zum Beispiel der Herr Gerhard Luhn, der bei Infineon die Chipfabriken robotisiert. Herr Luhn hatte schon lange über »Information« nachgedacht. Erstens brachte das sein Beruf so mit sich, und zweitens ist Herr Luhn auch Philosoph, und ein großer Teil der Philosophie hat mit Problemen der Information zu tun, im weitesten Sinne. Er fand es toll, auch einmal die Physik auf seine Arbeit anwenden zu können, und hat uns deshalb sehr unterstützt. So wurden schließlich die ersten praktischen Arbeiten zur Informationstheorie von der Infineon finanziert, dank des Einsatzes des Doktor Luhn.

»Na gut«, könnte da einer sagen, »indirekt haben also die Jugendlichen schon eine Rolle gespielt, denn ohne das Buch für die Jugendlichen hättet ihr den Dr. Luhn nicht kennengelernt und so weiter, aber das ist doch alles sehr indirekt, und ganz direkt zur Physik beitragen können die jungen Leute doch sicher nicht, weil die moderne Physik ja so total komplex ist, da steigt ja nur noch der Fachmann durch, aber doch nicht ein Jugendlicher, der kann heutzutage doch nur zugucken und staunen und hat mit der Sache selbst gar nichts zu tun ...« Es gibt viele Leute, die reden und denken tatsächlich so. Es stimmt aber nicht.

Denn jeder kann Physik verstehen – was man nicht verstehen kann, ist nicht Physik. Aber nicht nur Physik verstehen kann jeder, sondern auch selbst machen: Wenn jemand selbst einen Aufsatz schreiben oder ein Bild malen kann, warum soll er dann nicht in der Lage sein, auch selbst Physik zu machen? Und jeder Beitrag zur Physik ist wichtig, denn ein jeder Beitrag addiert sich zu dem anderen und vergeht nie mehr. Deswegen können auch Schüler und Studenten Wichtiges zur Physik beitragen.

Drei Beispiele:

1) Wir haben (ich erkläre es später genauer) ein sehr einfaches und deshalb sehr preiswertes System aus ebenen Spiegeln entwickelt, mit dem man Sonnenenergie konzentrieren kann, mit dem man also preiswert Sonnenkraftwerke bauen kann. Ein Preis von 2 Cent pro kWh (Kilowattstunde) Wärme-

energie scheint möglich. Alles, was wir dazu gebraucht haben, war das Reflexionsgesetz und das Hebelgesetz – das ist Schulstoff. Das kann man in der Schule bauen.

2) Ebenso kann man auch mit einfachen und billigen Mitteln die Leistung eines Windrades verdoppeln, man braucht dazu nur die Energie- und Impulserhaltung zu verstehen, wiederum Schulstoff. Am Clavius-Gymnasium in Bamberg haben einige Schüler mit ihrem Physiklehrer, Dr. Dietrich, das auch ausprobiert: Sie haben ein Windrad neben einen Flugzeugflügel gestellt und diese Anordnung dann in einem selbst gebauten Windkanal ausgemessen. Das hat ganz prima funktioniert.

3) Seit etwa einem Jahr gibt es den CELL-Mikroprozessor von IBM. Und das ist nicht einfach die soundsovielte Weiterentwicklung der herkömmlichen Technologie, sondern es sind Mikroprozessoren einer ganz neuen Art, die eine ganz neue Art des Rechnens erlauben – man kann mit dem CELL erstmals ernstzunehmende Robotgehirne bauen. Allerdings nur, wenn man den CELL unter dem Gesichtspunkt der Physik studiert. Aber das ist einfach, die Physik der Information ist nicht besonders schwierig, Mengenlehre, Schulstoff. Und auch ein Schüler kann den CELL programmieren, dazu braucht er nur ein bisschen Linux. Und wie kommt man an einen solchen superfuturistischen Hightech-Rechner? Auch einfach: Er steckt in der Playstation von Sony.

Da bleiben jetzt noch zwei Punkte zu klären – für den Leser, aber auch für mich, denn ich muss mir ja so in etwa vorstellen können, was für eine Art von Buch ich schreiben soll: Erstens gibt es ja nicht nur Physik auf dieser Welt; soll dieses Buch auch für die sein, die sich eher für andere Dinge interessieren? Zweitens: Viele Leute halten die Physik für langweilig; sind die einfach nur dumm und können wir die getrost vergessen, oder haben die auch irgendwie recht und sollen wir das berücksichtigen, also das Buch auch für sie schreiben?

Zu Punkt 1: Sicher wird nicht jeder die Physik ganz verstehen und selbst Physik betreiben wollen, und das ist auch gut so, denn irgendjemand muss sich ja auch um die Musik, die Philosophie, das Recht und die Politik kümmern. Aber indem diejenigen, die eine Begabung zur Physik haben, sich den Mut nehmen, mit ihren Fähigkeiten die Welt ein wenig zu verbessern, ermutigen sie doch auch die anderen, es ihnen nachzutun, auf ihren jeweiligen Gebieten. Und das ist nicht nur heute so, sondern so war es schon immer: Die Physik hat nie alleine geblüht, sondern immer zusammen mit der Kunst, der Musik, der Philosophie, der Demokratie, dem Handel, dem Recht.

Zum zweiten Punkt muss man bedenken, warum manche Leute die Physik doof finden und inwiefern sie sogar ein wenig recht haben: Die Physik, die vor 100 oder 300 Jahren gemacht wurde und damals sehr spannend war, ist aus heutiger Sicht und auf den ersten Blick tatsächlich ein wenig langweilig. Ein Beispiel: Die Leute haben früher einmal geglaubt oder jedenfalls gefürchtet, man falle von der Erde herunter, wenn man sich mit dem Segelschiff zu weit ins Meer vorwagt, bis dahin, wo die Seeungeheuer leben. Zwar gab es durchaus den Gedanken, dass die Erde vielleicht in Wirklichkeit gar keine Scheibe ist, an deren Rand man herunterfallen kann, sondern dass sie eine Kugel ist. Das kann man ahnen, wenn man am Strand steht, man sieht vielleicht ein wenig die Krümmung des Horizonts und man sieht auch, wie die Schiffe allmählich am Horizont verschwinden, erst der Rumpf, dann das Segel. Aber so recht ernst nehmen konnte man die Vorstellung von der Kugel wohl nicht, denn dann müssten ja wohl die Leute unten herunterfallen von der Kugel. Und müsste nicht auch das Meer auslaufen?

Erst als Galilei es geschafft hatte, über derartige Fragen vernünftig nachzudenken, erst als Newton dann tatsächlich die Gravitationsgesetze entdeckte, war das Problem gelöst: Es gibt gar kein absolutes »unten«, sondern »unten« ist halt immer da, wohin ein Stein fällt, wenn man ihn loslässt. Und er fällt wegen der Gravitationskraft immer in Richtung Erdzentrum. So kann man es verstehen, warum keiner unten an der Kugel herunterfällt – denn die von uns gesehen unten an der Kugel leben, leben von sich aus gesehen gar nicht unten, sondern oben. So wie wir.

Als man das zum ersten Mal verstanden hat, war es natürlich schon interessant. Man musste keine Angst mehr haben, irgendwo von der Scheibe runterzufallen. Aber wozu man früher einmal die Physik gebraucht hat und was sie deswegen wichtig und interessant gemacht hat, das geht heute auch ohne Physik: Dass die Welt rund ist, das sieht man jeden Tag im Fernsehen, vom Weltraum aus kann man das ganz klar sehen, das versteht man ganz intuitiv schon als kleines Kind, ehe man überhaupt darüber nachdenkt, da braucht es keine Physik. Es wundert sich auch keiner mehr darüber, dass man mit Röntgenstrahlen in den menschlichen Körper hineinsehen kann und jeden einzelnen Knochen erkennt, oder über das elektrische Licht, das man ein- und ausschalten kann. Oder über den Fernseher.

Wenn es nicht langweilig werden soll, müssen wir auch von der neuen Physik reden, nicht nur von der alten. Dadurch erst wird auch die alte Physik interessant, weil man sie ja braucht, um die neue Physik zu verstehen. Außerdem muss man fragen, ob die alte Physik helfen kann, neue Probleme zu lösen. Ob sie für die Zukunft der jungen Leute relevant ist. Ob sie Zukunft schaffen kann. Denn solche Fragen haben unmittelbar mit der Physik zu tun, auch wenn viele scheinbar kluge Leute meinen, die Physik sei hier nicht zuständig. Ich sehe das anders – und will es erklären.

Physik gegen Globalisierungsmärchen

Die Spatzen pfeifen es von allen Dächern, die drei größten Probleme unserer Zeit sind:

1) Das Erdöl: Einerseits gehen die Reserven zur Neige, andererseits steigt der Verbrauch ständig an, weil aufstrebende Länder wie China oder Indien einen immer höheren Bedarf an Öl haben.
2) Die Erwärmung des Klimas: Sie wird ausgelöst durch das Verbrennen von Erdöl und Kohle.
3) Die Globalisierung: Weil der Waren- und der Informationsaustausch weltweit zunehmen, geraten wir immer mehr in einen Wettbewerb mit Billigländern. In der Folge wandern einfache Arbeiten entweder in diese Niedriglohnländer ab, oder aber auch unsere Gehälter müssen drastisch fallen.

Einige Spatzen pfeifen es wütend, andere resigniert, aber ist es denn auch wahr? Das mit dem Erdöl und dem Klima ist wohl nicht so ganz wahr. Wir könnten das Öl ohne Weiteres durch Sonnenenergie ersetzen (ich werde darauf zurückkommen), zum gleichen Preis, und das hätte man auch schon vor 50 Jahren tun können. Das eigentliche Problem liegt eher darin, dass man nicht tut, was man eigentlich tun könnte.

Und das Gepfeife von der Globalisierung ist ebenso seltsam: Wenn unser Lebensstandard tatsächlich abnimmt und unsere Arbeitsplätze verloren gehen, weil wir Handel mit Ländern wie China treiben, so wäre doch die Lösung einfach: Protektionismus – Grenzen zu, Problem gelöst. Aber die gleichen Leute, die behaupten, China sei unser Problem, behaupten auch, Protektionismus sei falsch. Das sind zwei logisch widersprüchliche Behauptungen. Wenn es falsch ist, den Warenaustausch zu unterbinden, dann kann wohl der Warenaustausch nicht das Problem sein, das sagt die Logik. Wenn es denn wahr wäre, dass die Berührung mit anderen Ländern unsere Probleme verursachte, so bräuchten wir nur diese Kontakte zu vermeiden, um die Probleme zu beseitigen.

Ein anderer Widerspruch wird sichtbar, wenn wir bedenken, an wen sich die Globalisierungspredigten richten: Angeblich sind besonders die gering qualifizierten Arbeiten von der Globalisierung betroffen und müssen zuerst wegrationalisiert werden, zum Beispiel wegen der Chinesen. Ungelernte Arbeiter werden arbeitslos oder ihre Löhne fallen. Die Spitzenmanager sind, angeblich, nicht von der Globalisierung betroffen, das sieht man an ihren Gehältern. Wie aber das?

Wie können deutsche Lokführer von der Globalisierung betroffen sein? Da müsste man ja die Züge von München nach Hamburg über Peking laufen lassen. Und wenn Postboten von der Globalisierung betroffen sein sollten, so könnte das doch nur dann so sein, wenn man vorhätte, das Hamburger Postamt nach Shanghai zu verlegen. Hat man das vor? Oder können Sie Ihren Rasen in China mähen lassen? Können Sie Ihre Kinder in Indien in den Kindergarten schicken?

Vor allem aber ist dies wahr und offensichtlich: Internationalen Handel und jede Art von internationalen Kontakten gab es schon immer. Bis vor 30 Jahren zogen wir daraus Vorteile. Neuerdings allerdings nicht mehr. Allein schon deshalb kann der internationale Austausch nicht wirklich das Problem sein.

Bis vor 30 Jahren waren wir Globalisierungsgewinner, weil es bis vor 60 Jahren bei uns Menschen gegeben hat wie Humboldt, Gauß, Liebig, Bunsen, Mayer, Semmelweis, Daimler, Abbe, Koch, Benz, Siemens, Bosch, Boltzmann, Einstein, Planck. Das Wissen und Engagement dieser Menschen hat zu Industrien geführt, an die man in China oder Indien nicht einmal denken konnte. Seit 1933 gibt es solche Leute nicht mehr in Deutschland. Und schlimmer noch – keiner vermisst sie. Man murmelt lieber: Globalisierung.

»Globalisierung« – das ist nichts anderes als der Versuch, die Schuld für unsere selbst verursachten Probleme woanders zu suchen. Das ist unmoralisch und es hat keine Zukunft. Wir müssen uns schon an die eigene Nase fassen und zugeben, dass es bei uns einiges zu verbessern gibt.

Es sind doch die hoch qualifizierten Arbeiten, die im Wettbewerb stehen: Immer mehr der einstigen deutschen Spitzentechnologie kann auch in aufstrebenden Ländern hergestellt werden und ist deshalb keine Spitzentechnologie mehr. Und das ist gut so, denn diese armen Länder sollen ja nicht ewig arm bleiben. Wir selbst haben ihre Entwicklung durch unsere Entwicklungshilfe zu fördern versucht.

Wie schön und richtig wäre die Welt, schüfen wir nur mit der gleichen Geschwindigkeit, mit der arme Länder unsere alten Technologien übernehmen, neue Technologien. So wie wir es früher getan haben. Es kommen aber kaum neue Technologien, und das ist unsere Schuld. Die Verantwortung daran liegt bei unseren Eliten. Und wenn diese die Schuld auf die Kindergärtnerinnen abwälzen, so tun sie das nur, weil sie die Macht dazu haben, Logik liegt darin keine.

Der Mangel an Innovation ist nicht die Schuld des bösen Schicksals oder der Vorsehung, sondern hat seinen Grund im Zusammenbruch unserer Grundlagenforschung. Die Forschungsmanager wollen davon nicht reden, aber es reicht, ein wenig im Internet umherzusurfen: nichts als Ruinen.

Das zu sagen klingt hässlich, viele Leute halten sich lieber die Ohren zu und wollen es nicht hören, auch aus Gründen des Patriotismus (deutsche Forschung vor, noch ein Tor!). Es ist aber besser, den Kopf nicht in den Sand zu stecken, sondern den Problemen ins Auge zu sehen, denn die Situation hat ja auch etwas Gutes: Wenn wir selbst schuld an der Misere sind, sollten wir auch aus eigener Kraft in der Lage sein, die Misere zu beheben. Das ist doch gut. Wir sind keine Globalisierungsopfer, die an ihrem Schicksal nichts ändern können – wir können es ändern.

Zugegeben: Unsere Industriemanager, unsere Politiker, unsere Gewerkschafter zittern nur so vor China und wissen nicht ein noch aus. Aber haben Sie vielleicht schon einmal davon gehört, dass unsere wenigen verbliebenen Physiker vor China zittern? Obwohl es doch nur ganz wenige sind? Es liegt auf der Hand: Die Physik ist unsere einzige Chance. Nicht die Physik als Einzelgänger, sondern die Physik als das, was die Politiker und Manager wieder in die Lage versetzen würde, etwas tun zu können. Es ist eine realistische Chance: Denn es sollte durchaus möglich sein, die Grundlagenforschung wieder in Gang zu setzen, so wie früher. Die Physik sollte eigentlich in der Lage sein, die herrschenden Missstände zu verbessern. Sie müsste in der Lage sein, Zukunft zu schaffen, den jungen Menschen Aussichten zu geben auf ein richtiges, ein menschenwürdiges Leben, im Einklang mit der Natur. Warum tut die Physik das dann nicht?

HAMMURABIS VERMÄCHTNIS

Die Frage könnte man in ein oder zwei Sätzen beantworten, aber wahrscheinlich würden diese zwei Sätze missverstanden. Deshalb ist es sicherer, etwas weiter auszuholen und bei Adam und Eva anzufangen – oder wenigstens bei Hammurabi.

Falls Sie zu den älteren Lesern gehören und Kinder haben und nicht so recht wissen, was Sie nächsten Sommer unternehmen sollen, so fahren Sie doch einfach nach Paris oder nach Berlin, die Gesetzestafel des Hammurabi anschauen (1810–1750 v.Chr.). Falls Sie zu den jüngeren Lesern gehören und Ihre Eltern einfach keine Zeit haben, um ins Pergamonmuseum zu fahren oder in den Louvre, dann beantragen Sie halt einen Zuschuss zu Bildungszwecken und fahren selber hin. Benutzen Sie ruhig dieses Buch, um zu belegen, dass es sich um eine Investition in Ihre Bildung handelt.

Der babylonische König Hammurabi hat die ersten Gesetze der Menschheit erlassen. In der Frühzeit hatten zwischen den Menschen wohl ähnliche Gesetze geherrscht wie im Tierreich: das Recht des Stärkeren, der Herdentrieb. Seit Hammurabi gab es im Universum neben diesen Naturgesetzen auch Menschengesetze.

Auf den ersten Blick scheint es einen wichtigen Unterschied zu geben zwischen Naturgesetzen und Menschengesetzen: Die Naturgesetze sind nicht vom Menschen geschaffen. Die Menschengesetze hingegen, so scheint es, sind vom Menschen geschaffen, zum Beispiel von Hammurabi. Genauer besehen stimmt das aber nicht: Hammurabis Gesetze haben sich nur deswegen erhalten, sie lohnen nur und gerade eben deswegen eine Reise nach Berlin, weil sie verschieden sind von willkürlichen und zufälligen Anordnungen. Hammurabi hätte die Macht gehabt, Willkürliches und Unsinniges niederzuschreiben und Gesetz werden zu lassen, aber wenn er das getan hätte, so lägen seine Tafeln allenfalls im Magazin des Museums, bei den Kaufverträgen über Ziegen und Hühner. Hammurabi konnte lediglich die Niederschrift der Gesetze veranlassen, er konnte aber nicht das Richtigsein dieser Gesetze verursachen. Das wäre nicht denkbar.

Ebenso wenig wie Galilei für die Richtigkeit des Fallgesetzes verantwortlich ist, sondern nur für dessen erste Formulierung, ebenso wenig ist Hammurabi verantwortlich für das, was seine Gesetze von Willkür und Zufall unterscheidet, sondern nur für deren Niederschrift. (Oft werden und wurden die Menschenrechte als eine x-beliebige Mode dekadenter europäischer Staaten hingestellt. Es sollte stattdessen möglich sein, die Menschenrechte als objektiv richtig in der Wirklichkeit verankern zu können, so wie Mathematik und Physik.) In der Tat entstanden die ersten Arbeiten zur Physik im Zeitalter Hammurabis und in den Städten des Zweistromlandes, in denen Hammurabis Gesetze galten.

VOM SINN UND UNSINN DER VERWALTUNG

Nun ist es leicht, ein Gesetz aufzuschreiben, das wissen wir seit Moses. Es ist aber schwer, es durchzusetzen. Es ist die Verwaltung, welche die Gesetze in die Wirklichkeit bringt. Und die geistige Leistung der Verwaltung ist ähnlich der des Gesetzgebers. So wie der Gesetzgeber sich jeder Willkür enthalten muss, darf auch die Verwaltung nicht willkürlich sein, sondern muss immer in der gleichen Situation das gleiche Gesetz immer gleich zur Anwendung bringen: Es soll egal sein, ob der Bürger seine Steuererklärung in Hamburg oder München abgibt, er soll immer gleich viel Steuern zahlen. Es soll egal sein, ob ein armer oder ein reicher Mann ihr Recht suchen, beide sollen vor Gericht gleich behandelt werden. Das ist Verwaltung.

Wo es hingegen nicht darum geht, in immer gleichen Situationen das immer Gleiche zu tun, da kann Verwaltung nichts ausrichten. Wo es darum geht, »es anders zu machen«, etwas Neues zu schaffen, da ist die Verwaltung fehl am Platz. Man hat im Nationalsozialismus und in der DDR versucht, auch Kunst und Literatur zu verwalten. Es hat staatliche oder halbstaatliche Stellen gegeben, die bestimmt haben, wer was schreiben darf, was gedruckt werden darf, wie man zu malen hat, wie man ganz bestimmt nicht malen darf und so weiter. Es hat zu nichts Gutem geführt, sondern hat nur Unrecht, Mediokrität und Leid geschaffen.

Wie ist das nun mit der Physik? Geht es der Physik darum, immer das Gleiche nach immer den gleichen Regeln zu tun? Oder geht es darum, etwas Neues zu schaffen, es anders zu machen als bisher, es besser zu machen als bisher?

In Deutschland, auch in Italien und anderen europäischen Ländern, besteht man aus irrationalen Gründen darauf, die Physik selbst, die Wissenschaft selbst, so zu organisieren, als wäre sie ein Finanzamt. Die deutsche ebenso wie die italienische Grundlagenphysik ist zu einer großen Verwaltungsstruktur erstarrt und hat schon seit Jahrzehnten nichts Nennenswertes mehr hervorgebracht. In der europäischen Physik gab es bis vor kurzem noch ein wenig Leben, zum Beispiel hat Carlo Rubia am europäischen Kernforschungszentrum Cern das W- und das Z-Teilchen entdeckt und einen neuen, revolutionären Beschleuniger auf den Weg gebracht, das sogenannte LHC, aber damals war die europäische Verwaltung vermutlich noch nicht so übermächtig wie heute. Carlo Rubia hat in seinem eigenen Projekt schon lange nichts mehr zu sagen, Tausende von »Physikern« tun seit 20 Jahren nichts anderes, als von seinen damaligen Ideen zu leben, ohne selbst irgendwelche neuen Ideen hervorzubringen.

Zwischen der Physik und der Kunst oder der Schriftstellerei gibt es allerdings auch einen Unterschied: Physik sollte eigentlich an den Universitäten stattfinden. Und diese brauchen selbstverständlich eine Verwaltung. Die Qualität der Universitätsverwaltung ist sogar entscheidend wichtig, die Universitätsverwaltung ist eine der Erbinnen Hammurabis, so wie die Verwaltungsexperten der Justiz oder des Finanzwesens sind auch die Verwaltungsexperten der Universität für das Wohlergehen unserer Gesellschaft entscheidend wichtig. Dergleichen kann man von der Kunst nicht sagen, Kunst findet nicht an der Universität statt, Kunst kommt ganz ohne Verwaltung aus. Die Universitätsverwaltung im eigentlichen Sinne ist für das Funktionieren der Verwaltungsabläufe zuständig, sie hat aber nichts mit der Wissenschaft Physik selbst zu tun. Eine kluge und ernsthafte Verwaltung wird auch nicht im Traum daran denken, den Physikern vorschreiben zu wollen, was sie zu forschen haben.

ABSCHIED VON DER PHYSIK?

Und in der Tat darf man sich die zunehmende Herrschaft der Verwaltung in der Physik nicht so vorstellen, dass etwa zunehmend Professoren durch Verwaltungsangestellte abgelöst würden. So ist es nicht (oder nicht nur), einen solchen Vorgang könnte man ja an den Stellenplänen der Institute ablesen und durch eine Verordnung aufhalten. Das Problem ist ein anderes: Es verwandeln sich immer mehr Professoren in Forschungsmanager. Außen an der Tür mag dann zwar noch »Professor« stehen, innen aber wird nur noch telefoniert, konspiriert, beantragt, werden Besprechungen organisiert, Freundschaften gepflegt, Feinde bekämpft – und so weiter. Wenn man solche Leute fragt, was sie denn so tun, werden sie regelmäßig darüber stöhnen, dass sie vor lauter Verwaltungskram gar nicht mehr zum Arbeiten kommen. Sie nehmen sich selbst also als Verwaltungsleute wahr – obwohl sie das streng genommen gar nicht sind. Aber letztlich muss man sie wohl tatsächlich als Verwaltung klassifizieren, einfach deshalb, weil es an der Universität nichts anderes gibt als Forscher und Verwalter, ein Drittes ist nicht vorgesehen. Und so nimmt das Unheil seinen Lauf.

Die verwaltungstechnischen Mechanismen, die für diese Dinge verantwortlich sind, sind erstaunlich einfach und wirksam: Nehmen wir einmal an, Sie arbeiteten als Physiker an einer Universität, und nun haben Sie eine neue Idee. Das kann eine sehr einfache Idee sein (was passiert eigentlich, wenn das Tiefdruckfeld eines Windrades in die Nähe des Tiefdruckfeldes eines Segels kommt?) oder eine weniger einfache Idee (was ist »Selbstorganisation?«, »was ist Chaostheorie?«, »ist es wahr, dass wir das Denken nie verstehen werden, weil wir es ja selbst sind, die denken?«). Jedenfalls haben Sie eine neue Idee, und der wollen Sie nun nachgehen.

An dem Punkt müssten Sie nun eigentlich Geld beantragen, denn auf dieser Welt ist ja nichts umsonst, nicht einmal die Physik. Die Antragsformulare und die Antragsprozedur sind aber kompliziert und langwierig. Es handelt sich um einen Verwaltungsvorgang höchster Kategorie. Wenn Sie nationale oder regionale Fördermittel nutzen möchten, brauchen Sie typischerweise ein halbes Jahr, ehe Ihr Antrag fertig ist, aber diese Mittel sind immer sehr knapp und reichen nie. Wenn Sie die besser dotierte europäische Förderung nutzen wollen, brauchen Sie mindestens ein Jahr, ehe Ihr Antrag fertig ist. So oder so müssen Sie haargenau beschreiben, was Sie erforschen wollen und wie. Sie müssen jede beabsichtigte wissenschaftliche Handlung genau erklären und rechtfertigen.

Ihren Antrag geben Sie nun ab, vielleicht muss auch der Rektor der Universität unterschreiben (keine Übertreibung!) und der Direktor Ihres Instituts (keine Übertreibung!), die Sekretärin quittiert den Empfang, mit all den Formalitäten, mit denen sonst Häuser verkauft werden. Es ist richtig feierlich. Dann warten Sie. Typischerweise ein Jahr. Nehmen wir an, Sie bekommen einen positiven Bescheid. Aber nur weil Sie einen positiven Bescheid bekommen, haben Sie noch lange kein Geld, das Geld kommt später.

So, jetzt kommt auch das Geld, Sie können anfangen. Anfangen, nicht aufhören. Das Projekt dauert ja typischerweise, das regelt die Verwaltung so, zwei oder drei Jahre. Alles zusammengenommen führen Sie also Ihre Forschung mit einer Verzögerung von etwa zwei, drei oder vier Jahren durch. Denn Sie dürfen ja nur das tun, was Sie vor zwei, drei oder vier Jahren in Ihrem Forschungsantrag beschrieben haben. Wenn Sie mit den Geldern etwas anderes tun, so rücken Sie vor auf Gefängnis.

Indem Sie von der Verwaltung dazu verurteilt werden, das zu tun, was vor zwei, drei oder vier Jahren Stand der Forschung war, sind Sie als Wissenschaftler erledigt. Sie können nichts anderes tun, als die Resultate der anderen nachzumessen oder Untersuchungen anzustellen, die sonst niemanden interessieren. Wissenschaft wird zum Monopolyspiel, Steuergelder verwandeln sich zu Spielgeld.

Und das ist nur eines von mehreren Problemen. Ich hatte vorher ja geschrieben: »... Sie haben eine neue Idee, und der wollen Sie nun nachgehen. An dem Punkt müssten Sie nun eigentlich Geld beantragen ...«. Aber bereits das war ganz hypothetisch, deshalb der Konjunktiv »müssten Sie eigentlich«. Denn in Wahrheit können Sie gar kein Geld beantragen, es ist verboten. Sie selbst als Wissenschaftler können kein Geld beantragen. Die Forschungsverwaltung geht immer davon aus, dass eine Gruppe von Wissenschaftlern einen Antrag stellt. Ist auch logisch, denn die Verwaltungsexperten, die über Ihren Antrag entscheiden, sind ja inkompetent – das ist keine Beleidigung, sondern das geben sie auch offen zu, und wie sollte es denn anders sein, anders ist es nicht einmal vorstellbar.

Wenn Sie also einen Antrag zur Entwicklung des Fliewatüt stellen oder eine Untersuchung der asiatischen Wollmilchsau durchführen wollen, können die Verwaltungsexperten nicht beurteilen, wie relevant das wäre, und es bestünde die Gefahr, dass Ihr Fliewatüt genehmigt wird. Um das zu vermeiden, werden nur Gruppenanträge zugelassen. Auf die Weise kontrollieren sich die Wissenschaftler gegenseitig, das ist die Idee.

Wenn Sie eine neue Idee verfolgen wollen, bekommen Sie keine Gruppe zusammen. Der Mensch ist so gemacht. Wenn Sie eine neue Idee gehabt haben, warum sollte Ihnen irgendjemand dabei helfen, diese zu verwirklichen? Ihnen also helfen, Erfolg zu haben? Erst nach einigen Jahren, nachdem sich Ihre Idee schon durchgesetzt hat, bestünde die Möglichkeit, eine Gruppe zu formieren. Erst dann kann man Forschungsgelder beantragen. Dann ist es aber zu spät.

Deswegen heizen wir bis heute noch mit Öl. Die Politiker würden das sicher ändern, wenn der Wähler das wollte. Aber der Wähler interessiert sich nicht so für Physik. Für Umweltschutz interessiert er sich schon, auch für den Frieden, aber für die Physik eher nicht. Und deswegen heizen wir weiterhin mit Öl und führen Kriege darum.

Aus diesen und anderen Gründen liegt die Arbeitseffizienz eines typischen Physikers bei wenigen Prozent – höchstens. Das darf und kann aber niemand zugeben. Und weil es kein richtiges Leben im falschen gibt, sind eben irgendwann große Teile der staatlich organisierten Wissenschaft vom wissenschaftlichen Betrug nicht mehr zu unterscheiden. So ist es in großen staatlichen Forschungsinstituten gang und gäbe, Hunderte, ja sogar tausend Namen auf die Autorenliste einer jeden wissenschaftlichen Veröffentlichung zu setzen. Obwohl die meisten der »Autoren« den Artikel nicht einmal richtig gelesen haben. Wenn aber jemand von sich behauptet (indem er Autor ist), eine wissenschaftliche Untersuchung durchgeführt zu haben, die er in Wahrheit gar nicht durchgeführt hat, so ist das doch wissenschaftlicher Betrug. Schlimmer noch: Diese Form des wissenschaftlichen Betrugs ist notwendig, sie liegt im System der verwalteten Wissenschaft begründet. Denn sie bietet Hunderten von Verwaltungsleuten die Möglichkeit, so zu tun, als seien sie Wissenschaftler, weil sie ja »Veröffentlichungen haben« – obwohl sie nie irgendetwas zur Wissenschaft beitragen.

Wissenschaft und wissenschaftliche Karriere reduzieren sich dann darauf, Freunde zu haben, Teil der richtigen Seilschaft zu sein. Man wird befördert, weil man seinem Vorgesetzten zugearbeitet hat, dessen Arbeit macht, also Arbeit, für die eigentlich der Vorgesetzte bezahlt wird. Man verschafft also dem Vorgesetzten einen geldwerten Vorteil, und dafür wird man dann befördert. Außerhalb der Wissenschaft heißt so etwas Korruption. In der Wissenschaft ist es gang und gäbe.

Aber Ihr Autor, ein deutscher Physiker, macht doch Physik? Das tue ich, aber völlig außerhalb des Forschungssystems. Das verdanke ich den italienischen Politikern, die viel gescholten werden, aber wenn sie mal etwas Gutes tun, soll man sie auch loben. In ihrer Verzweiflung über die Situation der italienischen Universitäten (die in etwa so ist wie die der deutschen Universitäten) und der totalen Stagnation der italienischen Physik haben sie ein revolutionäres, ein geradezu irrwitzig scheinendes, ganz hervorragendes Gesetz erlassen: Das Gesetz erlaubt den Universitätsdozenten, eine Firma zu gründen, einen Spin-off, und zwar ohne den Arbeitsvertrag mit der Universität aufzukündigen. Man kann also zwei Gehälter haben. Interessanterweise machen aber nur ganz wenige Dozenten von dieser Möglichkeit Gebrauch. Vielleicht, weil der Mensch nicht so sehr sein absolutes Einkommen verbessern will, sondern das relative Einkommen, also das Verhältnis von Einkommen und Aufwand?

Die hauptsächliche Funktion der Spin-offs ist es, die staatliche Forschungsverwaltung auszuschalten. Und das funktioniert: So verdankt sich auch dieses Buch den Möglichkeiten, die mir mein Spin-off gegeben hat. Die Windräder mit Segel, die Solaranlage, die Physik der Information: Alles von meinem Spin-off finanziert (www.isomorph.it). Ohne mein Spin-off-Unternehmen wären diese Dinge mit vollständiger Sicherheit unmöglich gewesen.

Für einen Physikunternehmer wird alles, was vorher schlicht undenkbar war, ganz einfach: Einen Assistenten einstellen? Hat vorher Monate gedauert, falls man denn Geld zur Verfügung hatte (hatte man aber nicht) – jetzt kostet es eine Unterschrift unter einen vorgefertigten Vertrag: Vertrag ausdrucken + unterschreiben + Hand schütteln = 3 Minuten. Eine neue Idee ausprobieren? Das hätte vorher im allerbesten Fall Jahre gedauert. Heute ist es kein

Problem: Telefon abheben + Geräte bestellen + Scheck ausstellen = 20 Minuten.

Und dann muss man sich nicht wundern, wenn die Preise fallen: Was wir in unserer Firma mit hunderttausend Euro verwirklichen können, das hätte innerhalb des staatlichen Fünfjahresplans mindestens eine Million gekostet, oder auch zehn, kommt ja nicht drauf an. Seit ich meine eigene Firma habe, mache ich mindestens zehnmal, vielleicht eher hundertmal so viel Physik wie vorher. Meine Arbeitseffizienz vorher kann also nicht höher als einige Prozent gewesen sein (obwohl ich mir wirklich Mühe gegeben hatte).

Und so macht das nicht nur mir Spaß: Ich sehe ja, mit welcher Begeisterung meine jungen Mitarbeiter an die Sache gehen, Studenten, Diplomanden, Doktoranden, Post-docs. Wie froh die sind, ihre Arbeiten nicht mehr für seine Durchlaucht, den Papierkorb, schreiben zu müssen. Sie merken, dass es auf sie ankommt, und sind begeistert. Obwohl die Anforderungen, die ich an meine Mitarbeiter stelle, die allerhöchsten sind, sie müssen auf ihrem Gebiet die Besten der Welt sein. Zuerst erschrecken sie, weil sie befürchten, nun 30 Stunden am Tag arbeiten zu müssen. Aber dann verstehen Sie, dass die Besten zu sein ganz einfach ist, man muss nur etwas tun, das sonst noch kein anderer tut. Schon ist man der Beste – man muss weder besonders viel arbeiten noch besonders schlau sein, es genügt, sich keine Ketten und Nasenringe aufzwingen zu lassen. Auch kleine Leute können Revolution machen, müssen nur wollen. Man muss einem Menschen nur die Möglichkeit zeigen, ein sinnvolles Leben zu führen statt eines sinnlosen – einen solchen Menschen wird keiner mehr aufhalten.

In der freien Wirtschaft ist es so: Auch wenn ein Unternehmen dieses Jahr glänzend dasteht, kann es schon im nächsten Jahr pleite sein. Das gilt auch für die Isomorph, ob es sie noch gibt, wenn Sie diese Zeilen lesen, weiß man nicht. Aber bereits durch ihre bisherige Existenz hat die Isomorph bewiesen, dass die Ineffizienz und Mediokrität unserer Grundlagenforschung ein Organisationsproblem ist. Man kann es beheben. Man kann zehnmal und hundertmal so viel Forschung machen, ohne mehr Geld ausgeben zu müssen. Das ist und bleibt eine Tatsache.

JEDER EINZELNE ZÄHLT

Allerdings zeigen die Spin-offs nur, dass und wie es besser geht. Ein Allheilmittel sind sie nicht, sie genügen nicht, um die Probleme unserer Forschung zu lösen, weil es nämlich viel zu schwer ist, einen Spin-off zu gründen und wenigstens einige Jahre lang erfolgreich zu führen. Ich selbst hätte es aus eigener Kraft ganz sicher nie geschafft. Die Isomorph verdankt sich in vielerlei Hinsicht meinen Lesern, auf direkte und unmittelbare Weise zweier meiner Leser.

Vor einigen Jahren hat mir Doktor Fabiano Bet geschrieben und mir seine Hilfe angeboten. Ich wollte den Umgang mit fluidodynamischen Simulationsprogrammen lernen, um so zu untersuchen, wie sich ein Windrad in der Nähe eines Segels verhält. Ich hatte mit solchen Programmen zuvor noch nie gearbeitet, also hat mir Herr Bet geholfen. Er ist Ingenieur, hat zuerst im Forschungszentrum von BMW gearbeitet und betreibt nun selbst ein Ingenieurbüro. Mit seiner Hilfe sind die Studien flott vorangegangen, ich habe sehr viel gelernt, und tatsächlich: Wenn man eine gekrümmte Fläche (so wie ein Segel) in die Nähe eines Windrads bringt, so verdoppelt sich die Leistung des Windrads.

Fabiano hat mir dann auch Mut gemacht, die Isomorph zu gründen. Unser Ziel war, eine neue, preiswerte Methode zur Nutzung der Windenergie zu entwickeln und zu verkaufen. Fabiano hat mir viel geholfen und mich auch mit Unternehmen in Kontakt gebracht, und in technischer Hinsicht hat die Methode ganz hervorragend funktioniert. Aber die Leute in der Industrie hat das gar nicht interessiert. Erstens waren sie gekränkt und fanden das ziemlich unverschämt, dass wir allen Ernstes gedacht haben, irgendetwas besser machen zu können als sie selbst. Zweitens war es für sie wirtschaftlich auch gar nicht sinnvoll, die Windenergie auf billigere Weise zu nutzen. Denn dank der staatlichen Subventionen sind ihre Auftragsbücher ja voll, und sie haben gute Gewinne – wenn man nun die Windenergie 20 Prozent billiger machte, so führe der Staat halt seine Subventionen entsprechend zurück, und es wäre wieder so, wie es jetzt schon ist. Also wozu der Stress?

Wir haben dann ein Konzept für Wasserturbinen entwickelt, das es wirtschaftlich sinnvoll gemacht hätte, auch geringe Gefälle zu nutzen und die Meeresströmungen. Es war aber wie bei den Windrädern, die Industrie wollte das nicht. Einmal hatten wir bei einer Firma für Wasserturbinen direkt vorsprechen dürfen: Der leitende Ingenieur einer Organisation, die so eine Wasserturbine kaufen wollte, ist sogar persönlich mit uns zu dem Unternehmen gefahren, weil ihm unser Konzept gefallen hat. Er hat alles versucht, den Unternehmer davon zu überzeugen, diese Turbine zu bauen. Wenigstens einen Prototypen. Wir hätten das alles selbst bezahlt, der Unternehmer hatte keinerlei Risiko. Er wollte trotzdem nicht. Dann haben wir ihn gefragt, welchen Sinn denn seine Position hätte, wir könnten doch einen Prototyp auch woanders bauen lassen, das könne er doch nicht verhindern, und dann hätte er doch nur das Nachsehen. Darauf hat er geantwortet: »Herr Graßmann, Sie können Prototypen bauen, so viele Sie wollen, das ist völlig egal. Am Ende will der Kunde eine Bankgarantie sehen. Die Turbine soll ja 30 Jahre lang laufen, der Kunde will entsprechend eine Bankgarantie, eine halbe Million, eine Million. Sehen Sie, Herr Graßmann, diese Wälder? Die gehören uns. Sehen Sie diese Häuser? Die gehören uns. Wenn wir eine Bankgarantie wollen, freut sich die Bank. Wenn Sie eine Bankgarantie wollen, wird Sie die Bank nicht einmal empfangen. Bauen Sie mal ruhig Ihren Prototypen. Schade ums Geld.«

Als wir zusammen zurückgefahren sind, hat der leitende Ingenieur während der ganzen Fahrt nicht mehr den Mund aufgebracht. Ein paar Mal hat er es versucht, ist aber immer im Satz stecken geblieben. Er war regelrecht unter Schock.

An dem Punkt hätte die Isomorph eigentlich pleitegehen müssen. Da hat uns Doktor Gerhard Luhn von der Infineon, ein weiterer Leser, gerettet. Gerhard ist ein Ingenieur, der auch Philosophie studiert hat und der ein Leben lang versucht, den Begriff »Information« besser zu verstehen. Genauer gesagt findet sich der Informationsbegriff ja in vielen verschiedenen Gebieten, bei verschiedenen philosophischen Schulen, in der Religion (im Anfang war das Wort), in der Betriebswirtschaft, in der Managementlehre, in der IT (Information Technology), in der Sozialkunde, in der Informatik und so weiter. Aber jedes dieser Gebiete hat ein anderes Verständnis von Information, oder einfach nur eine andere Weise, sich auszudrücken. Gerhard hat ein Leben lang versucht, diese Verschiedenheiten zu überbrücken, einen allen gemeinsamen Informationsbegriff zu finden. Nur die Physik hatte ihm noch gefehlt in seiner Sammlung.

Außerdem ist Gerhard aber auch und gleichzeitig ein knallharter Industriemanager. Es war ihm klar, dass, wenn man meine schönen Theorien tatsächlich in die praktische Anwendung umsetzen könnte, wenn man tatsächlich das Gebiet »Information« mit den Mitteln der Physik bearbeiten könnte, dies für seine Firma, die Infineon, sehr interessant sein müsste. Er hat dann meine theoretischen Arbeiten seinen Kollegen vorgestellt und dafür geworben, mir die Chance zu geben, die physikalische Theorie der Information an einem praktischen Beispiel zu erproben.

Das haben seine Kollegen dann auch getan (danke, Herr Heinrich, danke, Herr Schneider). Die Aufgabenstellung war schwer, eigentlich zu schwer: Wir sollten ein Programm schreiben, das Siliziumscheiben in ihrem Transportbehälter erkennt, genauer, als es ein Mensch kann, und besser, als es die herkömmliche Technologie vermag. Eine Technologie, an der immerhin Hunderte, wenn nicht Tausende von Spezialisten jahrzehntelang gearbeitet haben.

Eigentlich war es unmöglich. Aber wir haben es doch geschafft. (Wir, das waren mein erster Mitarbeiter, Alessandro Prest, und ich). Wir haben uns halt an die Theorie gehalten, auch wenn wir sie noch nicht vollständig verstanden hatten, und es hat dann in der Praxis funktioniert. Nach nur eineinhalb Jahren war unser kleines Programm dem Stand der Technik bereits überlegen. Die Kollegen bei Infineon waren sehr beeindruckt. Das ist, wie die Isomorph überlebt hat. Ohne Gerhard Luhn hätte sie nicht überlebt.

Das ist aber ein Problem. Denn nicht jeder, der einen Spin-off gründet, kann davon ausgehen, einen Fabiano Bet oder einen Gerhard Luhn zu finden. Deswegen können die Spin-offs nicht die alleinige Lösung des Problems sein.

FREIHEIT FÜR DIE FORSCHUNG

Die Lösung des Problems ist aber offensichtlich: Grundlagenforschung kann nicht von Managern organisiert werden und erst recht nicht von anonymen Komitees, die hinter verschlossenen Türen tagen. Sondern nur von einzelnen, individuellen Menschen, die sich engagieren und persönliche Verantwortung übernehmen. Man muss also auf das Individuum setzen, und weil nicht jeder Physiker das Glück haben kann, einen Gerhard und einen Fabiano kennenzulernen, muss man den jungen Forschern erlauben, auf eigene Faust zu forschen. Das ginge, wenn man nur wollte, und es würde auch nichts kosten.

Bedenken Sie, wie teuer die sinnlose organisierte Forschung ist. Es gibt in Deutschland zum Beispiel eine Reihe von Großforschungsinstituten, von denen zumindest einige schon seit vielen Jahren nichts Relevantes mehr zur Forschung beigetragen haben und auch in Zukunft mit Sicherheit nichts beitragen werden. So ein Forschungsinstitut kostet um die 200 Millionen Euro im Jahr. Sperren wir nur eines zu und geben das Geld den jungen Forschern, ganz ohne Auflagen, ohne Formulare und Anträge: Die besten 200 Physikdiplomanden bekommen jeweils eine halbe Million Euro für ihre Forschung (einschließlich Gehalt), die 100 besten Doktoranden je eine Million. Jedes Jahr 200 Diplomanden und 100 Doktoranden, die an einer deutschen Hochschule arbeiten (müssen keine deutschen Staatsbürger sein).

Sicher, vor allem zu Beginn wird es eine Menge Schindluder geben, weil die Menschen lange in den alten Denkweisen verhaftet bleiben, sie müssten sich erst allmählich an die Freiheit gewöhnen. Anfangs würden sicher 90 Prozent des Geldes sinnlos verpulvert. Aber schon das wäre ein Fortschritt, denn zurzeit wird das Geld ja zu 100 Prozent aus dem Fenster geworfen. Und im Laufe der Zeit würde sich eine neue Kultur herausbilden, eine neue Verantwortung, eine neue Kreativität.

Die geförderten jungen Leute würden nicht nur Physik produzieren, sondern es geschähe auch noch etwas, das langfristig viel wichtiger ist: Man könnte erstmals unterscheiden, wer wirklich für Physik begabt und in der Lage ist, Resultate zu erlangen. Im Moment kann man zwischen begabten und nicht begabten jungen Leuten kaum unterscheiden, weil niemand die Möglichkeit hat, seine Begabung zu zeigen. Das hat wieder mit Hierarchie, Macht, Verwaltung zu tun: Wenn man sehen könnte, wer gut ist, müsste man dem ja die nächste offene Stelle geben. Man will aber

Macht, man will die Stelle einem Freund und Gefolgsmann geben können. Also ist es besser, von der Qualifikation der jungen Leute ganz abzusehen. Sie spielt im gegenwärtigen System keine Rolle, eher sogar eine negative.

Wenn man hingegen zwischen guten und weniger guten Physikern unterscheiden könnte, so wäre das die Voraussetzung dafür, das Leistungsprinzip anzuwenden, es wäre die Voraussetzung für Wettbewerb und Konkurrenz. In der Folge könnte man einfach den Wissenschaftlern, die mit ihrem Geld etwas Sinnvolles erzielt haben, wiederum Geld geben für das nächste Projekt. Ganz automatisch, ohne Verwaltung.

Und noch einmal sei betont: All dies würde nicht einen einzigen Euro kosten, man müsste das Geld, das man jetzt sinnlos der Verwaltung opfert, den jungen Forschern geben. Geht es einfacher?

Selbstverständlich müsste man darüber wachen, dass die jungen Forscher frei bestimmen können, wofür sie ihr Geld ausgeben, und es nicht beim Chef abgeben müssen. Aber das ist machbar. Selbstverständlich müsste man darüber wachen, dass die Universitäten nicht plötzlich allen Studenten immer nur eine Eins im Examen geben (damit sie unter die besten 200 kommen). Aber auch das ist machbar. Man müsste lediglich wollen.

Man will aber nicht. Wie fraglos und selbstverständlich man das gegenwärtige kaputte System beibehalten will, demonstriert sehr schön ein Artikel in der *Frankfurter Allgemeinen Zeitung* (28. September 2007, S. 37): »Keine Frage, wer ... das akademische Frischgemüse (gemeint sind die besten Wissenschaftler im besten Alter) nach Deutschland zurückbringen will, muss dem exotischen Glück (gemeint ist das Exil) etwas Substantielles entgegensetzen. Das ist bei jungen Forschern nicht anders als bei preisgekrönten Gruppenleitern ... Die Nomenklatura der deutschen Hochschul- und Forschungspolitik weiß das natürlich ... Ausgerechnet ... auf dem Campus der University of California ... hatte man das Treffen der ausgewanderten Jungforscher mit den Mächtigen des hiesigen Wissenschaftsbetriebs arrangiert. Alle waren sie dazu an die amerikanische Westküste gereist: die Spitzen der Deutschen Forschungsgemeinschaft (DFG) und der Hochschulrektorenkonferenz, des Deutschen Akademischen Austauschdienstes (DAAD) und der Humboldt-Stiftung, des Bundesforschungsministeriums und der Helmholtz-Gemeinschaft, dazu hochrangige Repräsentanten der Max-Planck- und der Fraunhofer Gesellschaft, diverser Universitäten, ja auch einiger Firmen. Und alle wiederholten sie einträchtig, was der Präsident der Kultusministerkonferenz ... den mehr als zweihundert Forschungsemigranten ans Herz legte: die Berufschancen in Deutschland seien so gut wie nie seit Kriegsende ... Das deutsche Wissenschafts-Establishment jedenfalls war gekommen, mit dem forschungspolitischen Fortschritt zu renommieren. Es ließ nackte Zahlen sprechen. Drei- bis fünftausend neue Forschungsstellen ... siebentausend Neubesetzungen ... 170 Millionen Euro ... mehr als hundert Nachwuchsgruppenleiter, 52 W-3-Professuren, 50 W-2-Professuren, 125 neue Professorenstellen ...«

Ich habe nur aus der Zeitung abgeschrieben, »Nomenklatura«, »die Mächtigen des hiesigen Wissenschaftsbetriebs«, »die Spitzen«, das schreibt die FAZ so. Einfache Frage: Wenn man diese 200 Jungforscher zurückhaben will, warum bietet man ihnen nicht einfach einige dieser vielen Stellen an? Einzig mögliche Antwort: Weil man mit Zähnen und Klauen das bestehende System verteidigen will, das vorsieht, dass die jungen Leute Aktentaschen tragen, sich um Stellen prügeln, am allgemeinen Wurstschnappen teilnehmen – einzig und allein deswegen, weil sonst die Nomenklatura keinerlei Existenzberechtigung mehr hätte.

Ein jeder Wissenschaftler hat die Pflicht, solche Zustände zu kritisieren. Ich habe das getan, zum Beispiel in einem Artikel im

Spiegel (November 1999). Da habe ich beschrieben, wie in einem Institut für Teilchenphysik der Helmholtz-Gemeinschaft schon 20 Jahre keine Physik mehr gemacht wird und stattdessen alle zwei oder drei Jahre nur der Presse gegenüber so getan wird, als hätte man schon wieder ein neues Teilchen entdeckt. Dass man Dinge erforscht, die gar nicht existieren, und Experimente baut, von denen von vorneherein klar ist, dass sie sinnlos sind. Ich habe nur über die allerschlimmsten und allersichtbarsten Auswüchse geschrieben, die ein jeder nachprüfen kann, nicht nur der Fachmann.

Ich hatte erwartet, dass man auf diesen Artikel hin die Probleme zumindest einmal öffentlich diskutiert und es vielleicht dann auch zu irgendwelchen Verbesserungen kommen könnte. Der *Spiegel* hatte sich extra die Mühe gemacht, eine Diskussionsveranstaltung zu organisieren und zu finanzieren – aber die Nomenklatura des kritisierten Instituts hat sich geweigert, an dieser Diskussion teilzunehmen, es sei denn, man würde mich vorher ausladen. So hat man also die Kritik ohne den Kritiker diskutiert, also gar nicht. Die gesamte Teilchenphysikgemeinde stand auf wie ein Mann, die Fahnen hoch, die Reihen dicht geschlossen, und fiel geschlossen über mich her. Statt Gegenargumenten gab es nur persönliche Angriffe und Diffamierungen.

Ich hatte in meinem Artikel vorausgesagt, dass jenes Institut auch in Zukunft keine relevante Wissenschaft betreiben könne, ohne vorher einige seiner Probleme zu lösen. Das ist auch so eingetreten, es sind seitdem neun Jahre vergangen, man hat von jenem Institut nie wieder etwas gehört (denn immerhin hatte mein Artikel bewirkt, dass sich die Nomenklatura seitdem nicht mehr traut, jedes Jahr der Presse eine Scheinentdeckung auf die Nase zu binden).

Wie schnurzpiepegal den »Spitzen der deutschen Wissenschaft« dieselbige tatsächlich ist, hat man wenige Jahre später gesehen: Besagtes Institut wollte nun sogar einen Beschleuniger für sechs Milliarden Euro bauen, einen sogenannten Linearbeschleuniger. Die Regierung hat die Nomenklatura, pardon, sie hat den Wissenschaftsrat damit beauftragt, dieses Vorhaben zu bewerten, der Wissenschaftsrat hat grünes Licht gegeben, ein paar Monate später hätte Baubeginn sein sollen. Obwohl die Leute, die diesen neuen Beschleuniger bauen wollten, jahrzehntelang bewiesen haben, dass sie mit einem solchen Instrument gar keine relevante Physik machen können. Im allerletzten Moment hat dann jemand in der deutschen Universitätszeitung darauf hingewiesen (ich sag nicht, wer), dass so ein Beschleuniger gar nicht sechs Milliarden Euro kostet, sondern eher zwölf. Denn vor 20 Jahren hat man schon in anderen Labors darüber nachgedacht, so etwas zu bauen, hat sich damals aber für eine bessere Lösung entschieden, und bei der Gelegenheit hat man natürlich auch die Kosten ausgerechnet. So ist dieser Irrsinn im letzten Moment dann doch gestoppt worden. Das ist sehr positiv, denn es zeigt, dass man gegen die Korruption der Nomenklatura doch etwas bewirken kann.

ES GIBT VIEL ZU TUN

Falls Sie eine Begabung haben für Physik, studieren Sie Physik. Ich rate es Ihnen sehr. Physik studieren ist sehr schwer, die Schwierigkeit besteht darin, eine gute Universität zu finden, gehen Sie notfalls nach Amerika zum Studieren, wenn es gar nicht anders geht. Physik machen ist aber gar nicht schwer. Genauer gesagt, die Schwierigkeiten, auf die Sie stoßen werden, haben mit Physik gar nichts zu tun. Es ist besser, man weiß das vorher.

Es wird in den nächsten Jahren eine technische Revolution geben. Maschinen werden erstmals verstehen. Sie werden mit Maschinen sprechen können wie mit einem Menschen. Diese Maschinen werden nicht denken können, aber das spielt in der Praxis kaum eine Rolle – auch viele Menschen denken nicht ein einziges Mal während eines ganzen Tages.

Man hat früher einmal davon geträumt, dass die Maschinen dem Menschen alle schweren oder langweiligen Arbeiten abnehmen werden. Daraus ist nicht viel geworden, weil Maschinen bis heute praktisch blind sind. In ein paar Jahren aber werden Maschinen besser sehen können als Menschen. Was folgt daraus? Es hängt von Ihnen ab, Sie werden dabei sein können und diese neue Welt gestalten, wenn Sie wollen.

Ebenso lächerlich wie die heutigen Mustererkennungssysteme sind die heutigen Roboter. Isomorph hat auch Pläne für eine völlig neue Robotergeneration in der Schublade, es fehlt uns nur das Geld, sie zu bauen. Aber irgendwann wird jemand anders daraufkommen, wie es geht, diese Roboter werden also kommen. Sie werden Treppen steigen können, durchs Gelände laufen können, so wie Menschen, nur schneller, und sie werden wenig kosten. Es wird viel zu tun geben. Wollen Sie da nicht dabei sein?

Auch in moralischer Hinsicht wird es viel zu tun geben. Denn erstens bedeuten neue Technologien auch neue Waffensysteme. Und ob diese Systeme etwas Gutes oder etwas Schlechtes bewirken werden, das hängt nicht von ihnen ab, Technik ist neutral, sondern von uns: In der Hand moralischer Menschen werden diese Systeme gut sein (und sie gegen Fanatiker und Irre schützen), in der Hand unmoralischer Menschen aber schlecht.

Am Ende könnte ein besseres Verständnis der Thermodynamik der Informationssysteme vielleicht doch zu denkenden Maschinen führen. Ich habe einmal gesagt, dass Computer nie werden denken können. Das liegt daran, dass sie nicht leben. Aber man muss ja bei dem, was man heute unter Computer versteht, nicht stehen bleiben. In Amerika führt Craig Venter die ersten

Experimente durch, um künstliches Leben zu erzeugen, und hat dabei große Fortschritte erzielt. Wenn er sein Ziel erreicht, so könnte es auch möglich werden, lebendige Computer zu bauen. Die würden dann schon denken, vermutlich. Und weil diese Maschinen die Widerspiegelung der gleichen Wirklichkeit sind, welche auch wir widerspiegeln (mehr dazu später), so wären sie uns gleich, sie wären sozusagen unsere Geschwister oder unsere Kinder. Das wird sicher noch etwas länger dauern, bis das geschieht (vielleicht wird es auch nicht geschehen), aber wenn es erst einmal so weit ist, so wird es entscheidend sein für den Fortgang der Welt, ob wir der Situation moralisch gewachsen sein werden oder nicht (gegenwärtig wären wir es sicher nicht, schöne Grüße an die Nomenklatura).

Die Physik der Information gibt uns aber zugleich die Möglichkeit, diese moralischen Herausforderungen bestehen zu können. Indem sie uns zu verstehen hilft, dass wir gar nicht der blödsinnig durchs All fliegende, verantwortungslose Affe sind, als den man uns in den letzten hundert Jahren hingestellt hat. Wir sind weit mehr als das: eine eigene Lebensform des geistigen Lebens, deren Bewusstsein das der Welt ist. Die sozusagen, wie man früher gesagt hätte, das Zentrum der Welt ist.

Wenn Sie aber nur jung sind und leider gar keine Begabung zur Physik haben? Das macht gar nichts, es macht überhaupt keinen Unterschied. Denn ich spreche ja nur deswegen über die Physik, weil ich halt selbst zufälligerweise Physiker bin. Ich denke aber, dass alles, was ich gesagt habe, sinngemäß auch auf alle anderen Gebiete der menschlichen Kultur zutrifft. Im Guten wie im Schlechten.

Und wenn Sie nicht mehr jung sind? So ändert sich deswegen auch nicht viel, alt zu sein hat Nachteile, es bleibt Ihnen weniger Zeit und Sie haben weniger Optionen offen, aber es hat auch seine Vorteile, denn viele Sorgen, die junge Menschen plagen, haben

Sie nicht mehr. Vielleicht haben Sie, falls Sie älter sind, auch Geld? Schon damit können Sie eine Menge bewirken. Nur geben Sie Ihr Geld bitte keiner Stiftung. Engagieren Sie sich bitte persönlich, das macht doch auch viel mehr Spaß, Sie sind doch keine Geldkuh. Sagen Sie den jungen Wissenschaftlern, dass Sie bestimmte Projekte Ihrer Wahl finanzieren wollen, und lassen Sie sich Vorschläge machen. Dann entscheiden Sie.

Aber auch wenn Sie wenig Geld haben, können Sie trotzdem Wichtiges tun. Ein Beispiel: Ich habe vor einem Jahr zufällig durch Freunde von einer Parabolspiegelanlage erfahren, die auf halbem Weg zwischen Triest und Österreich steht, in einem Dorf namens Beano, nahe bei Codroipo. Sie können sie von der Straße aus sehen, wenn sie vorbeikommen.

Die Anlage besteht aus 600 Spiegeln, so wie man sie im Bad benutzt, diese formen zusammen einen Parabolspiegel von sechs Mal sechs Metern. An einem sonnigen Tag produziert sie um die 30 kW. Der Herr Cicuttini hat mit dem Bau der Anlage begonnen, als er in Rente ging. Er besitzt keinerlei Ingenieurskenntnisse, er hat ein Leben lang bei der Eisenbahn gearbeitet. Aber seine Anlage funktioniert, seit 10 Jahren, störungsfrei. Alles selbst zusammenmontiert. Der Spiegel ist auf einem alten Kran angebracht und wird mit vier Fotozellen der Sonne nachgeführt. Im Brennpunkt wird Wasser erhitzt, damit wird das Haus beheizt. (Wie viele Ingenieure gibt es in Deutschland, die sich stattdessen ganz stolz Solarpaneele aufs Dach legen, mit denen man gerade so eben warm duschen kann, aber zum doppelten Preis – das ist eine geistige Leistung, die man selbst nach der Rente noch erbringen kann.)

Man könnte über diese Anlage mindestens drei Doktorarbeiten und zehn Diplomarbeiten schreiben, man könnte die Anlage mit einfachen Mitteln sehr verbessern, zum Beispiel eine Computersteuerung einbauen. Es interessiert aber niemanden. Ich habe, nachdem ich die Anlage gesehen hatte, herausgefunden, dass man in Fachkreisen von ihr durchaus gewusst hat. Aber es ist halt das Projekt eines Rentners, nicht das Projekt eines wichtigen Angehörigen der Nomenklatura, also interessiert es niemanden. (Der Rentner hat für sein System 20.000 Euro ausgegeben, die Nomenklatura würde für so etwas vom Steuerzahler mindestens eine Million abzocken – denn je mehr Steuergelder einer ausgibt, umso mehr macht er Karriere). Ich habe einige Physiker, die mir freundschaftlich verbunden sind, und die von der Anlage nie gehört hatten, sozusagen privat dahin gebracht. Der Rentner war sehr erfreut über unseren Besuch, er hat uns alles gezeigt und alles erklärt, es war hochinteressant, es gibt, so weit ich weiß, nirgends in Europa Erfahrungen mit so einem System. Außerdem gab es hausgemachte Salami und selbst gemachten Wein.

Am nächsten Tag habe ich meine Freunde gefragt, was sie meinen, ob man da nicht was machen könnte zusammen? Vielleicht eine Diplomarbeit fürs Erste? Das Urteil war eindeutig: Es wäre der helle Wahnsinn, über die Anlage eine Diplomarbeit zu machen. Der Student wäre »brusciato« (verbrannt), er würde nie ein Doktorat bekommen, er würde weniger Punkte in der Diplomprüfung bekommen, er würde sich in jeder Beziehung zum Außenseiter machen. Und der Betreuer ebenso. Erst recht wäre es unmöglich, einen Doktoranden an der Sache arbeiten zu haben, denn wer ein Doktorat bekommt und wer nicht, das entscheidet eine Kommission, und eine Kommission, in der nicht mindestens eine Person gegen so ein Projekt wäre, sei undenkbar: Die Nomenklatura interessiere sich nur für ihre eigenen Projekte, Konkurrenzprojekte – und jedes Projekt, das nicht unter ihrer Kontrolle steht, ist ein Konkurrenzprojekt – seien eine Kriegserklärung. Und das sei überall so.

Was hätte man tun müssen, um an dieser Anlage trotzdem Forschung treiben zu können? Ganz einfach: Ein Student oder eine Studentin hätte den Mut haben müssen, auf einer Diplomarbeit über diese Anlage zu bestehen, er oder sie hätte halt ein etwas schlechteres Zeugnis in Kauf nehmen und vielleicht fürs Erste auf die Möglichkeit einer Promotion verzichten müssen. Es ist also im Kampf gegen die Nomenklatura persönliches Engagement erforderlich und man muss bereit sein, Verluste einzustecken. Aber insgesamt lohnt es sich doch, denn was ist schlimmer: Gar keine Doktorarbeit schreiben oder drei Lebensjahre wegwerfen für eine völlig wertlose Dissertation, geschrieben für den Papierkorb?

Es müssen also Alte und Junge zusammenarbeiten. Das ist ja auch für mich wahr, ich kann doch zum Beispiel keinen CELL selbst programmieren, ohne meine jungen Mitarbeiter wäre ich ganz aufgeschmissen.

Früher haben Frauen nicht wählen dürfen, Schwarze auch nicht, Arbeiter konnten nicht studieren, man musste die richtige Religion haben, und so weiter. All diese Missstände wurden durch das persönliche Engagement von Menschen beseitigt, gegen die jeweiligen Machtstrukturen. Der nächste Machtkampf, der diesmal nicht eine unterdrückte Gruppe von Menschen angeht, sondern alle Menschen, ist der um die Freiheit der Wissenschaft, gegen die Nomenklatura. Er ist für die Zukunft von entscheidender Bedeutung.

Der Kampf gegen die Nomenklatura ist notwendig gewaltfrei. Es braucht keine Revolution, sondern Wissen. Und um dieses Wissen zu erwerben, muss man nicht Marx studieren und Horkheimer und 2000 Seiten Suhrkamp. 200 Seiten Physik genügen.

Alles, was möglich ist: Die Grundlagen

Das Bestreben der Physik ist es, einen möglichst großen Teil der Welt möglichst einfach zu erklären. Am liebsten würden die Physiker die ganze Welt mit einer einzigen Formel erklären, das wäre am allereinfachsten. Eine solche Formel gibt es noch nicht, aber immerhin hat sie schon einen Namen, eine solche hypothetische Formel hieße »Weltformel«.

Tatsächlich hat die Physik in den letzten Jahrtausenden immer größere Teile der Welt verstehen können, und gleichzeitig wird sie immer einfacher. Da kann sich jeder vorstellen, wo das hinführen wird, wenn das noch ein wenig so weitergeht. Zur Weltformel. Und es muss ja nicht unbedingt genau eine einzige Formel sein – es könnten ebenso gut einige wenige Formeln sein, Hauptsache sie sind kurz und einfach.

Die heutige Physik lässt sich bereits in 10 bis 20 grundlegende Formeln fassen. Von denen handelt dieses Buch. (Die Formeln sind aber noch nicht die »Weltformel«, weil es noch zu viele offene Fragen gibt in der Physik, und auch davon handelt dieses Buch.) Diese wenigen Formeln sind außerdem auch einfach. Vollständig einfach. Jeder kann sie verstehen. Deshalb kann ein jeder Physik machen. Und außerdem: Macht es denn einen Unterschied, ob man die Welt nun mit einer oder mit zwanzig Formeln beschreibt? Dass dergleichen überhaupt möglich ist, darauf kommt es doch an. Und warum es möglich ist. Selbst ein Schüler kann deshalb heute Dinge verstehen, die Galilei, Newton, ja selbst Einstein nicht verstehen konnten, zu ihrer Zeit. Haben Sie keine Angst, trauen Sie sich, es kann Ihnen nichts passieren, und auch falls Sie es dann doch nicht ganz bis zum Gipfel schaffen, es wird trotzdem gut tun.

Um zur großen Einfachheit der Physik zu gelangen, muss man ganz einfach vorgehen. Wir wollen die Physik mit der einfachen

Frage beginnen, welche Bewegungen von Dingen oder Lebewesen möglich sind – und welche Bewegungen nicht, und warum.

Auch eine solch einfache Frage kann man auf sehr komplizierte Weise untersuchen und diskutieren. Das haben die alten Griechen getan. Als Folge davon kamen sie zu sehr vielen und unschlüssigen Resultaten. Einige der alten Griechen kamen zur Schlussfolgerung, jeder Köper hätte seinen natürlichen Platz in der Welt, und er versuche immer, dahin zu kommen, und das bestimme die Bewegung. Andere fanden stattdessen, es gebe gar keine Bewegung, die Bewegung sei nur ein Schein. Um ihre Meinungen zu belegen, haben sie sich die kompliziertesten Beispiele ausgedacht*. Sodass am Schluss nichts Konkretes herausgekommen ist, es war einfach zu kompliziert.

Auch heute noch gibt es Leute, die es so halten: Sie behaupten, die Physik sei sehr komplex, nur dem Fachmann verständlich, und eigentlich nicht einmal dem, denn sie sei ironisch, und so weiter. Lassen wir diese Leute ruhig reden, wir machen stattdessen Physik, an den Resultaten wird man sehen, wer recht hat.

Wenn wir also wissen wollen, welche Bewegungen möglich sind und welche nicht, so lautet die einfachste Frage wohl so: Was ist das denn, »Bewegung«? Wir wollen lediglich versuchen, darauf eine Antwort zu geben, denn der Versuch einer Antwort ist noch einfacher als die Antwort selbst. Also Versuch einer Antwort: Bewegung ist, wenn ein Körper zuerst an einem Ort ist und einige Zeit später an einem anderen. (Vielleicht ist diese Antwort ja falsch, aber jedenfalls ist sie einfach. Falls sie falsch ist, sollte es wegen ihrer Einfachheit später leichter fallen, es richtigzustellen.) Also:

---

* In der Literatur findet sich etwa das berühmte Beispiel von Achill und der Schildkröte, mit dem bewiesen werden soll, dass auch ein sehr schneller Läufer, Achill, eine langsame Schildkröte nie einholen wird, obwohl das offensichtlich falsch ist.

Bewegung ist, wenn ein Körper zuerst an einem Ort ist und dann an einem anderen.

Wo aber ist der Körper, was ist sein »Ort«? Das müssen wir wohl irgendwie nachmessen. Das tun wir mit einem Maßstab, womit sonst? Ein Maßstab ist ein Gegenstand, auf dem man Längen ablesen kann, zum Beispiel »Zentimeter« (cm) oder »Meter« (m). Aber wie lang ist ein Meter? Wenn wir einen Maßstab bauen wollen, wo sollen wir das hinschreiben, »1 m«? Hier, oder dort?

Wie soll man das sagen? Das kann man nicht sagen. Man kann nur sagen, wann zwei Längen gleich lang sind: Zwei Maßstäbe, die gleich lang sind, wenn man sie nebeneinanderlegt, haben die gleiche Länge. Nehmen wir mal an. Der Länge dieser Maßstäbe geben wir irgendeinen Namen, zum Beispiel »ein Meter«, was bleibt uns schon anderes übrig?

Nun wissen wir also, was ein Meter ist. Was aber sind zwei Meter? Wir behaupten mal einfach, das sei die Länge zweier aneinandergereihter Maßstäbe. Wir nehmen an, man könne zwei Stöckchen erst einmal nebeneinanderlegen, feststellen, dass sie gleich lang sind, und dann verschiebt man eines der Stöckchen, so wie in der Figur, und die beiden aneinandergereihten Stöckchen seien dann eben zwei Meter lang. Das heißt zum Beispiel, wir nehmen an, ein Maßstab ändere sich nicht, wenn man ihn an einen anderen Ort bringt.

Ähnlich gehen wir vor, um festzulegen, was ein halber Meter sei. Ein Maßstab ist einen halben Meter lang, wenn man zwei gleich lange Maßstäbe hat, die aneinandergereiht einen Meter ergeben.

Welche Eigenschaften die Maßstäbe sonst haben, ob sie zum Beispiel aus Holz sind, das soll keine Rolle spielen. Es soll auch keine Rolle spielen, wer diesen Maßstab besitzt oder abliest und wo sich der Maßstab befindet oder ob er sich bewegt oder ob nicht, das soll alles egal sein.

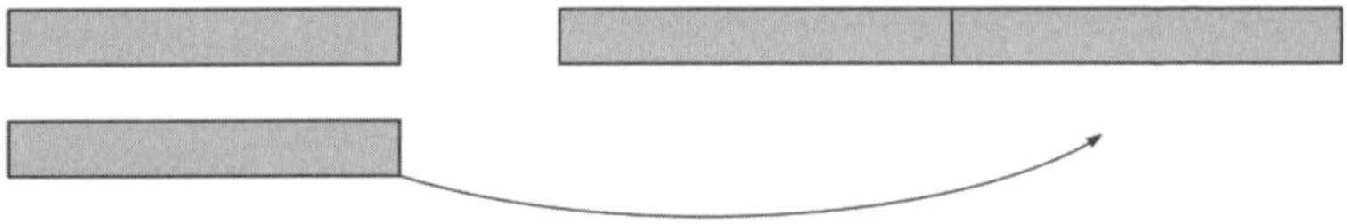

Zwei Maßstäbe sind gleich lang, wenn sie die gleiche Länge haben. Legt man sie hintereinander, so sind sie insgesamt doppelt so lang.

(Das klingt alles offensichtlich richtig, übertrieben genau und unnötig einfach, es sind Dinge, die ja schon ein vierjähriges Kind weiß, ohne auch nur darüber nachzudenken. Tatsächlich aber haben wir soeben nicht nur über die Grundlagen der klassischen Physik gesprochen, sondern auch die Fundamente der Relativitätstheorie, der Quantentheorie und der Informationsphysik berührt: Die Frage, wie lang ein Meter denn wirklich sei, führt letztlich zur Existenz des Elektrons. Und es ist zwar wahr, wir können tatsächlich ganz beliebig irgendwelche Maßstäbe oder Bezugssysteme wählen, um damit Physik zu treiben, und die reine Tatsache selbst, dass wir das tun können, führt zur Erhaltung von Energie und Impuls und also zu den Grundpfeilern der Physik. Es ist aber nicht wahr, dass Maßstäbe immer gleich lang bleiben und man sie beliebig hin und her schieben kann, wir werden sehen, dass das nicht ganz genau stimmt. Zum Glück für uns, mehr dazu im Kapitel über Relativitätstheorie. Und auch das ist wichtig: Im Grunde genommen haben wir uns nur auf Bezeichnungen geeinigt und das nacherzählt, was wir in der Welt sehen, so wie es die kleinen Kinder tun. Abgeleitet oder bewiesen haben wir eigentlich nichts. Das genauer zu betrachten wird uns zur Informationsphysik führen.)

Nun wissen wir also, wir haben uns nämlich darauf geeinigt, wo ein Körper ist. Aber wann ist er da? Das messen wir mit einer Uhr, für die gilt sinngemäß wieder alles so ähnlich wie vorher für die

Maßstäbe (zwei gleiche Uhren, die ihre Zeiger in der gleichen Position haben, zeigen die gleiche Zeit an, und wenn ein Uhrzeiger doppelt so weit vorgerückt ist, so ist die doppelte Zeit verstrichen, und es hängt nicht von den sonstigen Eigenschaften der Uhren ab und so weiter).

DIE GESCHWINDIGKEIT, v, UND DAS Δ

Mit diesen beiden Größen, der Länge und der Zeit, können wir eine neue Größe bilden, die Geschwindigkeit. Die Geschwindigkeit eines Körpers ist die Distanz, um die er sich bewegt, von einem Punkt zum anderen, geteilt durch die Zeit, die er dazu braucht.

Eigentlich haben wir bereits genug über Längenmessungen, also über den Raum, und über Zeitmessungen gesagt, es würde ausreichen, um die Geschwindigkeit zu definieren. Wir wollen aber noch etwas weiter vereinfachen. Anstatt zu sagen, »die Distanz, von einem Punkt zum anderen«, also anstatt zu sagen, wo der Körper zu Beginn der Bewegung war und wo er am Ende ist, sagen wir lediglich, um wie viel er sich bewegt hat, das ist einfacher.

Dazu führen wir das Symbol »Δ« (Delta) ein, es bedeutet, dass wir nur die Änderung einer Größe betrachten. »x« bedeutet die Position eines Gegenstandes (genauer gesagt, eines Punktes), Δx ist die Änderung seiner Position. Wenn »t« die Zeit bedeutet, so meint Δt einen Zeitraum.

Wenn wir die Geschwindigkeit mit dem Buchstaben »v« abkürzen (aus dem Englischen, velocity), so können wir nun schreiben: $v = \Delta x / \Delta t$. Die Geschwindigkeit eines Körpers ist die Länge, um die er sich bewegt, Δx, geteilt durch die Zeit, die er dazu braucht, Δt. Beispiel: Ein Auto legt in einer Zeit $\Delta t = 20$ Sekunden den Weg $\Delta x = 500$ Meter zurück, so ist seine Geschwindigkeit = 500 m/20 s = 25 m/s.

DIE BESCHLEUNIGUNG, a

Um die Betrachtungen komplett zu machen, kann man noch berücksichtigen, dass ein Auto nicht nur seine Position ändern kann, sich also mit einer bestimmten Geschwindigkeit bewegt, sondern es kann auch seine Geschwindigkeit ändern. Das nennen wir »Beschleunigung«, a, und definieren es so ähnlich wie die Geschwindigkeit selbst, also $a = \Delta v / \Delta t$. Wenn das Auto zuerst steht ($v = 0\ m/s$) und nach 10 Sekunden eine Geschwindigkeit hat von 25 m/s (das sind knapp 100 km/h), so ist seine Beschleunigung $a = (25\ \text{m/s}) / 10 s = 2{,}5\ \text{m/s}^2$.

Die Größen »Position«, »Geschwindigkeit« und »Beschleunigung« sind nicht unabhängig voneinander, sondern das eine ergibt sich aus dem anderen: Angenommen, wir kennen die Position x eines Autos, das auf der Autobahn fährt – angenommen, wir wissen für jeden beliebigen Zeitpunkt immer, wo das Auto gerade ist (wir können es zum Beispiel von einem Polizeihubschrauber aus filmen). Dann brauchen wir keinerlei zusätzliche Information mehr, sondern wir können direkt seine Geschwindigkeit $v = \Delta x / \Delta t$ ausrechnen. Auf die Weise können wir zum Beispiel feststellen, ob der Fahrer die Geschwindigkeitsbegrenzung überschreitet. Und weil wir nun also auch die Geschwindigkeit des Autos für jeden beliebigen Zeitpunkt kennen, so können wir daraus auch für jeden Zeitpunkt die Beschleunigung des Autos ermitteln, $a = \Delta v / \Delta t$. Dazu braucht es keine zusätzliche Information, es genügt x zu wissen für jeden Zeitpunkt (man schreibt $x(t)$), dann hat man auch schon automatisch $v(t)$ und $a(t)$.

Umgekehrt geht es fast genauso: Wenn wir wissen, dass das Auto ständig mit 100 km/h fährt, so wissen wir auch, wo es sich gerade befindet – vorausgesetzt nur, wir wissen, wann und wo es losgefahren ist. Wenn das Auto vor einer Stunde losgefahren, und immer mit 100 km/h gefahren ist, so ist es jetzt 100 km weit entfernt. Wenn wir also von der Geschwindigkeit auf die Position des Autos schließen wollen, so geht das, wir brauchen aber eine zusätzliche Zahl, nämlich seine Position zu irgendeinem bestimmten Zeitpunkt. Das Gleiche gilt für die Beschleunigung: Wenn man sie kennt, kann man die Geschwindigkeit ausrechnen, man muss nur wissen, welche Geschwindigkeit das Auto bei Einsetzen der Beschleunigung gerade gehabt hat.

Jetzt haben wir alles, um die Position und die Bewegung eines Körpers beschreiben zu können. Erklärt haben wir damit eigentlich noch nichts, wir haben nur Schreibweisen oder »Beschreibungsweisen« eingeführt, wir haben den Dingen nur Namen gegeben. Als Nächstes ist also zu klären, warum sich ein Körper bewegt, wenn er das denn tut, und welche Bewegungen möglich sind und welche nicht.

DIE KRAFT

Sicherlich braucht es oft eine Kraft, um einen Körper in Bewegung zu bringen. Wer ein Auto anschieben muss, weil der Motor nicht anspringt, braucht die Kraft seiner Beine und Arme. Funktioniert hingegen der Motor, so hängt es von dessen Kraft ab, wie gut das Auto beschleunigt. Damit ist noch nicht gesagt, es komme nur auf die Kraft an – vielleicht hatten die alten Griechen ja recht, vielleicht kommt es außerdem auf die Natur des Körpers an oder auf sonst etwas, das wir einfach noch nicht bedacht haben. Das wollen wir für den Moment alles nicht ausschließen, es kann sein oder auch nicht. Das aber ist augenscheinlich wahr, dass es halt auch auf die Kraft ankommt.

Wir müssen also definieren, was Kraft ist. Wir gehen wieder so ähnlich vor wie zuvor: So wie wir vorher die Länge definiert haben als die Länge eines Körpers, so definieren wir jetzt die Kraft, F, mit Hilfe der Länge der Auslenkung einer Feder aus ihrer Ruhelage. Wenn man zwei gleiche Federn jeweils einzeln um die gleiche Länge dehnt, so wirkt jeweils die gleiche Kraft, so vereinbaren wir. Wenn man die Enden der Federn miteinander verbindet, sodass die beiden Federn sozusagen eine einzige Feder bilden, und wieder um die gleiche Länge zieht, so soll die Kraft doppelt so groß sein. Das ist in der Figur gezeigt. Die Kraftmessung soll wieder nicht davon abhängen, wer an der Feder zieht oder wo sich die Feder befindet.

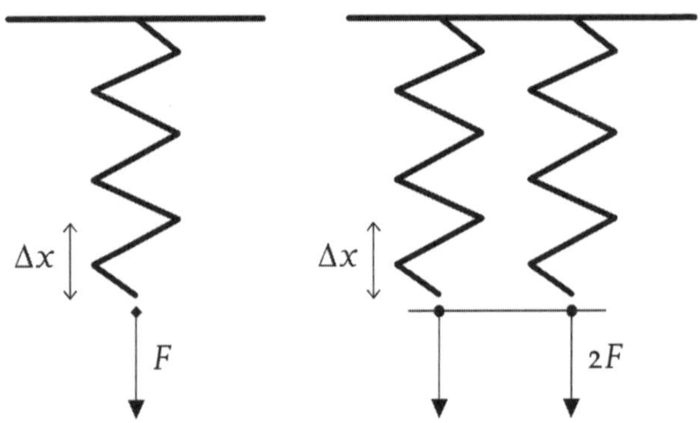

Die Kraft F dehnt die Feder um die Länge Δx

Die doppelte Kraft $2 \cdot F$ dehnt zwei Federn um die Länge Δx

(»Zwei Federn geben die doppelte Kraft von einer Feder« – das klingt wiederum kindisch einfach, ein wenig einfältig, denn es scheint doch völlig offensichtlich zu sein, und kann denn, was völlig offensichtlich ist, Wissenschaft sein? Und wiederum ist es keineswegs selbstverständlich, sondern gelegentlich falsch: Die kleinsten Teilchen im Atomkern (die Quarks) werden durch eine Art Federn zusammengehalten, die man »Gluonen« nennt, und zwei Gluonenfedern ergeben keineswegs immer die doppelte Kraft, sondern zum Beispiel die dreifache.)

Für den Moment aber gehen wir einfach davon aus: Zwei Federn haben doppelt so viel Kraft wie eine. Länge hatte die Einheit Meter, Zeit die Einheit Sekunde, die Messeinheit für die Kraft nennen wir »Newton«.

Wir hatten gesagt – weil wir das ja aus dem Alltag kennen –, die Kraft »verursache irgendwie eine Beschleunigung«. Versuchen wir, das probehalber mit einer Formel zu beschreiben. Probieren wir* die Formel $F=a$. Wäre die Formel »$F=a$« wahr, so würde ein Motor mit einer bestimmten Kraft, F (sagen wir, 1000 Newton), ein Auto immer gleich stark beschleunigen – eben mit der Beschleunigung »a«. Und zwar jedes beliebige Auto oder auch jeden beliebigen Lastwagen. Das stimmt nicht mit unserer Erfahrung überein. Die Formel $F=a$ muss also falsch sein. Um zu verstehen, warum es falsch ist, bitten wir die Wirklichkeit um Hilfe, wir machen ein Experiment.

Das Bild zeigt einen Wagen, auf den eine bestimmte Kraft wirkt. Die Kraft wirkt über eine Feder auf den Wagen, man kann sie messen. Durch die Kraft wird der Wagen beschleunigt:

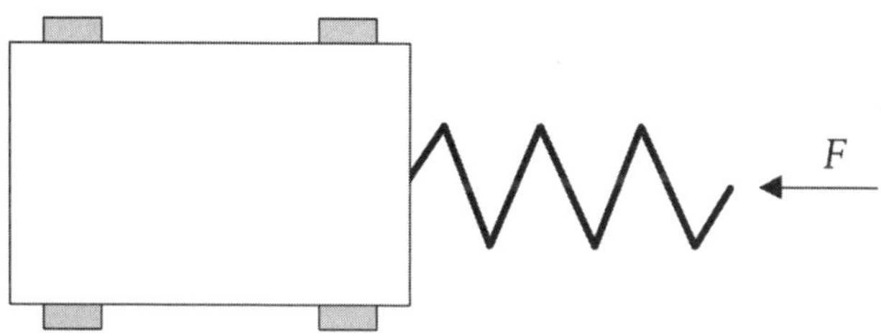

* Achtung, diese Formel ist falsch, wir verwenden sie nur probeweise, um es besser verstehen zu können.

Das nächste Bild zeigt wieder denselben Wagen, der mit der gleichen Kraft beschleunigt wird, und noch einen gleichartigen Wagen, mit der gleichen Kraft und der gleichen Feder. Dass ein zweiter Wagen in der Nähe ist, das weiß der erste Wagen nicht, weil er ja keine Augen hat.

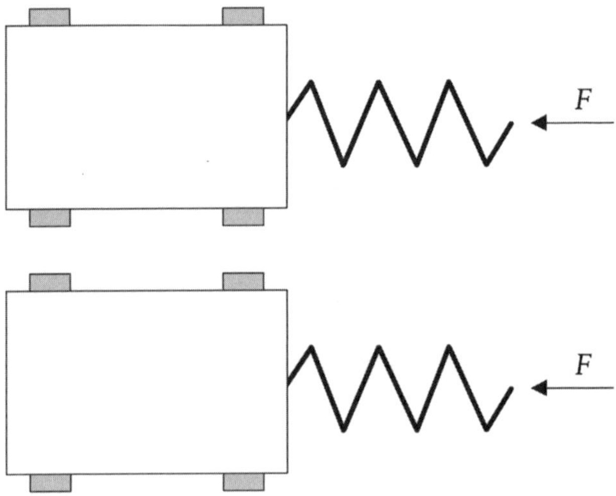

Deswegen wird jeder der beiden Wagen wiederum genauso beschleunigt wie vorher, als kein zweiter Wagen in der Nähe war.

Nun rücken wir die beiden Wagen immer näher aneinander, die merken das gar nicht, weil sie ja keine Augen haben, sondern beschleunigen immerzu gleichmäßig weiter. Wenn sie ganz nahe beieinander sind, geben wir ein wenig Klebstoff an die Stelle, wo sie sich berühren. Nun ist es ein Wagen, ein doppelt so großer Wagen. So wie im nächsten Bild. Auf diesen großen Wagen wirkt nun die doppelte Kraft (weil zwei Federn zu dehnen eine doppelt so große Kraft bewirken soll wie eine, das hatten wir so ausgemacht).

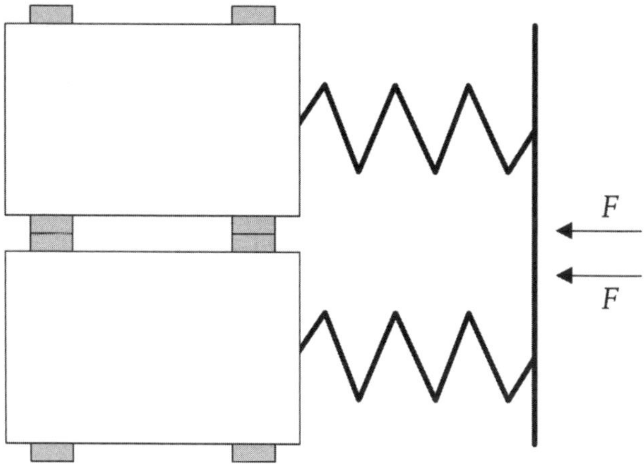

Aber er beschleunigt genauso wie vorher, nicht doppelt so stark. Am Bild sieht man nun aber, woran das liegt. Es liegt offensichtlich daran, dass nun doppelt so viel Wagen angeschoben werden muss.

(Man sieht an diesem Beispiel sehr schön, wie die Physik funktioniert, wo ihre Schwierigkeiten liegen und wo nicht: Manche denken ja, die Formeln seien das Schwierige an der Physik. Aber »$F = a$« zu schreiben, das ist doch nicht schwer. Darüber nachdenken, was das zu bedeuten hätte, das ist schwierig. Das Nachdenken selbst ist das Schwierige, nicht die Formel.)

DIE MASSE

Es ist wissenschaftlich korrekt, zu sagen, »die doppelt so starke Kraft beschleunigt den zusammengeklebten Wagen nicht doppelt so schnell, sondern gleich schnell, weil jetzt doppelt so viel Wagen da ist«. Das wäre eine wissenschaftlich korrekte Formel, aber sie wäre ein wenig lang. Außerdem, was wäre, wenn es nicht um einen Wagen ginge, sondern um etwas anderes?

Wir vereinbaren einfach eine Größe, m, die angibt »wie viel von einem Wagen da ist«, und die nennen wir Masse. Und wenn ein Wagen die Masse m hat, so haben zwei Wagen die Masse $2 \cdot m$, und wenn man den Wagen genau in der Mitte auseinanderschneidet, so hat jede Hälfte die Masse $\frac{1}{2}\,m$, und das hängt nicht davon ab, wer auseinanderschneidet und wie und so weiter. Die Einheit der Masse heißt Gramm. Und selbstverständlich können wir nicht nur die Masse eines Wagens bestimmen, sondern auch die Masse irgendeines anderen Gegenstandes.

Zweiter Versuch: Wenn die Beschleunigung nicht nur mit der Kraft zusammenhängen soll, sondern auch mit der Masse, so muss auch die Masse in unserer Formel vorkommen. $F = m + a$ wäre vielleicht möglich? Das würde aber nicht aufgehen, denn Masse und Beschleunigung haben ja nicht die gleiche Einheit, man kann sie nicht zusammenzählen, es wäre wie Äpfel und Birnen zusammenzählen, das geht nicht. Dann vielleicht $F = m \cdot a$?

In der Tat, mit $F = m \cdot a$ funktioniert unser voriges Beispiel: Die doppelt so große Kraft beschleunigt einen Wagen mit der doppelten Masse genauso wie eine halb so große Kraft einen Wagen mit der halben Masse. Nun fragt sich noch, ob die Formel $F = m \cdot a$ wirklich vollständig ist. Denn die alten Griechen waren doch nicht dumm, ein wenig recht werden sie schon gehabt haben, vielleicht hängt es von noch irgendetwas anderem ab, wie ein Körper beschleunigt. Vielleicht von seiner Farbe? Vielleicht sind Ferrarirennautos deswegen rot, weil rote Körper besser beschleunigen? Kann das sein?

Darauf gibt es zwei Antworten: Erstens kann man die Formel $F = m \cdot a$ nachmessen. Wenn sie zum Beispiel nur für rote Körper gelten würde, so müsste man ein falsches Messergebnis bekommen, wenn man ein grünes Auto beschleunigt. Man hat aber bisher nie irgendeine Abweichung von dieser Formel beobachtet. Zweitens kann man versuchen, die Formel noch besser zu verstehen. Wir verstehen sie dank des langen und genauen Diskurses, den wir auf den letzten Seiten veranstaltet haben, schon recht gut. Aber zusätzlich könnten wir zum Beispiel fragen, woher die Formel kommt, was ihre tiefere Ursache ist, ihre Funktion. Das werden wir später tun, als Nächstes wollen wir eine bessere Verbindung zum Schulstoff herstellen. Falls Sie Schüler sind, sollen Sie ja auch einen praktischen Vorteil für die nächste Prüfung haben von diesem Buch.

DAS NEWTONSCHE GESETZ

$F=m\cdot a$ wird oft »zweites Newtonsches Gesetz« genannt. Das erste Newtonsche Gesetz besagt, dass ein Körper, auf den keine Kraft wirkt, nicht beschleunigt, sondern seine Geschwindigkeit beibehält. Aber das steht in unserer Formel $F=m\cdot a$ ja schon drin: Wenn $F=0$ ist, so muss auch $a=0$ sein. Dieses »erste Newtonsche Gesetz« ist also gar kein eigenes Gesetz, sondern der Spezialfall des Gesetzes $F=m\cdot a$.

Das dritte Newtonsche Gesetz hingegen besagt: »Zu jeder Kraft gibt es immer eine gleich große und entgegengesetzt gerichtete Gegenkraft.« Das kann man auch einfacher sagen: »Jede Feder hat zwei Enden.« Eine Feder mit nur einem Ende gibt es nicht, und eine solche Feder ist auch nicht vorstellbar. Auch eine Feder, bei der, wenn man an ihr zieht, nur an einem Ende eine Kraft auftritt, aber nicht am anderen Ende, ist nicht vorstellbar. Die Kraft, die am einen Ende einer Feder wirkt, muss offensichtlich genauso stark, aber in entgegengesetzter Richtung am anderen Ende auftreten – es ist nicht anders vorstellbar.

Das ist in der Figur veranschaulicht: Zwei Personen ziehen an den beiden Enden einer Feder. Jede Person zieht mit der gleichen Kraft, aber in eine andere Richtung. Die Situation, dass nur eine Person an der Feder zieht, ist nicht vorstellbar.

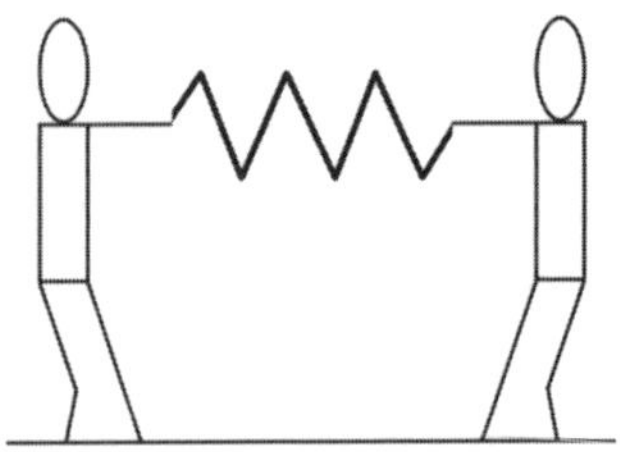

Zwei Personen ziehen an einer Feder und dehnen sie um die Länge 1.

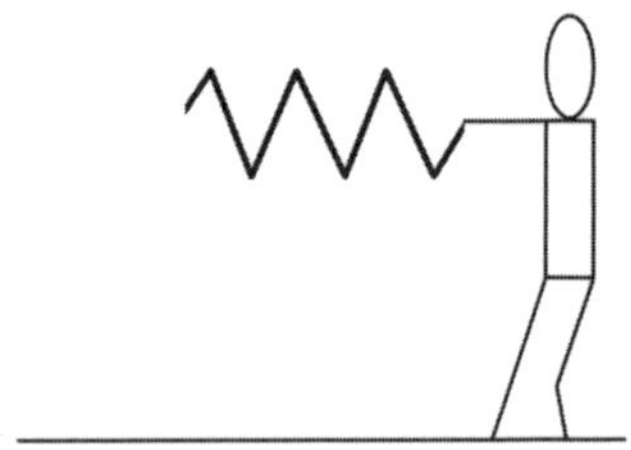

Eine Person zieht an einer Feder und dehnt sie um die Länge 1, das andere Ende der Feder hängt frei in der Luft – das ist unvorstellbar.

Man kann in der linken Figur eine der Personen auch durch eine Mauer ersetzen, dann wirkt die Kraft auf die Mauer anstatt auf die Person. Das ist das Gleiche, nur sieht man die Kraft nicht so gut. Wenn man aber stark genug anzieht, so sieht man die Kraft auch wieder sehr gut, weil die Mauer dann nämlich einstürzt.

Man kann also sagen: »drittes Newtonsches Gesetz« oder, auf Latein, »actio = reactio« oder »jede Feder hat zwei Enden«, das ist immer das Gleiche.

In physikalischer Hinsicht ist unsere Frage, welche Bewegungen denn möglich seien und welche nicht, und warum sich Körper bewegen, damit eigentlich beantwortet: Wenn ich den momentanen Zustand eines Körpers kenne, wenn ich also weiß, wo er gerade ist und wie schnell er sich bewegt – so muss ich nur die Kräfte kennen, die auf den Körper in der Zukunft wirken werden, und daraus folgt bereits eindeutig, wo er in der Zukunft sein wird.

Damit ist unsere Frage beantwortet, wir wollten ja wissen, warum sich Körper bewegen, und welche Bewegungen erlaubt sind und welche nicht: Alle Bewegungen sind erlaubt, für die gilt $F = m \cdot a$.

Und das ist doch wirklich sehr einfach, aber bedenken Sie, dass es irgendwie auch wieder gar nicht einfach ist, denn die klügsten Köpfe der Menschheit, Aristoteles, Platon, Galilei, sind jahrtausendelang nicht darauf gekommen. Falls Sie die letzten Seiten verstanden haben, so haben Sie bereits jetzt mehr verstanden, als Aristoteles, Platon oder Galilei jemals verstanden hatten. Ist doch ein gutes Resultat für nur zehn Seiten Leiden!

ENERGIE- UND IMPULSERHALTUNG

In »$F = m \cdot a$« können wir statt $m \cdot a$ auch schreiben $m \cdot \Delta v / \Delta t$ (weil wir vorher $a = \Delta v / \Delta t$ definiert hatten). Dann steht da $F = m \cdot \Delta v / \Delta t$.

In mathematischer Hinsicht ist m eine Konstante, weil in unseren Experimenten die Masse immer gleich bleibt. Wir können statt $m \cdot \Delta v$ also genauso gut schreiben $\Delta(m \cdot v)$. Die Größe $m \cdot v$ nennt sich Impuls, p. Das ist halt wieder ein Name, man könnte auch einen anderen wählen. Die Newtonsche Formel lautet dann $F = \Delta p / \Delta t$, oder $F \cdot \Delta t = \Delta p$, und das kann man so in Worten ausdrücken: »Die Kraft F (die auf einen Körper wirkt) bewirkt eine Änderung des Impulses dieses Körpers um Δp pro Zeitintervall Δt.« Noch anders gesagt: »Wenn eine Kraft F eine Zeit Δt lang wirkt ($F \cdot \Delta t$), so überträgt sie einen Impuls Δp.«

Wohlgemerkt, wir haben auf der letzten halben Seite nur das Newtonsche Gesetz $F = m \cdot a$ mit anderen Worten formuliert, nichts wirklich Neues. Aber einfach nur, indem wir es in anderen Worten ausdrücken als $F \cdot \Delta t = \Delta p$, wird es nun möglich, einen ganz seltsam einfachen Gedanken zu denken.

Dieser Gedanke ist in der nächsten Figur veranschaulicht: Ein Wagen stößt auf einen anderen. Zwischen ihnen befindet sich eine Feder, welche die Kraft zwischen den Wagen misst. Wir könnten nun diesen Zusammenstoß filmen, und auf jedem einzelnen Filmbild könnte man mit dem Zentimetermaß nachmessen, wie stark die Feder zusammengestaucht wurde, und so können wir alle Kräfte und Beschleunigungen genau rekonstruieren.

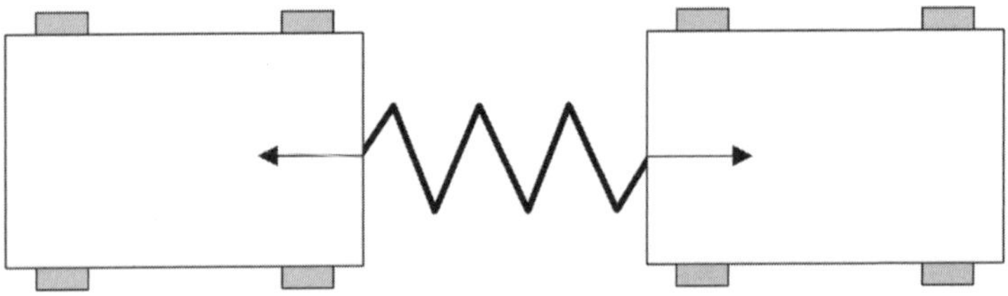

Kollision zweier Wagen. Zwischen den beiden Wagen befindet sich eine Feder, mit der die Kraft zwischen den Wagen gemessen wird. Die Richtung der auf den jeweiligen Wagen wirkenden Kraft ist durch einen Pfeil angezeigt.

Auch ohne uns diese Arbeit zu machen, können wir von vornherein schon dieses sagen:

1) Ganz egal, wie stark die Feder gerade zusammengedrückt wird, ist es jedenfalls immer wahr, dass da nur eine einzige Feder ist, zwischen den beiden Wagen, und somit nur eine einzige Kraft.

2) Diese Kraft ist folglich gleich groß für jeden der beiden Wagen. Die gleiche Kraft, die auf den linken Wagen wirkt, wirkt auch auf den rechten, nur mit umgekehrten Vorzeichen (in die umgekehrte Richtung). Das »F« in $F \cdot \Delta t = \Delta p$ ist also (in seinem Betrag) das Gleiche für beide Wagen.

3) Es ist eigentlich schon gesagt, aber wir sagen es sicherheitshalber noch einmal, dass auch das »Δt« in $F \cdot \Delta t = \Delta p$ für beide Wagen das Gleiche ist: Für den linken Wagen ist die Zeitdauer, während derer die Feder zusammengestaucht wird, die gleiche wie für den rechten Wagen. Der Absolutwert des Produkts $F \cdot \Delta t$ ist also der gleiche für jeden Wagen, nur das Vorzeichen von $F \cdot \Delta t$ ist entgegengesetzt für die beiden Wagen. Und weil $F \cdot \Delta t$ ja der Impulsübertrag ist ($F \cdot \Delta t = \Delta p$), so bedeutet dies: Ganz genau den Impuls, den ein Wagen verliert (oder gewinnt), den gewinnt (oder verliert) der andere. Es geht insgesamt kein Impuls verloren, der Gesamtimpuls bleibt erhalten. Weil die Feder ja zwei Enden hat.

Man kann das alles noch einfacher zusammenfassen und kürzer formulieren: Der Impuls ist deswegen erhalten, weil jede Kraft immer eine (entgegengesetzt gerichtete) gleich große Gegenkraft hat und weil die Zeit überall gleich verläuft. Das »$F \cdot \Delta t$«, das auf den einen Körper wirkt, wirkt mit umgekehrten Vorzeichen ebenso auf den anderen. Oder: der Impuls ist deshalb erhalten, weil die Situation symmetrisch ist für die beiden Wagen. In wissenschaftlicher Ausdrucksweise sagt man, »wir haben die Erhaltung des Impulses aus Symmetrieüberlegungen abgeleitet«.

Alles, was wir auf den letzten Seiten über die Größe $F \cdot \Delta t$, den Impulsübertrag, gesagt haben, sollte eigentlich ebenso wahr sein für die Größe $F \cdot \Delta x$: Wenn eine Kraft F auf einen Gegenstand einwirkt und ihn dabei über eine Strecke Δx bewegt, so hat ebenso auch die Gegenkraft zu F über diese gleiche Strecke Δx gewirkt. Was ist nun dieses $F \cdot \Delta x$, das so übertragen wird, dass es insgesamt erhalten bleibt?

Es ist die Energie: Indem die »Arbeit« $F \cdot \Delta x$ geleistet wird (das Pferd oder der Motor zieht mit der Kraft F den Pflug oder den Lastwagen um eine Strecke Δx), wird die »Energie« $F \cdot \Delta x$ übertragen.

Warum aber hat eine Feder immer zwei Enden? Solange eine Warum-Frage möglich ist, ist die Physik noch nicht fertig. Emmy Noether hat herausgefunden, warum eine Feder zwei Enden hat, es liegt am Raum: Wir sind ja zu Anfang ganz einfach vorgegangen, um den Raum zu erkunden, wir haben Stöckchen aneinandergelegt und verglichen, und damit haben wir Maßstäbe gebaut, um die Position eines Körpers zu bestimmen. Um das mit den Federn zu verstehen, muss man aber noch einfacher denken.

Denn eigentlich funktioniert das mit dem Maßstab nur sehr eingeschränkt. Es ist schon wahr, wir können sagen, wo sich ein Körper auf dem Maßstab befindet. Wo aber befindet sich der Maßstab? Um das zu sagen, braucht man ja wieder einen Maßstab. Und wo genau ist der nun? Da braucht man ja wieder einen Maßstab. Sie sehen schon, so geht das nicht.

Wenn der Körper, dessen Position wir bestimmen wollen, ein Mensch wäre, mit Augen und Verstand, so ginge es. Ein Beispiel: Um die Position eines Schiffes zu bestimmen, teilt man die ganze Welt auf eine bestimmte Weise in Längen- und Breitengrade ein. Die Weise, wie man das tut (der Nordpol ist oben, man fängt bei Greeenwich mit dem Zählen an, und so weiter), ist allen Menschen bekannt, und jeder hält sich daran. Wenn deshalb ein Schiff in Seenot seine Position durchgibt, so wissen alle, wo sich das Schiff befindet.

Stellen Sie sich hingegen vor, die Menschen könnten nicht kommunizieren, jeder würde seine eigene Seekarte erfinden. Dann wüsste niemand, wo sich das Schiff in Seenot wirklich befindet, wenn es seine Position durchgegeben hat. Genau in der Situation sind aber die Massenkörper, Kugeln und alle anderen Gegenstände in unserem Labor. Keiner von denen weiß, ob er sich im Süden oder im Norden befindet, ob auf der x- oder der y-Achse.

Auf den ersten Blick ist das alles sehr unerfreulich, ein Tohuwabohu, was tun? Nehmen wir Folgendes an: Bei einer Seekarte ist es sicher wahr, man muss wissen, wo man auf der Seekarte ist, deswegen, weil es ausgezeichnete Punkte gibt auf der Seekarte. Zum Beispiel Riffs oder Untiefen oder Häfen. Bei der Karte aber, die jeder Körper eigentlich bei sich haben müsste (wenn er denn sehen könnte), um zu wissen, wo er ist, da soll es keine ausgezeichneten Punkte geben. Nehmen wir einfach mal an, das sei so. Dann wäre es egal, welche Karte der Körper dabeihat, und es wäre deshalb sogar egal, ob er überhaupt eine dabeihat. Dass »der Raum keine ausgezeichneten Punkte haben soll« und auch keine ausgezeichnete Richtung, und auch die Zeit soll dergleichen nicht haben, sondern sie sollen überall gleichförmig sein – das kann man auch mathematisch formulieren, und man kann dann ausprobieren, was das für Folgen hätte. Das ist, was Emmy Noether getan hat.

Im Jahre 1918 ist es der Physikerin Emmy Noether gelungen, diese Dinge mathematisch präzise und allgemeingültig zu denken (also erst nach der Entdeckung der Quantentheorie und der Relativitätstheorie!), und sie fand: Wenn es in Raum und Zeit keine bevorzugten Punkte gibt, wenn Raum und Zeit immer und überall die gleichen Eigenschaften haben, dann müssen ganz von selbst und notwendigerweise Energie und Impuls erhalten sein.

Für die Physik der möglichen Bewegungen ist es also nicht nur egal, wo sich ein Körper »wirklich« befindet. Vielmehr ergibt sich die Physik der möglichen Bewegungen eben gerade daraus, dass man nicht sagen kann, wo er sich »wirklich« befindet. Oder: Federn haben deswegen zwei Enden, weil es keinen bevorzugten Raum gibt.

Die Menschen haben mehrere tausend Jahre gebraucht, um dies verstehen zu können, obwohl doch das Problem, um das es sich handelt, am Anfang jeden Nachdenkens über Raum und Zeit stehen sollte. Genauer gesagt, es hat bis zu Emmy Noether gedauert, um dergleichen auch nur hinterfragen zu können. Bis dahin war es nicht möglich gewesen – vermutlich, weil das Problem zu einfach war, um es als Problem wahrnehmen zu können. (Hätte jemand vor 100 Jahren geschrieben, was ich Ihnen gerade zugemutet habe, so wäre er vermutlich in der Klappsmühle gelandet.)

Und obwohl die Menschheit Emmy Noether also viel verdankt, wurde Emmy schon vor der Machtergreifung der Nazis durch die damalige Nomenklatura übel schikaniert. Als die Nazis dann an die Macht kamen, musste sie sich nach Amerika retten.

Auch heute noch ist es ganz üblich, an dieser Stelle anzumerken, »sie musste nach Amerika emigrieren, weil sie Jüdin war«. Aber das ist wörtlich, wie es auch Himmler oder Bormann gesagt hätten. Bedenkt man es genauer, so ist es unlogisch zu behaupten, jemandem müsse dies oder jenes zustoßen (er müsse zum Beispiel auswandern), weil er (zum Beispiel) Jude sei. Wenn es trotzdem behauptet wird, so muss etwas anderes dahinterstecken. Vielleicht etwas noch Unlogischeres, sonst würde man es ja offen benennen. Weshalb der Fall Noether nicht nur historische Bedeutung hat, sondern auch die Gegenwart angeht. Und dies in einem Physikbuch zu erwähnen, ist deshalb statthaft, weil nicht über Globalisierung sprechen kann, wer nicht über Noether reden will.

Jedes Mal, wenn wieder ein junger Physiker von der Nomenklatura vor die Wahl gestellt wird, ins Exil zu gehen oder Staubsaugervertreter zu werden, stellt sich die Noetherfrage neu: »Was ist der wahre Grund?« Zwar hat sich für die betroffenen Physiker die Situation seit Noethers Zeiten verbessert, denn es geht heutzutage nicht mehr um das körperliche Leben, sondern lediglich um das sinnvolle. Für die zurückbleibende Gesellschaft aber macht es wenig Unterschied, das Resultat ist für sie das gleiche – Hilflosigkeit und Armut.

Kann man nun fragen, warum denn Raum und Zeit gleichförmig sind und warum kein Punkt in Raum und Zeit in irgendeiner

Weise vor anderen Punkten ausgezeichnet ist? Das kann man natürlich schon fragen, aber das ist dann der Punkt, wo die Physik sozusagen aufhört (oder vielmehr anfängt?). Man kann nur sagen, dass die Gleichförmigkeit von Raum und Zeit das Einfachstmögliche ist, was man sich vorstellen kann. Das Eleganteste. Alle anderen Alternativen wären weniger einfach, weniger elegant.

Wir haben in unseren Beispielen aus Gründen der Anschaulichkeit eine Feder eingefügt. In der wirklichen Welt kommen Federn aber nur selten vor, meistens werden Kräfte übertragen, ohne dass eine Feder vorkommt, oder aber die »Federn« sind unsichtbar. Das ist in der Figur gezeigt:

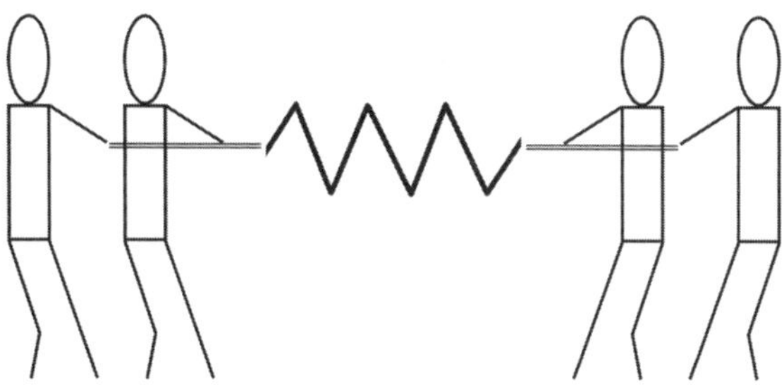

Kinder beim Seilziehen. Um die Kraft der Kinder messen zu können, ist eine Feder ins Seil eingefügt.

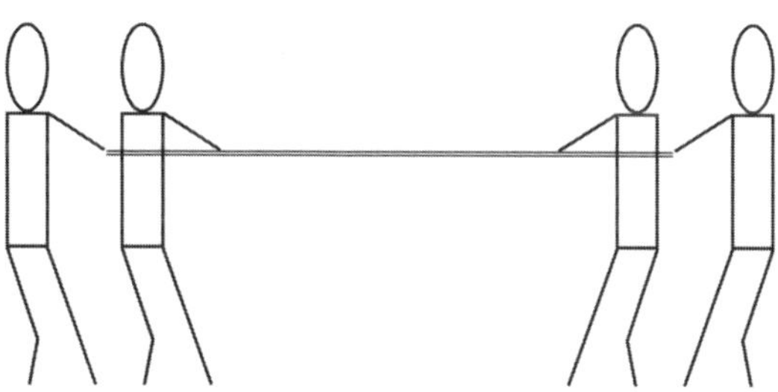

Kinder beim Seilziehen, diesmal hat das Seil keine Feder, um die Kraft zu messen. Die Kraft ist aber trotzdem genauso da und genauso groß. Sonst müsste man ja nicht ziehen.

In dem Beispiel kommen immer noch Federn vor, denn die Atome, aus denen das Seil besteht, kann man als kleine Federn betrachten. Aber es gibt auch Fälle, wo von einer Feder wirklich keine Spur ist, zum Beispiel bei einem Apfel, der am Baum hängt. Der Apfelstiel kann zwar als Feder betrachtet werden, der Stiel hält den Apfel am Ast fest. Aber die Gewichtskraft, die den Apfel nach unten zieht, hat keine Feder. Wenn der Apfel herabfällt, so wirkt zwar nach wie vor die Gewichtskraft (ganz ohne Feder), aber ihre Gegenkraft ist nun nicht mehr die »Federkraft« des Stieles, sondern es ist die Trägheitskraft, die mit der Beschleunigung einhergeht – von Feder keine Spur weit und breit. Es kommt also nicht auf die Feder an, die Feder war nur zur Veranschaulichung, sondern auf die Kraft.

DIE KLEINSTE WIRKUNG

Bis hierher geht die Schulphysik. Lassen Sie uns ein wenig darüber hinausschauen. Zwei Dinge sind seltsam und nicht so einfach, wie man sich das eigentlich vorstellen könnte: Erstens haben wir nun mit insgesamt sechs Größen zu tun, Kraft F, Masse m, Energie E, Impuls p, Raum x, Zeit t. Wir hatten aber nur zwei Gleichungen: $\Delta E = F \cdot \Delta x$ und $\Delta p = F \cdot \Delta t$. Nanu, kann man denn mit zwei Gleichungen sechs Größen auf einmal beschreiben? Oder sind diese Größen gar nicht wirklich verschieden voneinander?

Stellen wir uns einen Formel-1-Rennwagen beim Start vor: Der Motor schiebt den Wagen an mit der Kraft F. Wenn der Wagen unter der Wirkung dieser Kraft F eine bestimmte Strecke zurückgelegt hat, nennen wir sie Δx, so hat er aufgrund dessen nun die Bewegungsenergie $F \cdot \Delta x$.

Was die Bewegungsenergie betrifft, so wäre es ganz egal, ob es eine Sekunde gedauert hat oder eine Stunde, die Strecke Δx zurückzulegen. Die Zeit kommt ja in der Formal $\Delta E = F \cdot \Delta x$ nicht vor.

Nennen wir die Zeit, die der Wagen für die Strecke Δx braucht, Δt. Indem die Kraft F während des Zeitintervalls Δt auf den Wagen wirkt, hat er einen Impuls $\Delta p = F \cdot \Delta t$ aufgenommen. Hier spielt die Zeit nun eine Rolle!

Nun hat aber ein Formel-1-Wagen immer einen bestimmten Impuls und eine bestimmte Energie (wir fragen gar nicht, wie groß die genau sind, wir sagen nur, irgendeinen bestimmten Wert werden sie ja wohl haben müssen). Es muss also, wenn der Wagen die Strecke Δx zurückgelegt hat, ein ganz bestimmtes Zeitintervall Δt vergangen sein, sodass Energie- und Impulszunahme »zusammenpassen«. Diese beiden Größen, Δx und Δt, hängen also zusammen. Und weil $v = \Delta x / \Delta t$, so legen sie die Geschwindigkeit fest.

Energie und Impuls eines Körpers sind also tatsächlich nicht unabhängig voneinander. Sie sind zwei Seiten von nur einer Sache. Von welcher Sache? Wie heißt die? Das wäre unsere erste Frage.

Zweite Frage: Formeln wie $\Delta E = F \cdot \Delta x$ oder $F = m \cdot a$ lassen sich ja gar nicht immer anwenden. Wenn man es mit Massenpunkten zu tun hat, geht es. Aber wie ist das mit einer Welle zum Beispiel? Eine ausgedehnte Meereswelle, die unterliegt schon einer Kraft, und die bewirkt sicher auch eine Kraft, aber wo greift diese Kraft nun genau an? Sicher nicht an einem einzigen Punkt und ebenso wenig an allen Punkten der Welle gleich und gleichzeitig. Außerdem, das werden wir später sehen, ist das so ein Problem mit dem Begriff »gleichzeitig«. Es ist nicht immer ganz einfach, zu sagen, was gerade »gleichzeitig« ist. Gibt es vielleicht eine einfachere Formel, eine allgemeinere Formel, die im einfachsten Fall die Formeln $\Delta E = F \cdot \Delta x$ und $F = m \cdot a$ enthält?

Außerdem könnte man (drittens) fragen: Wenn es $F \cdot \Delta t$ (Impuls) und $F \cdot \Delta x$ (Energie) gibt, sollte es dann nicht auch $F \cdot \Delta x \cdot \Delta t$ geben?

Eigentlich hatten wir bereits mit $F \cdot \Delta x \cdot \Delta t$ gearbeitet. Denn wir hatten geschrieben $F = \Delta p / \Delta t$ und $F = \Delta E / \Delta x$, das heißt also $\Delta E / \Delta x$

$= \Delta p / \Delta t$, oder $\Delta E \cdot \Delta t = \Delta p \cdot \Delta x$. Und weil ja $\Delta p = F \cdot \Delta t$ ist, so steht da $\Delta E \cdot \Delta t = \Delta p \cdot \Delta x = F \cdot \Delta x \cdot \Delta t$.

Und diese Größe $F \cdot \Delta x \cdot \Delta t$ hat auch einen eigenen Namen, es ist die »Wirkung«. Ein Kraftfeld F hat auf einen Körper eine Wirkung, es verändert die Position des Körpers in Raum, Δx, und Zeit, Δt. Und wie diese Kraft auf den Körper wirkt, wie sehr sie also die Position des Körpers in Raum und Zeit verändert, das beschreibt die Situation vollständig.

Ich persönlich – aber das ist wirklich nur eine persönliche Meinung, jemand anders kann das anders sehen – empfinde die »Kraft« als die hässlichste der bisher besprochenen Größen. Was soll das, eine Größe, die Kraft eben, die sich durch ihre Gegenkraft immer gleich wieder aufhebt, sobald sie auftritt? Indem man die Wirkung eines Energiefelds auf einen Körper bestimmter Masse untersucht, kann man ganz von dem Begriff der »Kraft« absehen. Man darf sich zur Veranschaulichung selbstverständlich Kräfte vorstellen, aber wirklich nötig ist es nicht.

Mathematisch wird das formuliert im sogenannten »Prinzip der kleinsten Wirkung«, das besagt, dass die Wirkung auf einen Körper immer kleinstmöglich (oder manchmal auch größtmöglich) ist, denn wenn die Wirkung auf ihn größer wäre, würde er eine andere als die tatsächlich beschriebene Bahn (in Raum und Zeit) durchlaufen. Warum das so ist, kann ich den Formeln ansehen, aber ich kann es nicht in Worten erklären, so wie ich es mit Impuls und Energie gemacht hatte. Deswegen schreibe ich auch die Formel erst gar nicht hin (obwohl sie einfach ist).

Ich hatte gesagt, wir befänden uns am Rand der Physik. Das habe ich auch deswegen gesagt, weil es, soweit mir bekannt, niemanden gibt, der in Worten das Prinzip der kleinsten Wirkung erklären kann. Es ist zu einfach. In der Literatur und im Internet (allerdings nicht im deutschsprachigen) wird durchaus versucht, das Prinzip der kleinsten Wirkung zu erklären. Es kommen aber immer nur Veranschaulichungen heraus, oft sehr gute, sehr intuitive, mit interaktiven Computerprogrammen, sehr schön, wirklich, aber keine Erklärung mit Worten – sodass man es wirklich verstünde.

Dabei ist das Prinzip der kleinsten Wirkung schon lange bekannt, Leibnitz hat sehr schön darüber geschrieben, und die Doktorarbeit des großen Feynman handelt auch davon. (Mir scheint, das ganze Lebenswerk Feynmans, zumindest aber ein großer Teil davon habe eigentlich darin bestanden, das Prinzip der kleinsten Wirkung anzuwenden.)

Falls Sie etwas zur Physik beitragen wollen und unentschieden sind, ob Sie versuchen sollten, ein neues Teilchen zu entdecken oder das Prinzip der kleinsten Wirkung in Worte zu fassen, sollten Sie die zweite Herausforderung annehmen. Es ist die größere. Falls es Ihnen schon gelungen ist, oder sobald es Ihnen gelingt, schreiben Sie mir bitte, dann fügt es der Verlag sicher gern hier ein.

Inzwischen behelfen sich die Physiker halt mit der Formel von der kleinsten Wirkung, die wohl richtig ist, auch wenn man noch nicht in Worten ausdrücken kann, warum. Denn die kann man auch auf Wellen anwenden, und auch dort, wo man nicht mehr weiß, wann etwas »gleichzeitig« ist.

Ich glaube, man wird in der Zukunft in der Lage sein, das Prinzip der kleinsten Wirkung in Worte zu fassen, so wie man es heute schon mit der Impuls- und Energieerhaltung kann. Dann werden die vielen Seiten zur Impuls- und Energieerhaltung ersetzt werden durch halb so lange und trotzdem allgemeinere, einfachere Überlegungen.

ES IST WIRKLICH SO

Von der Impulserhaltung merkt man im alltäglichen Leben oft nichts, weil der Impulsaustausch meist zwischen unterschiedlich großen Massen stattfindet. Wenn zum Beispiel der Torwart in der Luft den Ball abfängt, so ist die Masse des Balls, m_B, klein im Vergleich zur Masse des Torwarts, m_T. Indem der Ball aufgefangen wird, bremst er ab (Beschleunigung a_B), er verliert seinen Impuls, das geht einher mit dem Auftreten einer Kraft $F = m_B \cdot a_B$, die auf den Ball wirkt. Eine ebenso große Kraft wirkt auf den Torwart (nur in umgekehrter Richtung), und die ist entsprechend $F = m_T \cdot a_T$ (Torwartbeschleunigung a_T). Und weil diese Kräfte gleich sein müssen, so folgt $m_T \cdot a_T = m_B \cdot a_B$. Daraus kann man a_T ausrechnen: $a_T = a_B \cdot m_B / m_T$.

Und weil nun m_T groß ist im Vergleich zu m_B (sagen wir mal, 90 kg verglichen mit 1 kg), so ist a_T klein, verglichen mit der Beschleunigung des Balls, a_B. Man kann deswegen die Impulsübertragung auf den Torwart mit dem Auge nicht wahrnehmen. Aber sie ist da. Sonst käme die ganze Welt aus der Ordnung, weil ihr Impuls nicht erhalten ist.

(Wenn hingegen der Impuls nicht erhalten bliebe, sondern nur die Geschwindigkeit, so wäre das fatal für den Torwart. Denn wenn er einen 100 km/h schnellen Ball auffinge, würde er ja mit 100 km/h ins Tor geschmettert, da bräuchte man nach jedem abgewehrten Tor einen neuen Torwart.)

Im alltäglichen Leben merken wir von der Impulserhaltung nur dann etwas, wenn Körper mit ähnlich großen Massen Impulse austauschen. Zum Beispiel wenn Billardkugeln aufeinanderprallen. Oder beim Rudern: Wenn man vom Ufer aus genau zuschaut, kann man es sehen, wie das Ruderblatt Wasser zurückstößt und dabei gleichzeitig das Ruderboot nach vorne schiebt.

Auch von der Energieerhaltung merkt man im Alltag wenig. Was in diesem Fall aber nichts mit der Masse zu tun hat. Sondern man merkt die Energieerhaltung deshalb nicht, weil es verschiedene Formen von Energie gibt, die sich auf verschiedene Weise bemerkbar machen. Wenn Sie mit Ihrem Rad am Sonntag spazieren fahren und es zum Beispiel mit einer Kraft von 10 Newton bewegen, und wenn Ihre Spazierfahrt 10 km lang ist, so haben Sie dem Rad $\Delta E = F \cdot \Delta x = 10 \cdot 10.000 Nm = 100.000 Nm$ an Energie zugeführt. Das Rad steht aber zusammen mit Ihnen am Ende der Rundfahrt ganz genauso da wie am Anfang, es hat sich nichts geändert, die Energie des Fahrrads ist wie vorher. Sie scheint also verschwunden zu sein. Ist sie aber nicht. Vielmehr wurde diese Energie durch verschiedene Reibungskräfte (Luftwiderstand, Rollwiderstand, Fahrradbremse) in Wärmeenergie umgewandelt. Während Sie Fahrrad gefahren sind, haben Sie die Welt ein wenig erwärmt.

Es gibt auch noch andere Energieformen, die chemische Energie etwa, die im Benzin steckt, oder die elektrische Energie in der elektrischen Leitung. Aber all diese verschiedenen Energieformen kann man immer in der gleichen Einheit messen, dem Nm (Newtonmeter), auch genannt »Joule«: $1\ Nm = 1\ j$. Und ganz egal welche Energieform man auf welche Weise auch immer in eine andere Energieform umwandelt, es geht dabei nie etwas verloren. Sagt Emmy Noether, und die Feder sagt es auch.

Um unsere Überlegungen abzurunden, und auch weil es wirklich sehr wichtig ist für die Schule (falls Sie Schüler sind): Die Formeln $\Delta E = F \cdot \Delta x$ und $\Delta p = F \cdot \Delta t$ beschreiben die Energie und den Impuls, die auf einen Körper übertragen werden. Die Formel $p = m \cdot v$ beschreibt, welchen Impuls ein Körper insgesamt hat (von einem bestimmten Beobachter aus gesehen). Der Vollständigkeit halber die entsprechende Formel für die Energie: $E = \frac{1}{2} m \cdot v^2$ ist die Bewegungsenergie, die ein Körper hat. Die Herleitung ist nicht weiter schwierig, das wollen wir uns jetzt aber sparen, sonst wird es zu langatmig.

Stattdessen schauen wir zum Abschluss des Kapitels noch ein paar praktische Beispiele an.

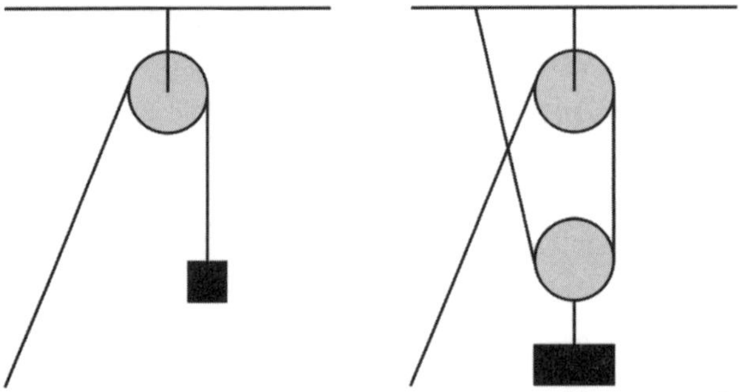

Um ein Gewicht zu heben, zum Beispiel auf einer Baustelle, kann man eine einfache Rolle benutzen, so wie das in der linken Figur gezeigt ist. Man zieht mit der Kraft F_1 am Seil, und zwar um eine Länge l, leistet also die Arbeit $F_1 \cdot l$. Die Last, die mit der Gewichtskraft F_2 am Seil zieht, wird dabei um die Höhe l hochgezogen (weil das Seil sich ja nicht ausdehnt) und gewinnt Hubenergie. Diese muss ebenso groß sein wie die geleistete Arbeit, es muss also gelten $F_1 \cdot l = F_2 \cdot l$ und somit $F_1 = F_2$.

Wenn wir hingegen einen einfachen Flaschenzug bauen, mit zwei Rollen, so wird die Last nur um $\frac{1}{2} \cdot l$ hochgezogen, wenn man am anderen Ende das Seil um die Länge l einholt. An beiden Seilenden muss aber $F \cdot l$ nach wie vor gleich sein. Also ist in diesem Fall F_1 halb so groß wie F_2. Man kann also mit einer relativ schwachen Kraft ein vergleichsweise großes Gewicht heben.

BILLARDKUGELN

Der Stoß zweier Billardkugeln ist ein Beispiel für ein Problem, zu dessen Lösung wir gleichzeitig beides berücksichtigen müssen, sowohl Energie- als auch Impulserhaltung: Von links kommt eine Billardkugel (Kugel Nummer 1) mit der Geschwindigkeit v_1. Sie trifft auf eine ruhende Billardkugel. Jede der beiden Kugeln hat die Masse m, die ankommende Billardkugel hat also den Impuls $m \cdot v_1$. In der Summe haben die beiden Billardkugeln also den Impuls $m \cdot v_1$, weil ja Kugel 2 anfänglich in Ruhe ist.

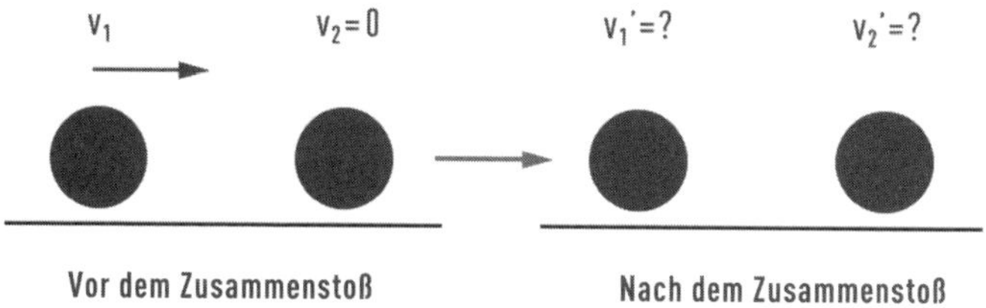

Während des Zusammenstoßes übt die Kugel 1 eine Kraft auf die Kugel 2 aus. Es wird Impuls übertragen, sodass sich die Kugel 2 dann ebenfalls bewegt. Wegen der Impulserhaltung muss der gesamte Impuls der beiden Kugeln vor und nach dem Stoß gleich sein.

Damit ist einiges gesagt, aber noch nicht alles. Zum Beispiel ist gesagt, dass nach dem Zusammenstoß nicht beide Kugeln mit der Geschwindigkeit v_1 weiterrollen können, denn dann wäre der Gesamtimpuls nach dem Stoß gleich $m \cdot v_1 + m \cdot v_2 = m \cdot (v_1 + v_2) = 2 \cdot m \cdot v_1$, also doppelt so groß wie vorher. Das ist nicht erlaubt.

Wenn Kugel 1 zum Beispiel die Hälfte ihres Impulses auf die Kugel 2 übertrüge, wenn also nach dem Stoß beide Kugeln sich mit jeweils der Hälfte der ursprünglichen Geschwindigkeit v_1 bewegen würden, so wäre hingegen die Impulserhaltung erfüllt.

Auch wenn die Kugel 1 nicht die Hälfte, sondern 90 Prozent ihres Impulses auf die Kugel 2 übertrüge und 10 Prozent für sich selbst behielte, so wäre die Impulserhaltung gegeben. Oder wenn sie 100 Prozent überträgt und nichts für sich behält – und so weiter. In all diesen Fällen wäre der Impulserhaltungssatz eingehalten.

Arme Kugel. Was soll sie nun tun, bei so viel Auswahl? Außerdem kann sie das gar nicht, auswählen. Sie kann ja nicht denken, noch nicht einmal sehen und erst recht nicht entscheiden. Das muss jemand anders für sie tun. Der Energieerhaltungssatz nämlich. Wir hatten vorher gesagt, dass ein Köper der Masse m und der Geschwindigkeit v die Bewegungsenergie $E = \frac{1}{2} m \cdot v^2$ hat. Die Kugel 1 hat also vor dem Zusammenstoß die Bewegungsenergie $E = \frac{1}{2} m \cdot v_1^2$, die Kugel 2 hat keine, insgesamt also haben die beiden Kugeln die Bewegungsenergie $E = \frac{1}{2} m \cdot v_1^2$.

Wenn sich nach dem Stoß die beiden Kugeln je mit der Geschwindigkeit v_1' und v_2' bewegen, so haben sie zusammen nach dem Stoß die Energie $E = \frac{1}{2} m (v_1'^2 + v_2'^2)$. Das muss wegen der Energieerhaltung gleich der Energie vor dem Stoß sein, es muss also gelten $\frac{1}{2} m \cdot v_1^2 = \frac{1}{2} m (v_1'^2 + v_2'^2)$, einfacher geschrieben als $v_1^2 = v_1'^2 + v_2'^2$.

Wir fassen zusammen:

Energieerhaltung verlangt: $v_1^2 = v_1'^2 + v_2'^2$.

Impulserhaltung verlangt: $v_1 = v_1' + v_2'$.

Das hat dann gar nichts mehr mit Physik zu tun, sondern es ist Mathematik: Die beiden Gleichungen können nur dann gleichzeitig richtig sein, wenn $v_2' = v_1$ und $v_1' = 0$. Sonst geht es nicht auf. $v_2' = v_1$ heißt: Die zweite Kugel rollt nach dem Stoß mit der ursprünglichen Geschwindigkeit der ersten Kugel weiter; $v_1' = 0$ heißt: die Kugel 1 bleibt nach dem Stoß liegen.

An diesem Beispiel sieht man, dass Impuls- oder Energieerhaltung allein nicht ausreichen, um zu bestimmen, wie sich ein Körper verhalten muss. Es braucht beide.

Die Billardkugeln sind übrigens ein Beispiel für einen »elastischen Stoß«. Weil die Kugeln sehr hart sind, geht bei ihrem Zusammenstoß sehr wenig Energie verloren. Deshalb geht beim Zusammenprall zwischen den Kugeln die (Bewegungs-)Energie der einen Kugel vollständig auf die andere über.

Ein Beispiel für einen Vorgang, bei dem die Bewegungsenergie nicht erhalten bleibt, ist das Windrad: Zuerst hat die bewegte Luft Bewegungsenergie, dann »prallt« sie auf das Windrad. Dabei gibt sie einen großen Teil ihrer Bewegungsenergie ab und fließt, nachdem sie »durch das Windrad hindurchgeprallt ist«, langsamer weiter. Dabei wird die Energie des Windes (ein Teil) in elektrische Energie verwandelt. Und der Impuls der Luft (ein Teil) wird auf das Windrad übertragen und von diesem auf die Erde.

ZUM BEISPIEL DIE WINDKRAFT

Man muss, wenn man über Luft nachdenkt, sich immer ein Luftvolumen vorstellen, nicht einen Massenpunkt. Also: Ein bestimmtes Volumen von Luft der Masse m hat vor dem Windrad die Geschwindigkeit v_1, nachdem sie durch das Windrad abgebremst wurde v_3. Dann ist der Energieverlust der Luft $\Delta E = \frac{1}{2} \cdot m \cdot v_1^2 - \frac{1}{2} \cdot m \cdot v_3^2 = \frac{1}{2} \cdot m \cdot (v_1^2 - v_3^2)$ und der Impulsverlust ist $\Delta p = m \cdot v_1 - m \cdot v_3 = m \cdot (v_1 - v_3)$

Entsprechend dieses Energie- und Impulsverlustes muss das Windrad Energie und Impuls gewonnen haben. Woher wissen wir, dass es das Windrad ist, welches die Energie aufnimmt, und nicht vielleicht irgendwer sonst? Wegen der Kraft. Es ist immer eine Kraft, die Energie und Impuls überträgt. Und in diesem Fall wirkt die Kraft eben zwischen Luftvolumen und Windrad, sonst ist da keiner, der eine Kraft auf das Luftvolumen ausübt.

Diese Kraft sei F. Wenn das Luftvolumen die Länge Δx hat und wenn es eine Zeit Δt braucht, um durch das Windrad hindurchzufließen, so bewirkt die Kraft F einen Energieübertrag auf das Windrad von $F \cdot \Delta x = \Delta E$ und einen Impulsübertrag auf das Windrad von $F \cdot \Delta t = \Delta p$. Und, wie schon gesagt: Die auf das Windrad übertragene Energie und die der Luft abhanden gekommene Energie müssen gleich sein (laut Emmy Noether und der Feder), und ähnlich gilt das auch für den Impuls, also: $F \cdot \Delta x = \Delta E = \frac{1}{2} \cdot m \cdot (v_1^2 - v_3^2)$ und $F \cdot \Delta t = \Delta p = m \cdot (v_1 - v_3)$

Der Rest ist wieder Bruchrechnen, denn: Das Verhältnis $\Delta x/\Delta t$ ist ja offensichtlich die Geschwindigkeit, mit der die Luft durch das Windrad fließt, nennen wir sie v_2, weil es ja eben eine Zeit Δt lang dauert, bis sich unser Δx langes Luftvolumen durch das Windrad bewegt.

Es gilt also $F \cdot \Delta x / F \cdot \Delta t = \Delta x/\Delta t = \frac{1}{2} \cdot (v_1 + v_3) \cdot (v_1 - v_3) / v_1 - v_3 = \frac{1}{2} \cdot (v_1 + v_3)$.

Statt $(v_1^2 - v_3^2)$ haben wir geschrieben $(v_1 + v_3) \cdot (v_1 - v_3)$, weil wir aus der Mathematik wissen $a^2 - b^2 = (a - b) \cdot (a + b)$

(Das ist sozusagen der modifizierte Satz von Pythagoras, das besprechen wir später.)

Kurz zusammengefasst also $v_2 = \frac{1}{2} \cdot (v_1 + v_3)$

Das bedeutet, dass die Geschwindigkeit, mit der die Luft durch das Windrad fließt, der Mittelwert ist zwischen der ursprünglichen Windgeschwindigkeit und der Geschwindigkeit, die sie hat, nachdem sie ihre Energie im Windrad abgegeben hat.

Die Kosten für erneuerbare Energien sind entscheidend für unsere Zukunft. Wenn man mehr Energie haben will für sein Geld, so muss man entweder das Windrad billiger machen oder mit dem gleichen Windrad mehr Energie produzieren.

Für die Energie, die man mit einem Windrad gegebener Größe bereitstellen kann (pro Zeiteinheit) ist offensichtlich die Größe v_2 entscheidend: Je größer v_2, je mehr Luft also (pro Zeiteinheit) durch das Windrad fließt, umso mehr elektrische Energie lässt sich erzeugen. Nun sagt unsere Formel aber, dass v_2 leider festliegt, es ist nämlich $v_2 = \frac{1}{2} \cdot (v_1 + v_3)$.

Es haben immer wieder Leute versucht, diese Geschwindigkeit durch ein »Venturisystem« zu erhöhen, also durch eine trichterartige Engstelle im Luftfluss. Aber das geht eben nicht, sagt unsere Formel.

(Übrigens hat diese Formel ein deutscher Ingenieur vor etwa 80 Jahren gefunden, der Herr Betz, im Jahre 1926 war das. Herr Betz wird heute noch zitiert, es ist seitdem nicht viel Neues passiert auf dem Gebiet. Sein Buch (»Windenergie und ihre Nutzung durch Windmühlen«) ist noch in altdeutscher Schrift geschrieben, und er braucht mehrere Seiten Herleitung für das, was wir auf nur einer Seite gemacht haben, und es ist sehr schwer, seinen sehr komplizierten Argumenten zu folgen. Um die Formel $v_2 = \frac{1}{2} \cdot (v_1 + v_3)$ herzuleiten, braucht er dreimal so lange und es ist fünfmal so kompliziert wie das, was wir gerechnet haben. In Zukunft wird jemand es fertigbringen, das Prinzip der kleinsten Wirkung so auszusprechen, dass man es sofort wird verstehen können. Dann wird die Sache noch einmal dreimal so kurz und fünfmal so einfach.)

Versuchen wir, uns zu veranschaulichen, warum v_2 genau diesen Wert haben muss, dann finden wir vielleicht auch eine Möglichkeit, ihn doch zu erhöhen: Wenn wir uns ein Windrad vorstellen, bei dem v_2 größer wäre, was würde dann schiefgehen? Wenn wir uns vorstellen (es geht in Wirklichkeit aber nicht), dass die Luft mit einer Geschwindigkeit durch das Windrad fließt, die größer ist als v_2, so würde Folgendes passieren: Die Länge unseres Luftvolumens bliebe gleich, sie hätte nach wie vor den gleichen Wert Δx, und deshalb bliebe auch die Energie, die dem Luftvolumen entzogen wird, gleich.

Aber die Zeit, die es braucht, um durch das Windrad zu fließen, würde nun kürzer, der Impulsübertrag wäre also geringer! Im Vergleich zum Energieverlust der Luft würde ihr zu wenig Impuls entzogen.

Das aber ist ein Problem, das man lösen kann: Wir müssen nur eine Vorrichtung bauen, die in der Lage ist, diesen »überflüssigen« Impuls aufzunehmen, ohne Energie aufzunehmen. Sie muss also eine Kraft auf den Luftstrom ausüben, so wie das ein Segel tut, darf sich aber selbst nicht bewegen, das Segel muss also feststehen.

Das klingt ein wenig verrückt, man kann es sich nicht vorstellen, ich kann es mir eigentlich auch nicht richtig vorstellen, aber das ist jedenfalls, was die Physik besagt. Eigentlich müsste es gehen. Wie es genau ausschauen könnte, das muss man ausprobieren, vielleicht so wie in der Figur.

Die Figur zeigt den Querschnitt einer Anordnung aus Windrad und Segel, das Segel ist sozusagen um das Windrad herumgebaut. Das Segel bewegt sich nicht, es ist nur dazu da, den Wind »abzubremsen«, genauer gesagt, eine Bremskraft auszuüben, ohne aber Energie zu entziehen.

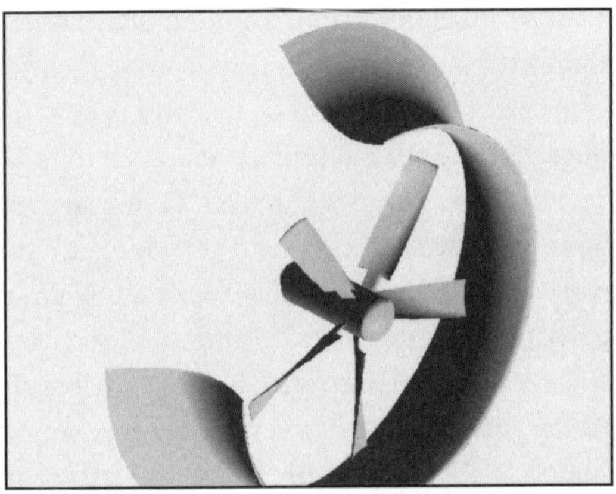

So könnte es funktionieren. Muss es aber nicht. Denn zu jedem Argument, das wir bedacht haben, könnte man ein Bedenken äußern. Zum Beispiel: Aus dem äußeren Luftstrom wird ja nun mehr Impuls, aber keine Energie, und aus dem inneren Luftstrom wird nun mehr Energie entzogen, als dem Impulsverlust entspricht – insgesamt gesehen bleibt also die Impuls- und Energieerhaltung gewahrt, aber jeder der beiden Luftströme für sich betrachtet verletzt ja erst einmal die kombinierte Energie- und Impulserhaltung. Diese kurzfristige Verletzung kann die Luft durchaus ausgleichen, denn die Luft besitzt ja auch Druckenergie. Indem sie ihren Druck erhöht oder erniedrigt, kann sie es also ausgleichen, wenn kurzfristig mehr oder weniger Bewegungsenergie entzogen wird, als der Impulsentnahme entspricht. Das kann die Luft, aber wird sie es auch wirklich tun? Und im richtigen Maß?

Solche Dinge kann man heutzutage mit Computerprogrammen simulieren und ausrechnen, und laut Computerprogramm sollte die Sache funktionieren. In obiger Anordnung sollte das Windrad eine Leistung erzielen, die doppelt so hoch ist wie der von Betz errechnete Maximalwert für ein Windrad (gleichen Durchmessers) ohne Hüllstruktur. Aber das Computerprogramm könnte ja falsch funktionieren, wer weiß das schon. Wir haben deshalb sicherheitshalber so ein Gerät gebaut.

Um ein Windrad herum ist eine Art Segel gespannt, aus Stoff. Es ist nicht rund, sondern sechseckig, weil das leichter zu nähen ging. Wir haben dann in einem Windtunnel nachgemessen, welche Leistung das kleine Windrad mit und ohne Segel hat. Mit Segel hat es eine Leistung, die um mehr als das Doppelte so hoch ist, um einen Faktor 2,5 genau.

Das ist in wissenschaftlicher Hinsicht sehr zufriedenstellend. Aber der wirkliche Clou kommt erst noch: Das dreidimensionale Segel hat 108 Euro gekostet. Ein Windrad dieser Größe kostet 350 Euro. Wir haben also das Preis-Leistungs-Verhältnis verbessert von 350/1 auf 458/2,5, also um einen Faktor 1,9. Man kann also billiger Energie aus Windkraft erzeugen als mit herkömmlichen Anlagen.

Vermutlich würde man nicht etwa ein Segel mit 100 Metern Durchmesser um ein Windrad mit 50 Metern Durchmesser bauen, vermutlich wäre das nicht realistisch. Man könnte sich aber stattdessen vorstellen, eine Reihe von Windrädern zwischen zwei senkrecht stehenden Flügeln zu montieren. Eine solche Anordnung – zwei senkrecht stehende Flügel mit Windrädern dazwischen, kann man auch auf einer schwimmenden Plattform im Meer installieren. Die Plattform darf ruhig ein wenig schaukeln, den relativ kleinen Windrädern würde das nichts ausmachen, so wie man ja auch manchmal Segelyachten sieht, mit einem Windrad zum Batterieladen. Das wäre sehr billig zu bauen, und man müsste nicht mehr die Landschaft verschandeln, nur um Energie zu gewinnen.

Schüler des Clavius-Gymnasiums in Bamberg haben so ein System gebaut: ein Windrad zwischen zwei senkrecht stehenden Flügeln, unter Anleitung ihres Lehrers, Dr. Dietrich. Der Schüler Weber hat darüber eine Facharbeit geschrieben. Die Arbeitsgruppe hat sogar einen richtigen kleinen Windkanal gebaut, mit allen notwendigen Messinstrumenten, und alles hat funktioniert. Vollwertige Wissenschaft, ohne viel Geld auszugeben. Die Schüler haben dabei sicher so viel Physik gelernt wie in einem ganzen Semester Physikstudium, und für einen Lehrer muss das doch auch sehr schön sein, nicht immer nur das Lehrbuch zu erklären, sondern selbst und neue Physik auszuprobieren, neue Wege zu erkunden.

Wenn eine amerikanische Universität diese ganz erstaunliche und hochinteressante wissenschaftliche Leistung erbracht hätte, oder ein deutsches Großforschungszentrum, so hätte das in allen

Zeitungen gestanden. Aber es waren ja nur ein paar Schüler mit ihrem Lehrer. In Deutschland hat sich nie jemand für ihre Arbeit interessiert, die einzige Reaktion überhaupt war eine negative: Als die Schüler mit ihrer bahnbrechenden und hervorragend dokumentierten Arbeit bei »Jugend forscht« teilnahmen, schieden sie schon in der ersten Runde aus. Sie waren dann so gescheit, die Sache nicht weiterzuverfolgen.

Ein Universitätsstudent, Maximilian G., war weniger klug. Er hat sogar eine Diplomarbeit zu dem Thema geschrieben. Das ist ihm schlecht bekommen: Vor der Prüfung musste er versprechen, bei der Diskussion seiner Arbeit vor der Prüfungskommission auf keinen Fall die Impulserhaltung zu erwähnen, sonst könne man für nichts garantieren. Denn er war ein Student der Ingenieurswissenschaften, und es wurde ihm gesagt, die Impulserhaltung sei in der Ingenieurswissenschaft nicht üblich, um die Funktion eines Windrads oder einer Turbine zu erklären. (Stattdessen findet man in den Lehrbüchern bis heute so esoterische Begriffe wie »Reaktionsturbine« und »Aktionsturbine«, nur damit man nicht »Impulserhaltung« sagen muss.) Als der Student dann trotzdem ein Doktorat machen wollte (finanziert von der Industrie), hat man ihm das verboten, und so ist Max nie ein Doktor geworden (das kommt für einen Wissenschaftler einem Berufsverbot gleich, denn ohne Doktortitel keine Stelle in der Forschung). Die Sache geriet dann in Vergessenheit, bis sie vor kurzem so halb und halb neu entdeckt wurde.

Um die Jahreswende 2007/2008 konnte man in Deutschland nicht den Fernseher anschalten, ohne die Werbung der Firma E.on zu sehen, in der sie ihre neuen Unterwasserräder als die Rettung des Planeten vorstellte – es sind große »Windräder« mit Hüllstruktur, die, auf dem Meeresgrund montiert, die Strömung der Gezeiten nutzen sollen. Die Firma E.on hat das allerdings nicht selbst gemacht, da täuscht die Werbung vielleicht ein wenig, sondern sie finanziert ein englisches Unternehmen, das, auf amerikanischen Plänen basierend, diese Turbinen in der Nordsee installieren will. Vollständig neu entdeckt haben diese Leute unsere Anordnung aber noch nicht, sondern nur so halb und halb, denn die Wasserräder der E.on lassen noch keinen Raum zwischen den Flügelspitzen des Rotors und der Hüllstruktur, wodurch sich das Gerät im Betrieb sozusagen selbst abwürgt und nur die Hälfte der eigentlich möglichen Leistung haben wird (es handelt sich also um ein Venturisystem).

Wir haben das der Firma E.on natürlich gesagt und haben auch unsere Hilfe angeboten, um es besser zu machen. Das hat E.on aber nicht interessiert. Das ist sehr schade, denn wenn ein Unternehmen etwas tut, ohne am Erfolg interessiert zu sein, so wird bei der Sache ja nicht viel herauskommen. Obwohl die Sache, wenn man nur wollte, mit Sicherheit funktionieren würde.

Das Nachdenken über Stöckchen und Uhren ist also nicht nur angenehm und richtig für diejenigen Menschen, die Geschmack an so etwas finden, sondern es hat letztlich eine große praktische Bedeutung für alle Menschen. Denn der umweltfreundliche Strom, den man mit so einer Anlage erzeugt – oder erzeugen könnte oder hätte erzeugen können –, wäre ja für alle Menschen da.

Das sei deswegen noch einmal extra gesagt und betont, weil wir im nächsten Kapitel die Stöckchen leider werden aufgeben müssen, was aber betonterweise nichts ändert an ihrem geradezu historischen Verdienst und nichts an der Gültigkeit der bisher gezogenen Schlussfolgerungen. Die Stöckchen vergehen, aber die Turbine mit Hüllstruktur bleibt bestehen, wenn man das so sagen darf. Aber am Schluss eines so wichtigen Kapitels darf man das vielleicht.

Relativität: absolut gut

In dem Modell, das wir uns bisher von der Welt gemacht hatten, addieren sich Geschwindigkeiten, und sie sind relativ: Die Geschwindigkeit eines Körpers hängt immer ab vom Beobachter. Wenn ich am Autobahnrand stehe und ein Auto kommt mit 100 km/h Geschwindigkeit an mir vorbei (von mir aus gesehen), so hat es von einem ihm mit 100 km/h entgegenkommenden Auto aus gesehen eine Geschwindigkeit von 100 km/h + 100 km = 200 km/h. Deshalb hat ein Fahrer, der mit 100 km/h auf ein geparktes Auto auffährt, gute Überlebenschancen, wenn er aber auf ein mit 100 km/h entgegenkommendes Auto prallt, so sind die Überlebenschancen schlecht.

Die Grundlage dieses Modells waren die Stöckchen, die wir so vorsichtig aneinandergelegt hatten, und die Uhren, die immer gleich schnell gehen, egal, wer sie anschaut. Dieses Modell ist aber nur auf den ersten Blick einfach. Auf den zweiten ist es weniger einfach: Zum Beispiel sind in diesem Modell unendlich große Geschwindigkeiten erlaubt. Es gibt aber in unserer Welt nichts Unendliches. Niemand hat je unendlich große Energien oder unendlich große Längen oder eine unendlich große Geschwindigkeit beobachtet. Es ist auch, recht bedacht, sehr schwer, sich eine unendlich große Geschwindigkeit überhaupt nur vorzustellen. Außerdem, wenn wir wirklich Stöckchen ganz unbefangen aneinanderreihen dürfen und die Zeitintervalle auf Uhren sich wirklich so einfach addieren, wie wir das annahmen, so wäre doch anschaulich klar (man kann das auch genauer durchrechnen), dass man den Mittelpunkt des Weltalls bestimmen könnte: Alle Sterne des Weltalls stammen ja aus dem Big Bang, einer Urexplosion, die vor Milliarden von Jahren stattgefunden hat, und fliegen seitdem, von der Explosion auseinandergeschleudert, voneinander weg. So wie bei einem Knallfrosch auch sollte es also möglich sein, die Bahn der Sterne zurückzurechnen und so den Explosionsort zu bestimmen. Denn in unserer Alltagswelt, in der doch die Gesetze gelten, so wie wir sie bisher besprochen haben, ist dies möglich.

Wenn wir aber den Ursprungsort des Universums ausrechnen könnten, hätten wir ja einen physikalisch ausgezeichneten Punkt. Und wie sollten wir das der Emmy Noether beibringen? Mit einem ausgezeichneten Punkt bräche die Erhaltung der Energie und des Impulses zusammen und alles, was wir bisher gesagt haben.

Das mit den Stöckchen und den Geschwindigkeiten, die sich addieren, die sich eventuell auch zu einer unendlich hohen Geschwindigkeit addieren, kann nicht der Wahrheit letzter Schluss sein, es darf also höchstens näherungsweise zutreffen, aber nicht ganz genau, sonst war alles, was wir bisher erarbeitet haben, vergebens.

Wenn es aber keine unendlich hohe Geschwindigkeit geben darf, so muss es doch logischerweise eine höchstmögliche Geschwindigkeit geben. Peinlicherweise müsste diese höchstmögliche Geschwindigkeit für alle gleich sein, denn sonst wäre sie ja nicht höchstmöglich. Eine Geschwindigkeit, die für alle gleich ist, das darf es aber nicht geben, wenn das mit den Stöckchen richtig ist. Das mit den Stöckchen war also noch nicht allgemein genug, es muss weiter vereinfacht werden, das ist dann nicht zu vermeiden.

Die höchste jemals beobachtete Geschwindigkeit ist die des Lichts (Wikipedia erklärt vermutlich, wie man sie misst, es ist ziemlich einfach). Und tatsächlich ist diese Geschwindigkeit immer gleich, für alle Beobachter ist sie immer dieselbe, sie hat deshalb einen eigenen Namen, c, und ihr Wert ist $c = 300.000$ km/s, also ziemlich hoch, verglichen mit der Geschwindigkeit eines Autos, die höchstens 100 m/s beträgt.

Während in unseren vorherigen Betrachtungen die aneinandergereihten Stöckchen und die gleichmäßig tickende Uhr eine absolute Ordnung in die Welt gebracht hatten, wird diese Rolle nun also vom Licht eingenommen. Aus dem argumentativen Chaos, in das wir geraten sind, kann uns nur die absolute Einfachheit des Lichtes selbst (c = konstant) herausführen. Wir bauen uns deshalb eine Uhr aus Licht, eine Lichtuhr. Die Idee dazu stammt, glaube ich, von Einstein. Das sind zwei Spiegel, zwischen denen ein Lichtsignal hin und her geworfen wird. Immer wenn das Lichtsignal am oberen Spiegel ankommt und zurückgeworfen wird, macht die Uhr »tick«, wenn das Licht am unteren Spiegel zurückgeworfen wird, macht es »tack«.

Wir hatten definiert: $v = \Delta x / \Delta t$, Geschwindigkeit ist Weg durch Zeit. Wenn die Entfernung zwischen den Spiegeln l ist, und wenn wir die Geschwindigkeit des Lichtes c nennen, und wenn das Licht die Zeit Δt braucht, um von einem Spiegel zum anderen zu fliegen, so heißt das also: $c = l / \Delta t$. Die Zeit zwischen einem Tick und einem Tack ist also $\Delta t = l / c$.

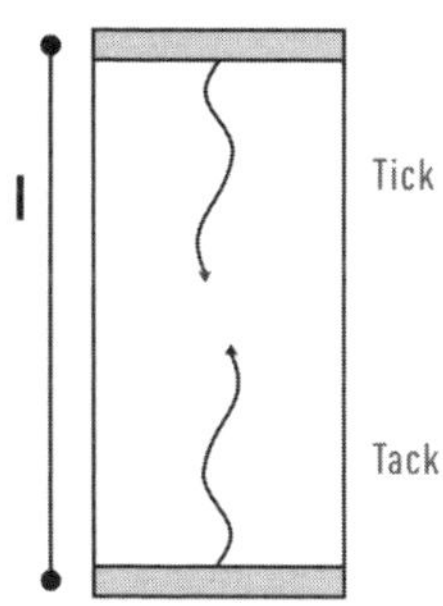

Solange die Lichtuhr bei uns auf dem Schreibtisch steht, macht sie gleichmäßig Ticktack, in gleichmäßigen Zeitintervallen Δt. Sobald sie sich aber, so wie in der Figur gezeigt, anfängt zu bewegen, passiert etwas Seltsames.

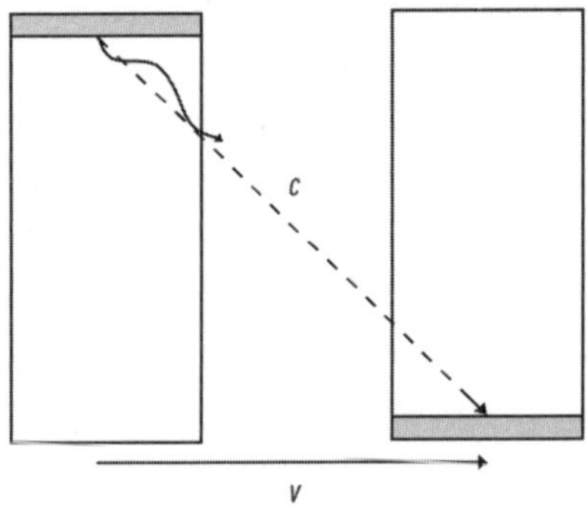

Die Lichtuhr bewegt sich mit der Geschwindigkeit v nach rechts. Deshalb muss nun das Licht einen längeren Weg zurücklegen, um vom oberen zum unteren Spiegel zu gelangen. Das Licht hat aber immer die gleiche Geschwindigkeit, c. Und weil das Licht ja nun der Uhrenbewegung folgen muss, so bleibt nur ein Teil seiner Geschwindigkeit für die Bewegung innerhalb der Uhr. Nennen wir diesen Geschwindigkeitsanteil u. u ist kleiner als c (so wie das in der unteren Figur gezeigt ist), deshalb braucht nun das Licht eine längere Zeit als vorher, um von einem zum anderen Spiegel zu gelangen, nennen wir dieses längere Zeitintervall also $\Delta t'$.

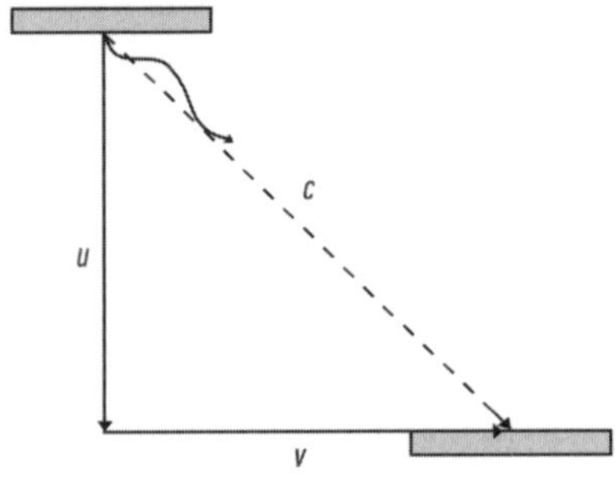

So wie für die ruhende Uhr galt $\Delta t = l/c$, so gilt nun also $\Delta t' = l/u$. Und weil $u < c$, so ist $\Delta t' > \Delta t$. Die bewegte Uhr geht langsamer.

Natürlich nur von uns aus gesehen. Denn sie geht ja deswegen langsamer, weil sie sich von uns aus gesehen bewegt, weil sie sich also in dem Bezugssystem, in dem wir ruhen, bewegt. In ihrem eigenen Bezugssystem, das sich mit ihr bewegt, ruht sie aber. Die Uhr selbst merkt also gar nicht, dass sie langsamer geht. Ein Astronaut, der mit dieser Uhr reist, merkt es auch nicht. Denn für ihn bewegt sich die Uhr ja nicht.

Die spezielle Relativitätstheorie handelt davon, wie sich Maßstäbe und Uhren genau verhalten. Wir haben sie an diesem Punkt vollständig behandelt, mehr gibt es aus Sicht der Physik eigentlich nicht zu sagen. Und alles, was wir gemacht haben, war Bruchrechnen. Ist doch einfach, oder? (Die allgemeine Relativitätstheorie handelt vom Zusammenhang zwischen Masse und Raum.)

Man kann nun noch Übungsbeispiele durchnehmen und verschiedene Anwendungen diskutieren. Aber was die Physik anbelangt, so haben Sie, wenn Sie die letzte Seite verstanden haben, die spezielle Relativitätstheorie vollständig verstanden.

DER SATZ DES PYTHAGORAS

Machen wir trotzdem noch ein paar Übungsbeispiele und Anwendungen, das gehört sich so: Zum Beispiel kann man fragen, auf welche Weise denn die Veränderung der Zeit von der Geschwindigkeit der Uhr abhängt. Das hatten wir bisher ja nur indirekt gesagt, wir hatten geschrieben $\Delta t = l/c$ und $\Delta t' = l/u$, in diesen Formeln kommt die Geschwindigkeit der Uhr, v, nicht direkt vor.

Um eine Formel zu bekommen, in der steht, wie sich $\Delta t'$ mit der Geschwindigkeit v ändert, brauchen wir allerdings mehr als Bruchrechnen. Wir brauchen den Satz des Pythagoras. Pythagoras hat vor 2.500 Jahren gelebt, im alten Griechenland, und er hat angeblich herausgefunden, wie man aus den zwei kurzen Seiten eines rechtwinkligen Dreiecks die Länge der langen Seite ausrechnen kann. (Moderne Forscher vermuten allerdings, der Satz des Pythagoras sei schon vorher bekannt gewesen, er stamme aus der vorgriechischen Mathematik.) »Rechtwinklig« nennt man ein Dreieck dann, wenn einer seiner drei Winkel 90 Grad beträgt. Das ist in der Figur gezeigt.

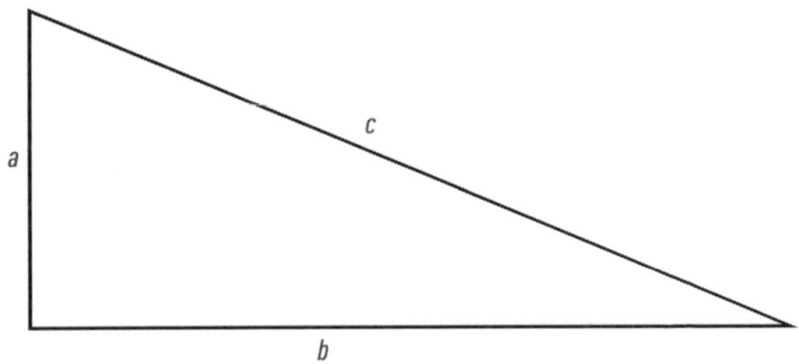

Und der Satz des Pythagoras besagt nun: Wenn man die Länge der beiden Seiten *a* und *b* des Dreiecks kennt, so kann man die Länge der Seite *c* berechnen, und zwar so: $a^2+b^2=c^2$. Oder: $c=\sqrt{a^2+b^2}$.

Und diesen so etwa 3000 Jahre alten Satz können wir nun auf die Lichtuhr anwenden. Denn die letzten beiden Figuren schauen sehr ähnlich aus – einmal steht an den Seiten des Dreiecks *a*, *b*, *c*, in der anderen Figur steht da stattdessen *u*, *v*, *c*, ansonsten ist alles gleich. Womit wir den Satz des Pythagoras also auch auf die Geschwindigkeiten in der Uhr anwenden können: $u=\sqrt{c^2-v^2}$.

Also ist $\Delta t'$ gleich $\Delta t'=l/u=l/\sqrt{c^2-v^2}=l/c\cdot l/\sqrt{1-(v/c)^2}$.

Δt und Δt' sind also verschieden um einen Faktor $l/\sqrt{1-(v/c)^2}$.

Wenn v sehr klein ist im Vergleich zu c, wenn v zum Beispiel 100 km/h beträgt oder auch 1000 km/h (das ist wenig im Vergleich zu $c = 300.000$ km/Sekunde), so ist dieser Faktor praktisch genau gleich 1. Dann merkt man also keinen Unterschied. Und für den Fall ist alles, was wir im ersten Kapitel besprochen hatten, ziemlich richtig. Erst bei sehr hohen Geschwindigkeiten macht sich die relativistische Zeitänderung bemerkbar.

Und die gleichen Argumente, die uns gezeigt haben, wie die Zeit einer bewegten Uhr langsamer geht, kann man auch auf den Raum anwenden. Der Raum verändert sich ebenfalls bei hohen Geschwindigkeiten, so ähnlich wie die Zeit: Maßstäbe werden in ihrer Bewegungsrichtung verkürzt. Senkrecht zu ihrer Bewegung werden sie nicht verkürzt, weil sie sich ja senkrecht zu ihrer Bewegung nicht bewegen.

Wenn man sich ein wenig Zeit nimmt, kann man diese Dinge verstehen. Vor 100 Jahren hat Einstein all das aufgeklärt, und viele Physiker, Max Planck und viele andere, haben es auch gleich verstanden (soo schwierig ist es ja nun wirklich nicht). Aber selbst als 20 Jahre später alle ernsthaften Physiker die Richtigkeit von Einsteins Überlegungen bereits bestätigt hatten, nahm sich die damalige Nomenklatura trotzdem die Freiheit, es nicht verstehen zu wollen. Sie haben sogar behauptet, das sei undeutsche Physik und haben Einstein so ähnlich behandelt wie Emmy Noether.

DAS NICHT PARADOXE ZWILLINGSPARADOX

Das ist heute anders, jeder kann die Relativitätstheorie verstehen. Man könnte jetzt sehr lange darüber nachdenken, warum das so ist, aber es ist jedenfalls so. Und es ist wohl immer so: Die Physik wird immer einfacher im Laufe der Zeit. Je mehr wir sie verstehen, und das braucht halt Zeit, umso einfacher wird sie. Allerdings, seltsamerweise, wollen manche Leute sie gar nicht verstehen. Sie wollen lieber staunen, es soll gar nicht verständlich sein, sondern paradox. Deswegen findet man in vielen Büchern über die Relativitätstheorie das sogenannte »Zwillingsparadox« beschrieben.

Nun ist ein Paradox aber etwas, das im Widerspruch zu sich selbst steht. Das »Zwillingsparadox« steht aber weder zu sich noch zu sonst wem im Widerspruch. Es heißt nur Paradox, weil es die Leute so wollen, es soll unverständlich sein, Zauberei. Das arme Zwillingsparadox, das in Wahrheit gar keines ist, geht so: Stehen zwei Zwillinge am Raumbahnhof, sind gleich alt (weil sie ja Zwillinge sind), heißen A und B. Zwilling A bleibt am Bahnhof stehen, Zwilling B steigt in die Rakete und fliegt ab. Rakete fliegt schnell, fast mit *c*. Zeit für B vergeht deswegen langsam, sagen wir zum Beispiel, es vergehe ein Monat in der Rakete, dann dreht die Rakete um und fliegt zurück. Inzwischen ist aber sehr viel mehr Zeit vergangen für A, viele Jahre, wie viel genau, hängt von der Geschwindigkeit der Rakete ab. Wenn B aussteigt, hat A schon graue Haare und ist sehr alt, B ist fast genauso jung wie vorher, er ist nur rund zwei Monate gealtert.

Mit Menschen kann man ein solches Experiment nicht anstellen, weil die heute verfügbaren Raketen viel zu langsam sind, im Vergleich zur Lichtgeschwindigkeit. Elementarteilchen hingegen kann man auf sehr hohe Geschwindigkeiten beschleunigen. Mit solchen schnellen Teilchen kann man den Zwillingseffekt dann genau nachmessen, und es hat alles seine Richtigkeit. Dergleichen ist zwar wirklich sehr bemerkenswert. Aber doch nicht paradox. Die Konstanz der Lichtgeschwindigkeit mit ihren Folgen ist zwar ungewohnt für unser Alltagsverständnis, sie führt aber nicht zu Paradoxen, sondern ganz im Gegenteil: Sie bewahrt uns vor solchen. Der Zwillingseffekt hat aber, wie schon gesagt, für uns Menschen keine Bedeutung, weil es ja keine so schnellen Raketen gibt. Und da denken dann manche Leute, die es gern paradox haben, die Relativitätstheorie habe also keine praktische Bedeutung für uns, sie sei eine Spinnerei der Physiker.

NIX RELATIVITÄT, NIX SIEMENS

Tatsächlich aber hat die Relativitätstheorie eine ganz enorme praktische Bedeutung für unser Leben. Ohne sie gäbe es zum Beispiel kein Magnetfeld. Das wäre nicht nur schlecht für die Seefahrt, sondern es wäre auch schlecht für die Landratten, denn ohne Magnetfeld gäbe es auch keinen Elektromotor und keinen Stromgenerator, und also keinen Strom und kein elektrisches Licht und keinen Computer und, am allerschlimmsten: keinen Fernseher.

Der elektrische Strom besteht aus einem Fluss von Elektronen. Wenn Strom durch einen Draht fließt, so besteht dieser Strom aus einem Fluss von sehr vielen Elektronen, und immer wenn ein Elektron in den Draht hineinfließt, verlässt gleichzeitig ein anderes Elektron das andere Ende des Drahtes, es sind also immer gleich viele Elektronen im Draht. Der Draht ist also nicht elektrisch geladen, nur weil ein elektrischer Strom durch ihn fließt, denn immer wenn eine neue Ladung in den Draht hineinfließt, fließt am anderen Ende ja eine zum Ausgleich hinaus.

Wenn nun aber jemand am Draht vorbeifliegt, so sieht er etwas anderes als wir: Weil die Zeit für ihn anders vergeht als für uns, sind der Zeitpunkt, an dem das eine Elektron in den Draht für uns hineinfließt (von uns aus gesehen), und der Zeitpunkt, an dem das andere Elektron aus dem Draht herausfließt (von uns aus gesehen), nicht mehr gleich. Von diesem Beobachter aus gesehen sind also entweder mehr oder weniger Elektronen im Draht als von uns aus gesehen (ob es mehr sind oder weniger, das hängt von der Flugrichtung des Beobachters ab). Wenn der Draht von uns aus gesehen elektrisch neutral ist, weil er genauso viele negative Elektronen enthält wie positiv geladene Atome (Ionen), so ist er vom Beobachter aus gesehen elektrisch geladen.

Wenn nun der Beobachter selbst ein Elektron ist, so wird er also vom Draht angezogen oder abgestoßen, denn der Draht ist für ihn ja elektrisch geladen. Nun wird sich dieses Beobachterelektron vielleicht nur sehr langsam bewegen, deswegen sind die Effekte der Relativitätstheorie sehr geringfügig. Aber andererseits ist die Zahl der Elektronen in einem Draht unvorstellbar groß. Und dieses »unvorstellbar gering« mit dem »unvorstellbar groß« ergibt zusammen dann eben doch einen deutlich sichtbaren Effekt (das kann man ausrechnen). Und dieser Effekt, dass nämlich ein bewegtes Elektron oder ein Strom von Elektronen von einem stromdurchflossenen Draht angezogen oder abgestoßen wird, das nennen wir dann »magnetische Kraft« oder Magnetismus.

Wenn es also keine Relativitätstheorie gäbe, so gäbe es keinen Magnetismus. Denn »magnetisch geladene Teilchen« gibt es nicht in der Natur. Es gibt nur elektrisch geladene Teilchen, die erzeugen eine elektrische Kraft, aber magnetisch geladene Teilchen, die eine magnetische Kraft erzeugen können, die gibt es nicht. Der Magnetismus lässt sich einzig und allein mit Hilfe der Relativitätstheorie erklären.

DIE BESTE ALLER WELTEN

Die Relativitätstheorie ist also von großer praktischer Bedeutung, sie spielt eine große Rolle auch in unserem Alltag. Aber nicht nur. Sie schützt uns auch vor dem Paradoxen, also vor dem Wahnsinn, genauer gesagt: vor dem Unendlichen. Ohne Relativitätstheorie wären ja unendlich große Geschwindigkeiten möglich und somit unendlich große Entfernungen. Das unendlich Große fände Eingang in die Physik, es ergäbe sich eine unbegrenzte Welt, voll von grotesken Problemen und irren Fragen: Wenn die Welt unendlich groß wäre, wie sollte man es dann verstehen, wenn sie nicht unendlich viele Sterne enthielte? Wenn sie aber unendlich viele Sterne enthielte, so wäre es auch nachts hell – darauf hat ein kluger Mensch schon vor ein paar hundert Jahren hingewiesen. Es wäre sogar unendlich hell! Wir würden also gegrillt. Und wenn es unendlich viele Sterne gäbe, dann müsste auch die Massenanziehung dieser Sterne bei uns auf der Erde unendlich sein. Wir würden von den Sternen also auch zerquetscht.

Wären aber in dem unendlich großen Universum nur endlich viele Sterne, zum Beispiel die, die wir kennen und die tatsächlich existieren, nur halt eingebettet in ein Unendliches – dann hätten ja alle Dinge, die es gibt, eine fast gleiche Geschwindigkeit, nämlich immer Geschwindigkeit null, verglichen mit der unendlich hohen Geschwindigkeit. Dann gäbe es also eine ausgezeichnete Geschwindigkeit, ein ausgezeichnetes Bezugssystem, die Symmetrie der Welt wäre zerbrochen, die Physik selbst, sie zerbräche, es herrschte das Paradox.

Vor alldem schützt uns die Relativitätstheorie. Sie macht die Welt zu einem vergleichsweise gemütlichen Ort, an dem es sich gut leben lässt, mit ein wenig gutem Willen jedenfalls. Oft fehlt es an diesem guten Willen ganz, aber dazu kann die Physik ja nichts. Was die Physik anbelangt, so hat Leibnitz wohl recht gehabt, wir leben in der besten aller möglichen Welten.

Ein Glück, dass man die Relativitätstheorie heutzutage so einfach verstehen kann! Sonst wüsste man gar nicht, wie gut es einem geht.

Vektorrechnung gegen Ölrechnung

Die Gegenstände, die wir bisher untersucht haben, sind immer schön brav an unserem Maßstab entlang gerollt oder geflogen, damit wir immer schön einfach ihre Position messen konnten. Solange wir im Physiklabor bleiben, ist das ja auch realistisch, denn da können wir die Körper ja kontrollieren und sie tatsächlich immer schön am Maßstab entlang rollen lassen. Aber wenn es hinausgehen soll in die Welt, die ja viel komplizierter ist, noch dazu dreidimensional? Wie formulieren wir die Physik dann?

Man könnte hoffen, es mache keinen großen Unterschied. Aber so ist das nicht. Erinnern wir uns, was wir vorher in der eindimensionalen Welt über den Stoß zweier Billardkugeln gefunden hatten: Wenn eine erste Kugel mit der Geschwindigkeit v_1 auf eine ruhende zweite Kugel trifft, so überträgt die erste Kugel ihren Impuls auf die zweite; die rollt dann mit der Geschwindigkeit v_1 weiter, während die erste nach dem Stoß liegen bleibt. Das war, so hatten wir gefunden, die Folge von Energie- und Impulserhaltung.

Wenn die Welt aber noch eine Dimension hat? Was passiert, wenn die Kugeln nicht so aufeinander treffen, dass die zweite Kugel nachher in der gleichen Richtung weiterrollt? Sondern so, wie es in der nächsten Figur gezeigt ist?

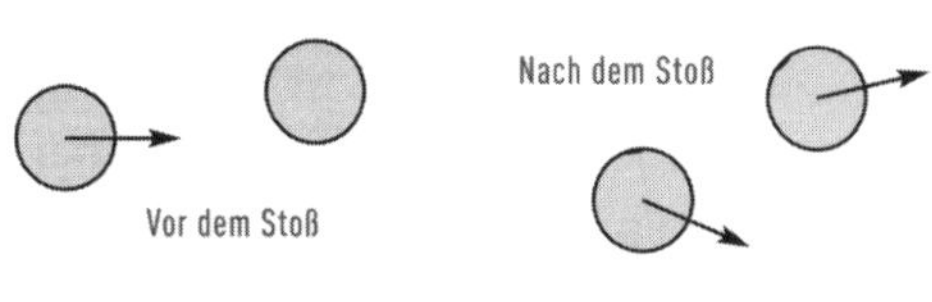

Diesmal liegt die zweite (ruhende) Kugel so, dass sie nach dem Zusammenstoß in eine andere Richtung rollt, und auch die erste Kugel kommt bei so einem Zusammenstoß nicht zur Ruhe, sondern rollt weiter. Das kann man auf einem Billardtisch ausprobieren, das ist so. Sonst wäre Billardspielen ja auch furchtbar langweilig. Das ist ja gerade der Clou am Billard, dass die Kugeln ganz neue Wege einschlagen können nach dem Stoß, mit ganz anderen Geschwindigkeiten.

Der Vorgang scheint völlig verschieden zu sein von dem, was wir vorher doch so genau berechnet hatten, nur weil wir jetzt eine zweite Dimension berücksichtigen. Es scheint also etwas ganz anderes zu passieren, wenn wir den Kugeln erlauben, sich auf einer Ebene zu bewegen, anstatt nur längs einer Linie. Aber die Welt hat ja nun einmal mehrere Dimensionen, nicht eine. Müssen wir jetzt also alles, was wir getan haben, über den Haufen werfen und neu anfangen?

PFEILE FÜR DIE WIRKLICHKEIT

Wenn wir das Problem den Mathematikern erklären, können die uns zum Glück leicht weiterhelfen. Sie werden uns raten, es doch einmal mit Vektoren zu versuchen. Das ist wirklich ein sehr großes Glück, denn ohne diesen Hinweis wären wir an der Stelle ziemlich verloren. (Seltsamerweise sind diese Vektoren eine sehr neue Erfindung, der Mathematiklehrer Hermann Grassmann hat sie erst 1844 erfunden, also kurz vor der Zeit Einsteins.)

Ein Vektor ist einfach ein Pfeil. Betrachten wir zuerst einen zweidimensionalen Raum, zum Beispiel einen Billardtisch, auf dem die Kugeln in einer Ebene hin und her rollen, aber nicht nach oben oder unten. Wir malen also einen Pfeil. So wie in der Figur. Das ist unser Vektor. Fertig.

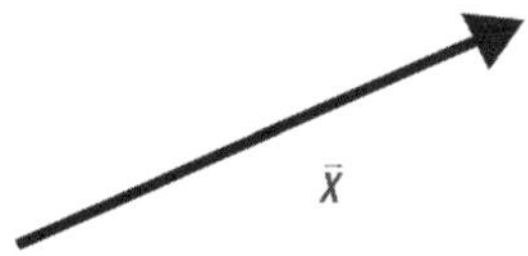

Wir nennen den Vektor $\vec{x}$, mit einem Pfeil oben drüber, damit man gleich sieht, dass es ein Vektor ist. Sie können den Vektor sehen, ich auch, es ist ein ganz vollständiger, richtiger Vektor. Ein Problem gibt es erst, wenn wir den Vektor jemand anderem beschreiben wollen, jemandem, der ihn nicht selbst sehen kann.

Das ist nun weniger einfach. Um den Vektor zu beschreiben, genügt der Vektor selbst nicht, man braucht etwas Zusätzliches, einen Bezug. Wir können zum Beispiel zwei Maßstäbe verwenden, die in jeweils eine bestimmte Richtung zeigen, so etwas nennen wir dann »Achse«, so wie in der folgenden Figur gezeigt. Die erste Achse zeigt nach rechts, die zweite Achse zeigt nach oben. Erst wenn wir diese Achsen haben, können wir den Vektor beschreiben – indem wir aufschreiben, wie lang er bezüglich der einen Achse ist und wie lang bezüglich der anderen. Diese beiden Längen nennen wir x_1 und x_2. Und dann können wir den Vektor zum Beispiel so schreiben: $\vec{x} = (x_1, x_2)$.

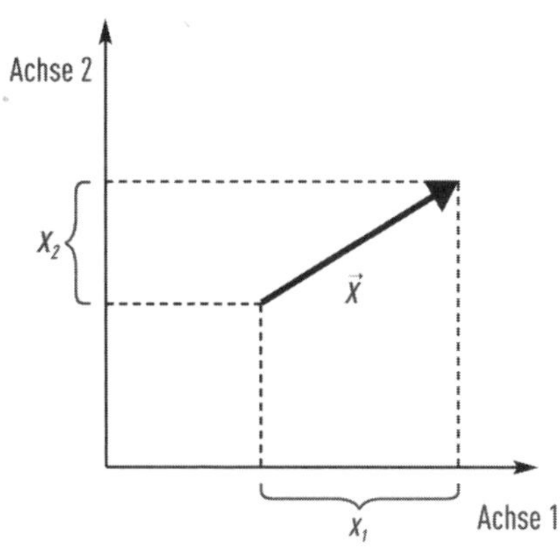

Nun können wir jemandem, der unseren Vektor nicht direkt sehen kann, das Zahlenpaar (x_1, x_2) mitteilen, und dann hat er unseren Vektor – jedenfalls, wenn er die beiden Achsen kennt.

Und das Geniale, das wir von den Mathematikern lernen können, ist dies: Alles, was wir über eindimensionale Maßstäbe gesagt hatten, dürfen wir beibehalten, wir müssen es nur auf die jeweiligen Komponenten des Vektors beziehen. Wenn wir vorher geschrieben haben $v = \Delta x / \Delta t$, können wir das so weiterverwenden, indem wir es auf alle zwei Komponenten eines zweidimensionalen Vektors (oder auf alle drei Komponenten eines dreidimensionalen Vektors) anwenden. Wenn zum Beispiel die Komponenten »x« und »y« heißen, so bedeutet das: $v_x = \Delta x / \Delta t$ und $v_y = \Delta x / \Delta t$, sodass man insgesamt wieder schreiben kann $\vec{v} = \Delta \vec{x} / \Delta t$, so wie vorher, nur mit Pfeil drüber. Auch die Geschwindigkeit ist also ein Pfeil, klar, denn man kann sich ja in verschiedene räumliche Richtungen bewegen. Und auch unsere anderen Formeln lassen sich entsprechend in ihre dreidimensionale Form bringen, zum Beispiel $\vec{F} = \Delta \vec{p} / \Delta t$.

Indem wir die Vektoren eingeführt haben, ist unsere Physik nicht einfacher geworden (aber auch nicht schwieriger), denn alle Formeln von vorher sind ja immer noch genauso da, nur halt mit einem Pfeilchen drüber. (Was allerdings einen großen praktischen Unterschied macht, wie wir an den Billardkugeln gesehen haben).

Allerdings sind wir nun in der Lage, mit diesen gleichen Formeln einen viel größeren Teil der Welt zu beschreiben, nämlich alle Vorgänge in der wirklichen dreidimensionalen Welt, nicht nur Vorgänge, die sich auf einem Maßstab ereignen.

Um nun unser Beispiel mit den Billardkugeln unter diesem neuen Aspekt betrachten zu können, müssen wir nur noch im Mathebuch nachschauen, wie man Vektoren addiert: Zwei Vektoren (Pfeile) werden addiert, indem man die beiden Pfeile aneinanderfügt. Oder wenn man es mit Hilfe von Zahlenpaaren schreiben will: $\vec{a}+\vec{b}=(a_1, a_2)+(b_1, b_2)=(a_1+b_1, a_2+b_2)$. Das ist in der Figur veranschaulicht:

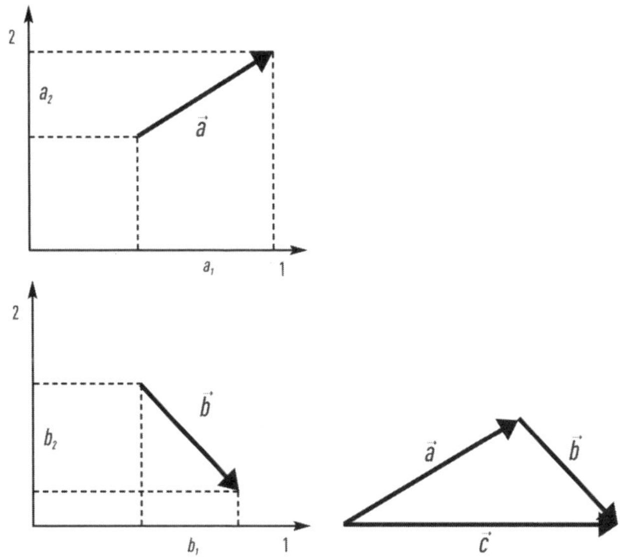

Links sind die beiden Vektoren $\vec{a}$ und $\vec{b}$ gezeigt, mit ihren Komponenten a_1, a_2 und b_1, b_2 (es ist hier zu beachten, dass der Vektor $\vec{b}$ entgegen der senkrechten Achse gerichtet ist, b_2 ist also negativ). Rechts ist die Summe der Vektoren dargestellt, die hier $\vec{c}$ genannt wird, also $\vec{a}+\vec{b}=\vec{c}$. erhält man, indem man die Vektoren aneinanderfügt, oder, anders gesagt, indem man ihre Komponenten addiert.

Das genügt, um die Impulserhaltung unserer Billardkugeln zu studieren: Wenn die erste Kugel die zweite nicht genau zentral trifft, so werden beide Kugeln seitlich abgelenkt, aber nach wie vor muss der Gesamtimpuls erhalten bleiben. Allerdings bezieht sich das nur auf die Vektoren der Impulse. Wenn der Impuls von Kugel 1 und 2 vor dem Stoß $\vec{p}_1$ und $\vec{p}_2$ sindund nach dem Stoß $\vec{p}_1{}'$ und

$\vec{p}_2'$, dann muss gelten, dass der Gesamtimpuls vorher und nachher gleich ist, also $\vec{p}_1 = \vec{p}_1' + \vec{p}_2'$ (denn $\vec{p}_2 = 0$). Und das ist genau das, was in obiger Figur gezeigt ist, nur dass wir dort die Vektoren $\vec{c}$, $\vec{a}$, $\vec{b}$ genannt haben, statt $\vec{p}_1, \vec{p}_1', \vec{p}_2'$.

Wir hatten vorher gesehen, wie man aus den teuren und hässlichen Windrädern, an denen in den letzten tausend Jahren nie etwas Prinzipielles geändert wurde, preiswertere und schönere Gebilde machen kann, einfach nur, indem man die Impulserhaltung ernst nimmt, die eigentlich doch schon seit ein paar hundert Jahren bekannt ist. Wenn man nun die Vektoren ernst nimmt und sie zum Beispiel auf Probleme der Energiegewinnung anwendet, kann man dann auch einen Fortschritt erzielen? Das ist wahrscheinlich, denn die Vektoren gibt es ja erst seit 150 Jahren, sie sind also viel moderner als die Impulserhaltung. Was passiert, wenn wir die Vektoren auf die Probleme der Sonnenergie anwenden?

VEKTOREN ZUR SONNE, ZUR FREIHEIT!

Die Erde hat einen Durchmesser von 6.000 km und somit eine der Sonne zugewandte Fläche von 113 Millionen km². Die Sonnenstrahlung, die auf die Erdoberfläche trifft, hat eine Leistung von etwa 1 kW pro m², das ist etwa so viel wie eine Herdplatte, nur ist diese gleiche Leistung halt über eine größere Fläche verteilt (Herdplatten haben typischerweise eine Fläche von 0,02 m²). Das ist pro Quadratkilometer eine Million kW, oder 1 Gigawatt. Selbst wenn man also nur ein Prozent der Sonnenstrahlung nutzt, erhält man immer noch eine Million Gigawatt. Das entspricht mehreren hunderttausend Kraftwerken.

Und die Nutzung dieser Energie sollte eigentlich einfach sein, viel einfacher als die Nutzung der Windenergie: Die Windkraft verursacht ja hohe und ständig schwankende Kräfte, und diese

Kräfte wirken auf rotierende Teile und auf die Spitze eines hohen Turmes, der deswegen sehr stark gebaut und tief in der Erde verankert werden muss. All das macht die Windräder teuer. Des Weiteren lässt sich die mit dem Windrad gewonnene elektrische Energie schlecht aufbewahren, weswegen sich die ständigen Windschwankungen sehr unangenehm bemerkbar machen und die Kosten noch weiter hochtreiben. Selbstverständlich kann die Regierung oder eine Firma die Kosten an die Stromabnehmer weitergeben, dann gibt es halt noch mehr Zeitarbeiter und noch mehr Leute werden gezwungen, fast umsonst zu arbeiten. Denn irgendwoher muss das Geld ja letztlich kommen.

Das Sonnenlicht hingegen verursacht fast keine Kräfte, Licht zu sammeln sollte deshalb einfach und somit billig sein. Und wenn man die Sonnenenergie erst mal geerntet hat, kann man sie relativ einfach in einem Wärmespeicher aufbewahren. Die existierenden Systeme zur Nutzung der Sonnenenergie sind aber trotzdem sehr teuer, noch teurer als die herkömmlichen Windräder. Seltsam. Vielleicht sind sie zu kompliziert? Geht es einfacher?

Nein, wenn man nichts von Vektoren versteht, geht es leider nicht einfacher. Dann muss man zum Beispiel Photovoltaikanlagen verwenden. Haben Sie schon einmal zugeschaut, wie man die Siliziumscheiben macht, aus denen die Photovoltaikanlagen bestehen? Da muss reinstes Silizium so stark erhitzt werden, bis es flüssig ist, und dann müssen daraus metergroße Kristalle gezogen werden. Da kriegen Sie graue Haare nur vom Zuschauen. Wer das einmal gesehen hat, weiß: Das kann nicht billig sein und nicht billig werden. Ein Quadratmeter Photovoltaik kostet etwa 600 €.

Ein Quadratmeter Spiegel kostet etwa 20 €. Mit Spiegeln kann man das Sonnenlicht auf eine kleine Fläche konzentrieren, die dann so heiß wird wie eine Herdplatte. Diese Wärmeenergie kann man anschließend in alle anderen Energieformen umwandeln. Man kann zum Beispiel Dampf erzeugen, so wie man das in jedem

Kraftwerk auch macht, und damit eine Dampfturbine betreiben, die elektrische Energie erzeugt.

Das ist eine Technologie, die es gibt, und die funktioniert. In Jülich baut man zum Beispiel so eine Anlage: Viele Spiegel stehen im Halbkreis um einen Turm und sind so ausgerichtet, dass jeder Spiegel das Sonnenlicht auf die Spitze des Turmes wirft. Dort oben befindet sich ein Wärmetauscher, der produziert Dampf, damit betreibt man eine Turbine. Man nennt so etwas »Sonnenturm« oder »solar tower«. Die Anlage in Jülich kostet allerdings noch mehr als 600 € pro m^2 und sie produziert dabei sogar noch weniger Strom als die Photovoltaik. Die Anlage wird also nicht nur Strom produzieren, sondern auch arme Leute.

Denn irgendwoher muss das Geld ja kommen. Vom Staat natürlich oder von der Europäischen Union, aber die müssen es ja auch erst irgendjemandem abnehmen, das Geld fällt ja nicht vom Himmel. Der Sonnenturm in Jülich zum Beispiel kostet etwa 23 Millionen Euro. Zur Veranschaulichung: Das ist eine Summe, die für mehrere tausend Familien den Unterschied ausmachen würde von »es reicht gerade so eben« und Armut. Das sind etwa so viele Familien, wie das Projekt mit Strom versorgen kann. Das Sonnenkraftwerk ist also gleichzeitig auch ein »Armeleutewerk«. Dann also lieber doch Photovoltaik?

Lieber nicht: Laut *Spiegel* (18/2008) werden für die bis zum Jahre 2015 zu installierenden Photovoltaikanlagen 100 Milliarden Euro an Subventionen fällig. Wenn man es ein wenig genauer betrachtet – und bei so viel Geld sollte man das doch tun –, so liegt der hohe Preis etwa des Armeleutewerks weder an den Spiegeln noch wohl auch am Turm, denn anders als bei einem Windradturm wirken auf den »Sonnenturm« ja keine Kräfte. Nein, der hohe Preis liegt an einem Mangel an Physik, man hat das Armeleutewerk ganz ohne Physik gebaut: Jeder der Armeleutespiegel wird durch zwei Präzisionsmotoren der Sonne nachgeführt. Die Nachführung eines jeden Spiegels ist anders, insgesamt ergibt sich ein hochkomplexes, nichtlineares System. Das kostet entsprechend Geld. So ein System hat natürlich auch seine Vorteile: Wenn ab morgen die Sonne anfangen würde, sich im Zick-Zack zu bewegen, oder Loopings schlagen würde, so wäre das für das Armeleutewerk gar kein Problem, man müsste nur die Computerprogramme austauschen, dann würde das hochkomplexe System immer noch funktionieren, weil ja jeder der Spiegel ganz beliebig auf die Sonne eingestellt werden kann, egal wie die sich bewegt. Aus rein physikalischer Sicht braucht es all diesen Luxus aber gar nicht.

Erstens: Im Kapitel über Informationsphysik werden wir sehen, dass man jede beliebige, noch so komplexe Funktion mit völliger Genauigkeit durch eine lineare Funktion ersetzen kann. Man kann auch jede beliebige Anzahl solcher Funktionen zurückführen auf eine einzige lineare Funktion. Daraus folgt aber: Man kann, wenn man nur will, auch all die Spiegel eines Sonnenturms durch nur einen Motor antreiben.

Zweitens: Die Sonne macht ja gar keine Zickzack- oder Looping-Bewegung. Niemals. Ihre Bahn ist immer extrem einfach, im Tagesverlauf beschreibt sie eine einfache lineare Funktion: $\phi(\text{Sonne}) = \alpha \cdot t$. Folglich kann auch das Spiegelsystem sehr einfach gebaut sein, das kann man sofort sagen, ohne darüber groß nachzudenken. Um es genauer zu berechnen, braucht es ein wenig Vektorrechnung. Ohne Vektorrechnung geht es leider nicht, aber was bitte ist schlimmer: Vektorrechnung oder Pattexschnüffeln?

DAS PRINZIP DER KLEINSTEN ZEIT

Die Physik der Lichtausbreitung und somit die Physik der Spiegel ist eigentlich die gleiche wie die des Windrades. Um das Windrad zu verstehen, braucht man Energie- und Impulserhaltung, und zwar beides gleichzeitig. Letztlich also das Prinzip der kleinsten Wirkung. Für die Ausbreitung des Lichts gilt sozusagen eine einfachere Version des Prinzips der kleinsten Wirkung: das Prinzip der kleinsten Zeit. Wenn ein Lichtstrahl von einem Punkt zu einem anderen reist, nimmt er immer den Weg, welcher der schnellste ist (in der Literatur unter »Fermatsches Prinzip« zu finden).

Das ist in der Figur gezeigt. Da trifft ein Lichtstrahl auf einen Spiegel und wird zu einem bestimmten Punkt hin reflektiert. Wie wird er reflektiert? So, wie es die gestrichelte Linie zeigt, oder so, wie es die durchgezogene Linie zeigt? Würde der Lichtstrahl die gestrichelte Linie nehmen, so bräuchte er länger, um am Punkt B anzukommen. Er nimmt also die durchgezogene Linie, da kommt er am schnellsten am Punkt B an. Wenn man ein wenig nachrechnet (aber man kann es sich vielleicht auch so vorstellen, wenn man sich die Figur in Ruhe anschaut), so findet man, dass für den schnellsten Weg von A zum Spiegel und dann zu B gilt: Der Winkel, unter dem der Lichtstrahl auf den Spiegel trifft, und der Winkel, unter dem er reflektiert wird, müssen gleich sein, also »ϕ(aus) = ϕ(ein)«. Das ist das Reflexionsgesetz.

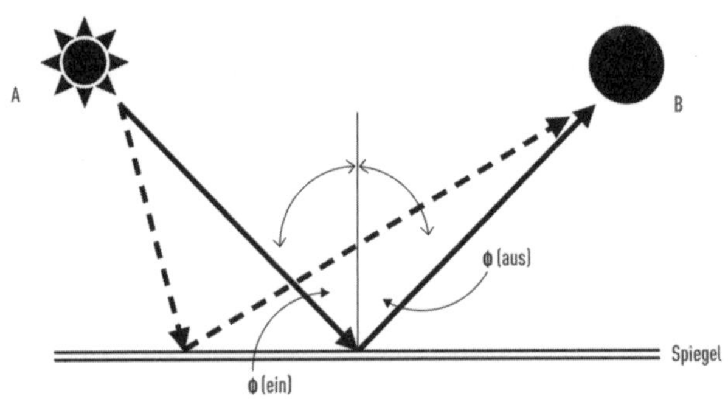

Solange man das Problem in einer Ebene darstellen kann, so wie in obiger Zeichnung, ist es einfach, man sieht sofort, was ϕ(ein) und

ϕ(aus) ist. In der Zeichnung ist es deshalb so einfach, weil wir den Spiegel genau von der Seite betrachten (dadurch können wir ihn mit einer Geraden darstellen) und sich das Licht in der Zeichenebene bewegt. Das ist dann einfach, da braucht es keine Vektoren.

Wenn aber der Spiegel schräg im Raum steht und das Licht aus irgendeiner schrägen Richtung einfällt? Was ist dann ϕ(ein)? Und wie berechnen wir dann ϕ(aus)?

Ein Winkel ist ja immer ein Winkel zwischen zwei Geraden. Sonst kann man nicht wissen, wie es gemeint ist. Der Spiegel bildet im Allgemeinen aber keine Gerade, sondern eine Ebene. Wir müssen also erst einmal die Spiegelfläche durch eine Gerade beschreiben. Sonst wird das nichts mit dem Reflexionsgesetz. Und dafür brauchen wir nun einen Vektor. Wir beschreiben die räumliche Orientierung der Spiegelfläche einfach durch einen Vektor, der auf der Spiegelfläche senkrecht steht (er hat einfachheitshalber die Länge 1).

Es gibt nur einen einzigen Vektor, der auf der Spiegelfläche senkrecht steht. Deswegen ist durch diesen Vektor die Lage der Spiegelfläche eindeutig beschrieben. Im Grunde genommen hatten wir einen solchen Vektor schon in obiger Figur verwendet, man sieht es, wenn man es noch einmal genau anschaut, nur hatten wir noch nicht bedacht, dass dies ein Vektor sein könnte.

Außerdem sind ja auch die Lichtstrahlen selbst Vektoren. Im dreidimensionalen Fall sind »ϕ(ein)« und »ϕ(aus)« dann einfach die Winkel zwischen den Vektoren des einfallenden beziehungsweise ausfallenden Lichtstrahls und dem Spiegelvektor (und nach wie vor liegen einfallender und ausfallender Strahl in einer Ebene).

Wenn man das bedenkt, kann man die Richtung des reflektierten Lichts mit ein bisschen Vektorrechnung ausrechnen, egal, wie der Spiegel orientiert ist, und egal, aus welcher Richtung das Licht einfällt: Zuerst muss man den Winkel zwischen Lichtvektor und Spiegelvektor ausrechnen. Das geht einfach, dazu muss man die Vektoren nur multiplizieren (das ist in Wikipedia beschrieben). Und dann muss man den einfallenden Vektor um das Doppelte dieses Winkels rotieren und sein Vorzeichen ändern (weil das Licht ja zurückgeworfen wird). Eine solche Rotation auszurechnen ist auch nicht weiter tragisch, man braucht dazu eine sogenannte Rotationsmatrix, das schreiben wir schnell hin, wie das ausschaut: Um einen Vektor im Raum zu drehen, kann man ihn mit einer Matrix multiplizieren. Eine Matrix, die man mit einem dreidimensionalen Vektor multiplizieren kann, schaut zum Beispiel so aus:

$$M = \begin{pmatrix} m_{11}, & m_{12}, & m_{13} \\ m_{21}, & m_{22}, & m_{23} \\ m_{31}, & m_{32}, & m_{33} \end{pmatrix}$$

Den Vektor schreiben wir zum Beispiel so: $v = \begin{pmatrix} v_1 \\ v_2 \\ v_3 \end{pmatrix}$

Dann sieht die Multiplikation des Vektors mit der Matrix so aus, und sie resultiert wiederum in einen neuen Vektor, *v*':

$$v' = M \cdot v = \begin{pmatrix} m_{11}\ v_1 + m_{12}\ v_2 + m_{13}\ v_3 \\ m_{21}\ v_1 + m_{22}\ v_2 + m_{23}\ v_3 \\ m_{31}\ v_1 + m_{32}\ v_2 + m_{33}\ v_3 \end{pmatrix}$$

Wenn man es noch nie gesehen hat, schaut es ein wenig furchterregend aus, aber es handelt sich wirklich nur um Additionen und Multiplikationen, die man in einer ganz bestimmten Reihenfolge ausführen muss – die Matrix sagt uns dabei, in welcher Reihenfolge genau.

Wenn man nun einen Vektor um die z-Achse drehen will, und zwar um einen Winkel γ, so sieht die zugehörige Rotationsmatrix so aus:

$$R_z(\gamma) = \begin{pmatrix} \cos(-\gamma), & \sin(-\gamma), & 0 \\ \sin(-\gamma), & \cos(-\gamma), & 0 \\ 0, & 0, & 0 \end{pmatrix}$$

Und das ist wirklich alles, was Sie wissen müssen, um dreidimensionale Reflexionen berechnen zu können. Mit diesem Wissen lässt sich die Formel »ϕ(ein) = ϕ(aus)« nun ganz allgemein und vollständig nutzen. Erst mit diesem Wissen wird diese einfache Formel auch wirklich allgemein anwendbar.

SPIEGEL STATT ÖL

Die Sonnenbewegung, der wir ja mit den Spiegeln folgen wollen, ist auch nicht schwer. Die Erde dreht sich einmal pro Tag um sich selbst. Von der Erde aus gesehen, also von uns aus gesehen, bewegt sich deshalb die Sonne auf einer Kreisbahn um die Erde, jeden Tag einmal.

Zuerst einmal richten wir mehrere Spiegel so zur Sonne aus, dass ihre Spiegelvektoren in der Ebene der Sonnenbahn liegen und sie das Sonnenlicht in einen gemeinsamen Brennpunkt bündeln. In unten stehender Figur sind der Einfachheit halber drei Spiegel eingezeichnet, aber es könnten auch zehn oder zwanzig sein.

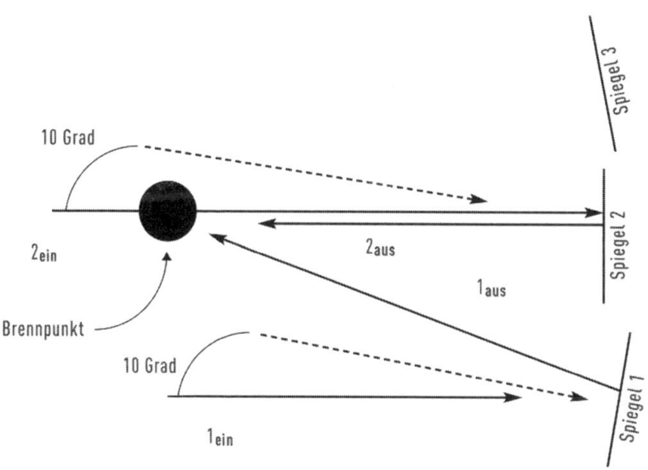

Der »Brennpunkt« ist dabei kein richtiger Punkt, sondern eine Fläche, die so groß ist wie jeder dieser Spiegel (sie können zum Beispiel einen Meter mal einen Meter groß sein). Weil die Sonne sehr weit entfernt ist (annähernd unendlich weit), sind die einfallenden Sonnenstrahlen parallel, sie kommen alle aus der gleichen Richtung. Der Strahl, der von der Sonne kommt und auf den Spiegel Nummer eins fällt, ist in der Figur als 1_{ein} bezeichnet. Der Strahl 2_{ein} kommt von der Sonne und fällt auf Spiegel 2. Die reflektierten Strahlen heißen entsprechend 1_{aus} und 2_{aus} (die Strahlen für den dritten Spiegel sind nicht eingezeichnet, damit es nicht zu unübersichtlich wird, aber man kann sie sich vorstellen).

Jetzt stellen wir uns vor, wie die Sonne sich am Himmel ein Stück weiterbewegt. Sagen wir zum Beispiel, um 10 Grad. Das ist in der Figur mit gestrichelten Linien angedeutet. Die einfallenden Strahlen 1_{ein} und 2_{ein} ändern nun ihre Einfallsrichtung um 10 Grad. Wenn die Spiegel weiterhin den gleichen Brennpunkt bestrahlen sollen, muss man sie nachstellen. Schaut man sich die Figur in Ruhe an, sieht man, um wie viel: Den Spiegel 1 muss man um 5 Grad drehen, damit der reflektierte Strahl wieder die gleiche Richtung hat wie vorher, also die gleiche Richtung wie 1_{aus} . Den Spiegel 2 muss man auch um 5 Grad drehen, in die gleiche Richtung wie den Spiegel 1. Und das Gleiche gilt für Spiegel 3. Man sieht auch: Wenn es zehn Spiegel wären, ändert sich nichts, man muss alle Spiegel um den gleichen Winkel drehen, und zwar um einen Winkel, der halb so groß ist wie die Bewegung der Sonne. Dabei ist offensichtlich die Achse, um die sich die Spiegel drehen müssen, senkrecht zur Ebene der Sonnenbahn. Indem man die Spiegel also mit der Sonne dreht (aber nur halb so schnell), kann man den ganzen Tag den gleichen Brennpunkt bescheinen.

Das ist der einfachste Fall, bis dahin kommt man auch ohne Vektoren. Damit man es sich auch wirklich gut vorstellen kann, haben wir einen kleinen Demonstrationsfilm gemacht, er findet sich auf unserer Web-Seite: *http://www.isomorph.it/solutions/renewa bleenergies/solar-thermal.*

Allerdings reichen uns die zehn nebeneinandergestellten Spiegel nicht, wir wollen richtig viel Energie produzieren, wir wollen das Sonnenlicht nicht 10-fach verstärken, sondern mehr. Wir wollen also Spiegel nicht nur nebeneinander-, sondern auch übereinanderstellen. Das ist in der nächsten Figur gezeigt. In der Figur sind Spiegel nicht nur nebeneinander angeordnet (auf Drehachsen, die senkrecht zur Sonnenebene stehen), sondern es sind auch auf jeder Achse Spiegel übereinander montiert.

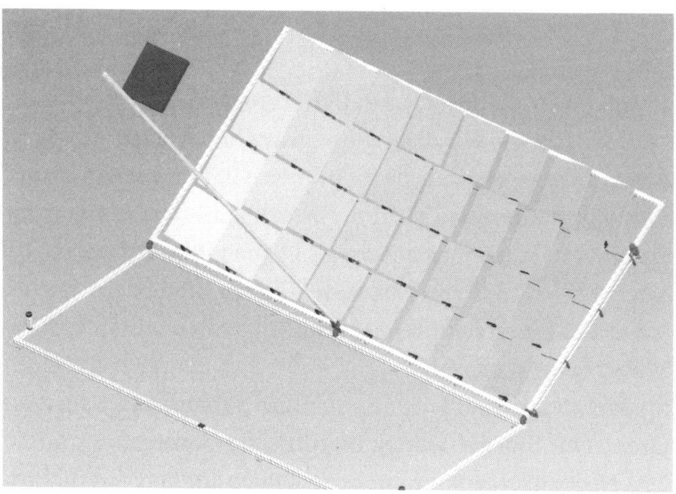

Es gibt mit dieser Anordnung allerdings ein Problem, das ist in der nächsten Figur gezeigt. Die Figur zeigt eine der Achsen mit ihren Spiegeln von der Seite gesehen. Die meisten Spiegel stehen nicht mehr senkrecht zur Sonnenebene, denn sie müssen ja nun das einfallende Licht aus der Sonnenebene hinaus ablenken, um den Brennpunkt zu treffen. Deshalb sind die Spiegel geneigt, in der Figur ist diese Neigung mit dem Winkel η bezeichnet.

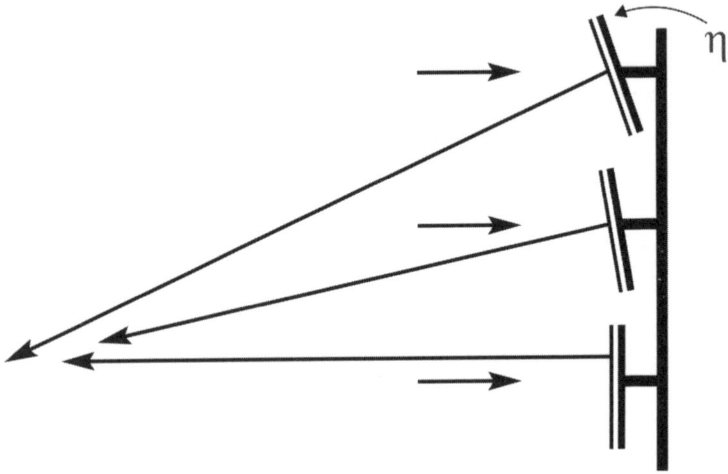

Wenn man nun aber die Spiegel im Tagesverlauf wieder um ihre Achse dreht (so wie wir das vorher getan hatten), um sie der Sonne nachzuführen, werden sie nicht mehr den Brennpunkt treffen, sondern von diesem abweichen. (Damit man sich das besser vorstellen kann, haben wir es wieder als kleinen Film auf unsere Web-Seite gestellt.) Das ist nun bereits eine ziemlich knifflige Situation, so etwas ohne Vektoren rechnen zu wollen wird sehr schwer. Mit Vektoren geht es aber.

Das Resultat dieser Rechnungen kann man so in Worten formulieren: Die Spiegel weiter oben in der Anordnung, die eine größere Neigung zur Sonnenebene haben, lenken das Licht zum Beispiel nicht genug nach unten ab, wenn man sie um die Achse der Sonne nachführt. Sie müssten also, wenn man sie dreht, auch gleichzeitig ein wenig ihre Neigung vergrößern.

Falls Sie hin und wieder in den Alpen wandern gehen, haben Sie die Lösung des Problems schon gesehen. Da finden sich manchmal Viehgatter mit einer Tür, die sich von selbst wieder schließt, wenn man hindurchgegangen ist. Das geht ganz einfach, man braucht die Tür lediglich ein wenig schief aufzuhängen. Dadurch wird sie leicht angehoben, wenn man sie öffnet, und durch ihr Gewicht schließt sie sich dann wieder, wenn man hindurchgegangen ist. Das gleiche Prinzip können wir auch auf die Spiegel anwenden, wir hängen sie, so wie die selbstschließende Tür, einfach schief auf. Das ist in der Figur gezeigt.

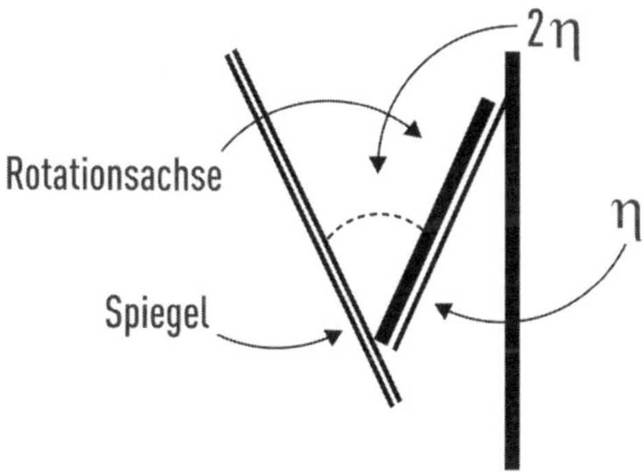

In seiner Ruheposition hat der Spiegel nun wiederum eine Neigung η, so wie vorher. Aber nun ist seine Drehachse nicht mehr die Achse senkrecht zur Sonnenbahn, wie vorher. Sondern er dreht sich um eine eigene Achse, die ein wenig gegen die ursprüngliche Achse geneigt ist, so wie die Drehachse einer schief aufgehängten Tür ein wenig gegen die senkrechte Achse geneigt ist. Wenn sich nun der Spiegel um diese neue Achse dreht, so senkt er sich gleichzeitig ab (das ist der einzige Unterschied zur Tür, die Tür wird stattdessen angehoben), sein Vektor zeigt stärker nach unten. Er reflektiert das Licht deshalb stärker nach unten. Dazu haben wir wieder einen Film gemacht, damit man es sich besser vorstellen kann. Und wiederum ist das ein Problem, das man mit den gleichen Mitteln wie vorher durchrechnen kann, mit einem kleinen Computerprogramm, das Vektoren mit Matrizen multipliziert. Man kann dann versuchsweise ein paar verschiedene Anordnungen durchrechnen, das ist nicht so schwer, und dann die beste wählen.

Eine derart einfache Anordnung wird die Abweichung des reflektierenden Lichts nicht mit mathematischer Genauigkeit kompensieren, aber das braucht sie in der Praxis auch nicht, eine Zielgenauigkeit von einem halben Grad reicht für alle praktischen Zwecke aus.

DIE ARCHIMEDESMASCHINE: ENERGIE IM ÜBERFLUSS

Als Resultat hat man ein System aus vielen Spiegeln, die tagsüber alle zusammen durch einen einzigen Motor der Sonne nachgeführt werden und dabei mit einer ausreichenden Genauigkeit auf den Brennpunkt ausgerichtet bleiben. (Die Neigung des Gesamtspiegelsystems wird durch einen zweiten Motor im Laufe des Jahres verstellt, weil die Sonne im Sommer höher steht). Das ist sehr einfach (»linear«) und deshalb sehr billig. Wir haben einen ersten Prototypen gebaut, der schon im Februar 375 Grad Temperatur erreicht hat.

Die Experten aus der Industrie schätzen, dass man ein solch einfaches System für höchstens 200 Euro pro m^2 wird bauen können. Es kostet also dreimal weniger als die Photovoltaik. Im Unterschied zur Photovoltaik kann man aber praktisch die gesamte Sonnenstrahlung nutzen (die Photovoltaik nutzt bestenfalls 20 Prozent). Man kann mit der Energie Stromgeneratoren antreiben oder damit heizen oder Kältemaschinen betreiben (Klimaanlage im Sommer) oder auch Industrieprozesse speisen, zum Beispiel kann man die Energie verwenden, um Bioethanol herzustellen.

Man kann die Wärme mehrere Wochen speichern, in Form von Bioethanol oder ähnlichen Produkten auch mehrere Jahre. Man kann also das Benzin und die Kohle in jeder Hinsicht ersetzen. Zu einem vergleichbaren Preis: Die Sonne strahlt im Jahresschnitt ei-

ne Leistung von 0,5 kW auf den Quadratmeter Fläche, das sind in zehn Jahren 5.000 kW pro Quadratmeter. Geteilt durch 200 Euro oder 20.000 Cent macht das 4 Cent pro kWh Wärmeenergie. Das ist billiger als Öl.

Archimedes hat angeblich seine Heimatstadt Syrakus gegen die Römer verteidigt, indem er ein System aus Spiegeln gebaut hat, mit dem er die römischen Galeeren in Brand setzte. Wie es genau ausgesehen hat, ist leider nicht überliefert. Es könnte so ausgesehen haben wie unser System, denn es besteht nur aus einfachen Spiegeln, Hebeln und Achsen, alles Dinge, die Archimedes auch schon kannte und verwenden konnte. Wir haben also möglicherweise – ganz unabsichtlich – die Archimedesmaschine nachgebaut. Archimedes hat noch keine Vektoren gekannt, das ist wahr. Aber er war einer der besten Mathematiker, die jemals gelebt haben. So einer könnte es auch ohne Vektorrechnung geschafft haben, das ist möglich.

Was die Welt zusammenhält: Kraft und Raum

Außer der Newtonschen Kraft, die immer da auftritt, wo eine Masse beschleunigt wird, gibt es noch vier sozusagen statische Kräfte: die Massenanziehungskraft, die elektrische Kraft, die starke und die schwache Kraft. Wenn man bedenkt, auf wie viele Weisen Kräfte erzeugt oder übertragen werden – durch Federn, durch Explosionen, durch Dampfmaschinen, durch Tennisschläger, durch Magneten, durch Stahlträger, durch Seile und so weiter –, so ist es schon erstaunlich, dass es nur vier beziehungsweise (bei genauerer Betrachtung, denn die elektrische, die starke und die schwache Kraft lassen sich auf ein gemeinsames Prinzip zurückführen) nur zwei Kräfte gibt.

Immer wenn wir irgendein Phänomen, irgendeinen Vorgang untersuchen, so stoßen wir auf eine dieser vier bekannten Kräfte. Die Kraft einer Feder zum Beispiel. Wir haben im ersten Kapitel so getan, als gäbe es eine eigene »Federkraft«. Wenn man aber weiß, dass auch Federn aus Atomen bestehen, so stellt man bald fest: Die Kraft der Feder entsteht aus der gegenseitigen elektrischen Anziehung ihrer Atome. Wenn man an der Feder zieht, wird sie länger, was bedeutet: Die Atome entfernen sich voneinander, und zwar gegen die anziehende elektrische Kraft, die zwischen ihnen wirkt. Zwar ist die elektrische Kraft zwischen zwei Atomen sehr klein, aber die Feder besteht aus sehr vielen Atomen, so kommt in der Summe doch eine genügend große Kraft zusammen, um sie mit der bloßen Hand spüren zu können.

Es gab immer wieder Spekulationen über mögliche zusätzliche, bisher unbekannte Kräfte. Irgendetwas Konkretes ist dabei aber nie herausgekommen. So gibt es angeblich Hinweise auf eine Abweichung mancher Raumfahrtsatelliten von ihrer vorherberechneten Bahn, und es wird vermutet, diese Abweichung könnte durch eine neue, bisher nicht bekannte Kraft hervorgerufen werden. Man muss abwarten, ob sich dies durch zukünftige Experimente bestätigen und präzisieren lässt. Ich persönlich denke, dass an solchen Spekulationen nichts dran ist, weil es einfach keine Notwendigkeit für eine zusätzliche Kraft gibt. Die Physik wäre mit einer solchen zusätzlichen Kraft weniger einfach. Man wird sehen.

RAUMKRÄFTE, KRAFTRÄUME: DIE FELDER

Wir haben über den Raum nachgedacht, mit Hilfe von Stöckchen. Und über die Kraft, mit Hilfe von Federn. Das war schon ziemlich einfach, weil Stöckchen und Federn ja sehr einfache Dinge sind. Es geht aber noch einfacher. Denn »Federn« und »Stöckchen« – »Kraft« und »Raum« – sind ja verschiedene, getrennte Dinge. Über Federn nachzudenken ist einfach, über Stöckchen nachzudenken ist einfach, aber über beides gleichzeitig nachzudenken ist weniger einfach.

Wir wollen aber über beides gleichzeitig nachdenken. Denn wir möchten uns als Nächstes überlegen, wie sich die Kraft ändert, wenn wir die Raumposition ändern. Damit das einfach bleibt, erfinden wir einen neuen Begriff, das »Feld«. Ein Feld ist, wenn wir jedem Punkt des Raumes eine Eigenschaft zuordnen. Diese Eigenschaft kann eine einfache Zahl sein (dann heißt das Feld »skalares Feld«) oder ein Vektor (dann ist es ein »Vektorfeld«), zum Beispiel ein Kraftvektor oder ein Geschwindigkeitsvektor. Bei einem Kraftfeld haben wir dann also beides zusammen in nur einem Begriff: die Kraft und den Raum.

Anderes Beispiel: Die Geschwindigkeit des Wassers in einem Fluss kann man mit einem Feld darstellen, denn jeder Punkt im Fluss hat eine Eigenschaft, nämlich die Geschwindigkeit des Wassers in dem Punkt. »Geschwindigkeit«, das ist ein Vektor, denn die Geschwindigkeit hat beides, eine Richtung und eine absolute Größe.

Grafisch kann man dieses Feld mit Hilfe von Flusslinien veranschaulichen. Dazu wirft man ein Stückchen Holz ins Wasser und zeichnet auf, welchen Weg es nimmt. Das ist in der folgenden Figur gezeigt. In der Figur hat jemand drei Holzstückchen an verschiedenen Stellen in den Fluss geworfen und dann ihren jeweiligen Weg nachgezeichnet (Linien mit Pfeilen), das sind die »Flusslinien«.

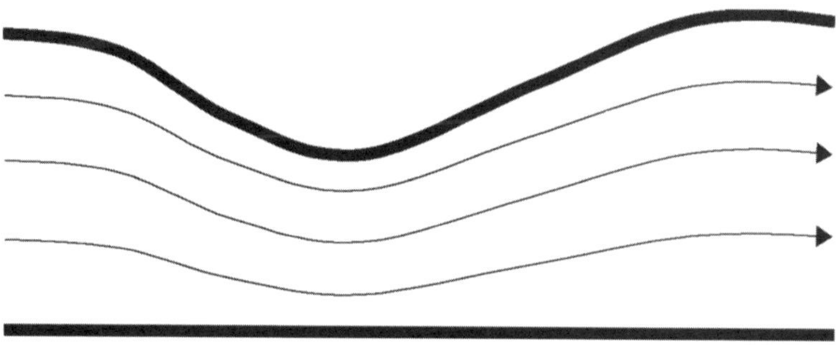

Die Flusslinien zeigen zweierlei an: Erstens, in welche Richtung das Wasser fließt – es fließt in Richtung der Flusslinien. Und zweitens, wie schnell es fließt. Denn in der Engstelle, wo das Wasser schneller fließt, liegen die Flusslinien dichter beieinander. Je höher die Dichte der Flusslinien, umso stärker das Feld.

Man kann beliebig viele Holzstückchen an verschiedenen Stellen ins Wasser werfen – es bleibt trotzdem immer wahr: Jede einzelne Linie zeigt die Richtung des Flusses an, und je schneller der Fluss wird, umso geringer wird der Abstand zwischen benachbarten Linien. Und anstatt »Flusslinien« können wir ebenso gut »Feldlinien« sagen, denn die Geschwindigkeit des Wassers bildet ja ein Feld.

Wir nehmen an, Massen zögen sich gegenseitig an: Der Apfel fällt ja zur Erde, zum Beispiel, er wird also wohl von dieser angezogen. Und dann wird sicherlich auch die Erde vom Apfel angezogen, das fanden wir im Kapitel über »actio = reactio«. Weiter nehmen wir eigentlich nichts an. Nur halt, dass es eine solche Kraft geben soll. Kann man nun etwas über die Eigenschaften dieser Kraft aussagen? Einfach nur mit Mitteln der Logik? Das kann man, und zwar mit Hilfe des Feldbegriffs.

Im einfachsten Fall hat die Masse die Form einer Kugel. Das ist die einfachste Form insofern, als sich nichts ändert, wenn man die Kugel um ihren Mittelpunkt verdreht. Deshalb muss auch das Feld, deshalb müssen auch die Feldlinien so beschaffen sein, dass sich nichts ändert, wenn man die Kugel verdreht. Außerdem sollen sich zwei Massen »gegenseitig anziehen«, damit ist gemeint, die Kraft soll jeweils auf die andere Masse hin zeigen. Das Feld kann dann nur die folgende Form haben:

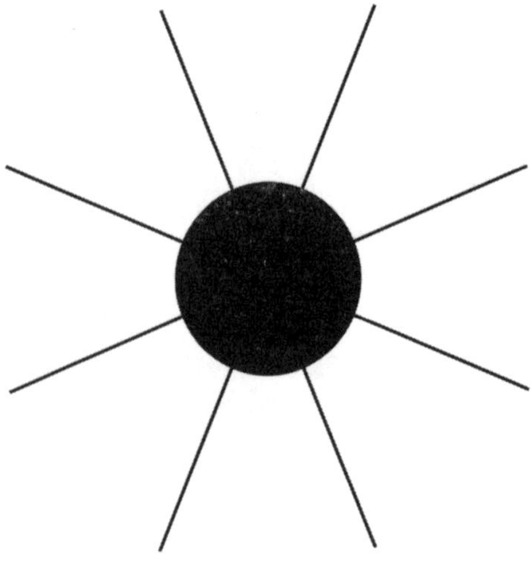

Und selbstverständlich haben wir nur einige wenige Feldlinien eingezeichnet, so wie vorher beim Fluss. Wenn wir also eine winzig kleine zweite Masse ins Feld dieser ersten großen Masse bringen (winzig klein, damit sie das Feld insgesamt nur ganz wenig ändert), so wird sie immer eine Kraft spüren, die in die Richtung der Feldlinie zeigt, auf der sie sich befindet. Und die Kraft wird umso stärker sein, je näher die Linien beieinanderliegen.

Wie nahe liegen die Linien beieinander? Das sehen wir, indem wir uns einen Kreis um die Kugel herum vorstellen, er ist in der nächsten Figur als gestrichelte Linie gezeigt. Der Kreis hat den Kreisumfang $2 \cdot r \cdot \pi$, wobei r der Radius des Kreises ist, die gestrichelte Linie ist also $2 \cdot r \cdot \pi$ lang. Auf diese Strecke kommen nun acht Feldlinien (in unserer Figur, wir hätten stattdessen auch 8000 Linien zeichnen können).

Wenn wir den Kreis hingegen doppelt so groß machen, also r verdoppeln, so wird wiederum die gleiche Anzahl von Linien auf die nun doppelt so lange gestrichelte Strecke kommen. Die Dichte der Linien ist dann nur noch halb so groß.

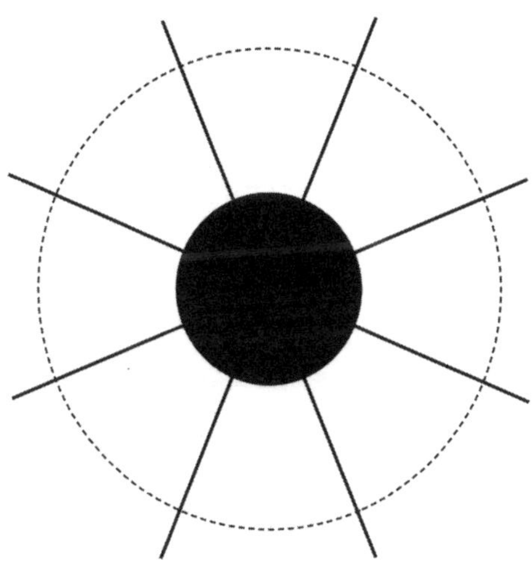

Das ist, so wie vorher beim Beispiel mit dem Geschwindigkeitsfeld des Flusses, ein rein geometrischer Effekt: Je weniger Platz für die Feldlinien, umso enger sind sie beieinander, je mehr Platz, umso weiter sind sie auseinander. Und wenn bei einer Verdoppelung von *r* sich der Abstand zwischen den Feldlinien verdoppelt, so halbiert sich die Kraft. Weil sich ja die Feldstärke proportional zum Abstand der Feldlinien ändert. Wir hatten das bisher lediglich anders formuliert.

Anstatt zu sagen, »wenn sich *r* verdoppelt, so halbiert sich die Kraft«, sagt man einfacher, »die Kraft verändert sich mit $1/r$«. Das ist das Gleiche, nur mathematischer ausgedrückt. Allerdings hat unser Beispiel allerdings noch einen wichtigen Schönheitsfehler: Die Zeichnung zeigt ja nur einen zweidimensionalen Raum. Will man aber im dreidimensionalen Raum wissen, wie sich der Abstand der Feldlinien verhält, dann muss man die Oberfläche einer Kugel mit dem Radius *r* berechnen, nicht den Umfang eines Kreises mit Radius *r*.

Das steht im Mathebuch: Die Oberfläche einer Kugel mit Radius *r* ist $4 \cdot r^2 \cdot \pi$.

Die Oberfläche einer doppelt so großen Kugel ist also nicht doppelt, sondern viermal so groß. Im dreidimensionalen Fall vergrößert sich der Abstand zwischen den Feldlinien also mit r^2, statt mit *r*.

Die Kraft verhält sich im dreidimensionalen Fall demnach wie $1/r^2$. Und wiederum sehen wir: Wenn man ganz genau mitdenken will, um es ganz genau zu verstehen, dann ist es äußerst knifflig und schwierig. Aber die Formel, die man erhält, die ist nicht sehr schwierig: $1/r^2$. Und die Methode ist auch nicht schwierig: Wir haben einfach »Kraft« und »Raum« zusammengedacht, im Begriff des Feldes. Indem wir einfach nur über die Konsequenzen der Vorstellung »Feld« nachgedacht haben, ist ganz automatisch $1/r^2$ herausgekommen.

Nun wissen wir, wie die Massenanziehungskraft vom Abstand von der Masse abhängt. Natürlich muss sie außerdem auch irgendwie von der Masse selbst abhängen. Um herauszufinden, wie die Kraft von der Masse abhängt, brauchen wir den Feldbegriff für den Moment aber nicht, wir können wieder auf die gute alte Feder zurückgreifen.

Die nächste Figur zeigt eine Masse m_2, die von einer Masse m_1 angezogen wird. Damit man es sich vorstellen kann, hängt die Masse erst mal an einer Feder, damit kann man die Kraft besser veranschaulichen.

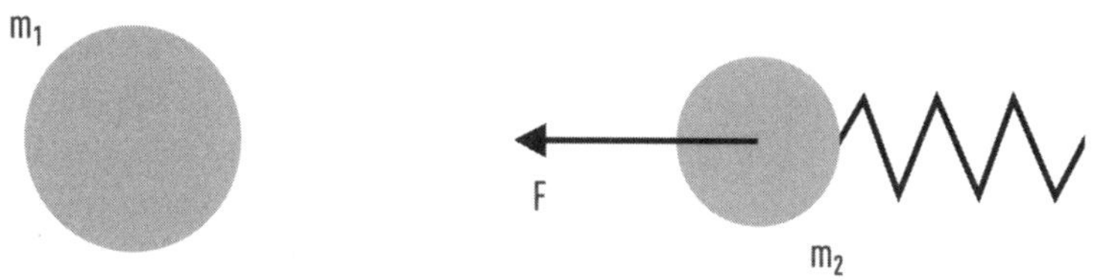

(Wegen des dritten Newtonschen Gesetzes, »actio = reactio«, wirkt selbstverständlich auf die Masse m_1 die gleiche Kraft, nur in die andere Richtung, das haben wir nicht extra eingezeichnet.)

Wenn wir nun eine zweite gleiche Masse m_2 mit einer gleich starken Feder hinzufügen, so sollte sich eigentlich sonst nichts ändern, nun sind halt zwei Massen da und zwei Federn und zwei Kräfte, so wie es in der nächsten Figur eingezeichnet ist.

Die beiden Massen m_2 kann man aber zusammenkleben, dann sind sie eine gemeinsame Masse, die doppelt so groß ist, also $2 \cdot m_2$. Auch die Kraft ist doppelt so groß, nämlich $2 \cdot F$. Die Kraft wächst

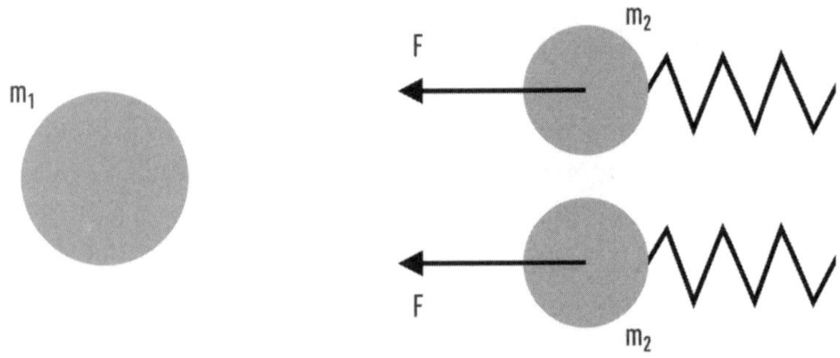

also gleichmäßig an mit m_2, der Wissenschaftler sagt, sie ist »proportional« zu m_2. Und weil man sich auch die andere Masse, m_1, aus zwei halben Massen zusammengesetzt denken kann, muss die Kraft also auch proportional zu m_1 sein.

Falls Sie das alles knifflig finden, so dürfen Sie es ruhig zugeben, wir sind ja hier unter Physikern. Trinken Sie ruhig ein Gläschen Tee, um es sich in Ruhe zu überlegen, vielleicht zusammen mit Freunden, das wäre in Ordnung. Nicht wegen der Massen, die Massen sind an sich ein wenig langweilig, pardon, aber es ist doch wahr, sondern wegen Ihnen. Das Interessante hier ist doch der menschliche Geist, nicht die Masse. Das Interessante ist, wie man mit etwas Nachdenken diese Dinge verstehen kann, sie einsehen kann, wie unser Geist in der Lage ist, sich in diese Massen und ihre Situation hineinzuversetzen – das ist doch interessant.

Das können wir nun also zusammenfassen: Die anziehende Kraft zwischen zwei Massen m_1 und m_2 wird proportional größer mit m_1 wie auch mit m_2 (wenn also sowohl m_1 als auch m_2 doppelt so groß werden, muss die Kraft also viermal so groß werden, noch 'nen Tee, bitte). Und außerdem nimmt die Kraft mit dem Abstand der Massen, r, ab, und zwar wie $1/r^2$.

Eins wissen wir aber immer noch nicht: Wie weit sich die Federn genau dehnen, wie stark genau die Kraft ist. Ob es 5 Newton sind oder 10 Newton. Das kann man nicht durch Nachdenken herausfinden. Man muss es nachmessen und dann als gemessene Konstante, nennen wir sie G, in der Formel berücksichtigen:

Also insgesamt: $F = G \cdot m_1 \cdot m_2 / r^2$.

Heißt das, wir hätten nun alles über die Massenanziehung verstanden, was es zu verstehen gibt? Es sei nichts übrig für die jungen Leute zum Erforschen? Das heißt es nicht. Denn die Formel $F = G \cdot m_1 \cdot m_2 / r^2$ beschreibt nur das Verhalten von Massen in unserer Alltagswelt, so wie die Galilei-Transformationen die Eigenschaften von Raum und Zeit beschreiben, wie wir es aus dem Alltag gewohnt sind.

Wenn man fragt, wie die Massenanziehung auf allerkleinsten Distanzen wirkt ($^1/_{r^2}$ wird ja unendlich!), wenn man fragt, wie das alles aussieht in extrem starken Kraftfeldern, wie sie durch extrem große Massenkonzentrationen hervorgerufen werden, welche zu Änderungen der Raum-Zeit-Struktur führen, so gibt es heute darauf keine vollständige Antwort. Aber irgendwann werden wir auch diese Dinge besser verstehen, denn warum sollte nach 3000-jährigem Voranschreiten die Physik ausgerechnet im Jahre 2008 anhalten? Da hätte man ja einen ausgezeichneten Punkt in der Zeit!

DIE ELEKTRISCHE KRAFT

Alles, was wir über die Kraft zwischen Massen gesagt haben, lässt sich auch auf die elektrische Kraft anwenden, mit nur einem Unterschied: Massen ziehen sich immer an. Elektrische Ladungen können sich auch abstoßen. Deswegen muss man zwischen sogenannten »positiven« und »negativen« Ladungen unterscheiden. Und selbstverständlich brauchen wir eine andere Konstante, statt G schreiben wir k. Und die Ladungen bezeichnen wir mit q.

Ansonsten bleibt alles beim Alten, die Eigenschaften des Raumes sind die gleichen wie vorher, so wie vorher überlagern sich

Felder, ohne sich zu beeinflussen, wir haben die gleiche Formel wie eben: $F = k \cdot q_1 \cdot q_2 / r^2$.

Die Massenanziehungskraft hält das Sonnensystem zusammen, und sie sorgt dafür, dass wir nicht von der Erdkugel herunterfallen. Die elektrische Kraft, von der wir im Alltag wenig bemerken, hält die Atome und Moleküle zusammen. Die Atome bestehen aus einem positiven Kern und negativ geladenen Elektronen um den Kern herum, und die Anziehung zwischen dem positiven Kern und den negativen Elektronen ist es, was das Atom zusammenhält. Aus einiger Entfernung gesehen sind die Atome neutral, sie enthalten genauso viele positive wie negative Teilchen. Aber innerhalb des Atoms sind die Ladungen nicht gleichmäßig verteilt, es gibt mehr positive und mehr negative Zonen, und deswegen können insgesamt neutrale Atome, wenn sie nahe beieinander sind, sozusagen aneinanderhängen bleiben, so als wären sie insgesamt geladen. So bilden sich ausgedehnte Körper aus vielen Atomen.

DIE STARKE UND DIE SCHWACHE KRAFT

Zwei gleich lange Maßstäbe aneinandergereiht sind doppelt so lang wie ein jeder von ihnen. Zwei gedehnte Federn verdoppeln ihre Kraft, so hatten wir vereinbart – und dann entsprechend: Zwei Massen sollen eine doppelt so große Anziehung hervorrufen wie eine. Man kann das auch anders formulieren: Die Felder der Massen sollen sich überlagern, ohne sich gegenseitig zu verändern.

Dass diese Dinge nicht notwendig so einfach sein müssen, sieht man an der starken Kraft: Die Felder der starken Kraft addieren sich nicht, sondern verstärken sich gegenseitig. Die starke Kraft wirkt zwischen den Bestandteilen des Protons und des Neutrons (die ihrerseits den Atomkern ausmachen), den sogenannten Quarks. Und sie kommt zustande, indem zwischen den Quarks sogenannte Gluonteilchen ausgetauscht werden. Durch diesen Austausch von Gluonen kommt zwischen den Quarks das zustande, was wir »Kraft« nennen. Und das Besondere an der starken Kraft ist nun, dass die Gluonen selbst Träger dieser starken Kraft sind. Anders gesagt: Das Feld der starken Kraft wechselwirkt nicht nur mit den Quarks, sondern auch mit sich selbst.

Außerhalb des Atomkerns merkt man von der starken Kraft nichts, deshalb scheint sie im Alltag keine praktische Rolle zu spielen. Tatsächlich ist sie aber für unseren Alltag hochwichtig, genauer gesagt, ist es das Zusammenspiel von starker und schwacher Kraft, das für uns hochwichtig ist, denn auf diesem Zusammenspiel beruht das Leuchten unserer Sonne.

Wie der Name sagt, ist die schwache Kraft extrem schwach, sie lässt sich nur durch hochkomplizierte Experimente überhaupt nachweisen. Sie hat aber die besondere Eigenschaft, auf alle Teilchen einzuwirken und die Teilchen dabei zu verwandeln. Sie kann zum Beispiel Protonen in Neutronen verwandeln. Dadurch ändert sich die Identität des Atomkerns.

Und dies ist, was in der Sonne geschieht und was die Sonne ausmacht, ansonsten wäre die Sonne nur eine große Gaswolke: Es verschmelzen zum Beispiel mit Hilfe der schwachen Kraft Wasserstoffatome zu Heliumatomen. Dadurch werden die Kernteilchen, die Träger der starken Kraft, auf engerem Raum angeordnet, wobei Energie frei wird. Und weil die starke Kraft so extrem stark ist, wird extrem viel Energie frei, genug, um die Sonne über Jahrmilliarden hinweg strahlen zu lassen.

Wäre die schwache Kraft ein wenig stärker, so würden entsprechend öfter Protonen in Neutronen umgewandelt, die Sonne würde entsprechend schneller verglühen, es gäbe sie vielleicht schon längst nicht mehr, und somit uns auch nicht. Wäre die starke Kraft nicht so stark, so käme die Sonne nicht ins Glühen, dann wäre es auf der Erde so kalt wie im Weltraum, es gäbe uns auch nicht.

»Alles ist Zahl«

Der alte Pythagoras hat nicht nur den Satz des Pythagoras erfunden: $a^2+b^2=c^2$ (falls es nicht eher die Vorgriechen waren), sondern er soll auch gesagt haben: »Alles ist Zahl.« Was ebenfalls seine Erfindung wäre, denn so hatte man das bis dahin nicht gesehen.

Die einfachsten Zahlen sind die natürlichen, die zum Zählen, 1, 2, 3, 4 und so weiter. Man kann mit denen auch ein bisschen rechnen, zum Beispiel $2+a=5$, wie groß ist a? Das kann man ausrechnen, Ergebnis: $a=3$.

Aber $5+a=2$ kann man mit den natürlichen Zahlen nicht ausrechnen. Denn es existiert keine natürliche Zahl, die man zu 5 dazuzählen könnte, um 2 zu erhalten. Man muss neue Zahlen erfinden, die ganzen Zahlen, die können auch negativ sein. Jetzt hat $5+a=2$ eine Lösung. Ergebnis: $a=-3$.

Aber $5 \cdot a=2$ kann man mit den ganzen Zahlen nicht ausrechnen. Man muss neue Zahlen erfinden. Die rationalen Zahlen (das sind die Brüche). Jetzt kann man die Gleichung $5 \cdot a=2$ lösen: $a=2/5$.

Aber $a^2=5$ kann man mit den rationalen Zahlen nicht ausrechnen. Man muss neue Zahlen erfinden. Die reellen Zahlen. Jetzt geht $a^2=5: a=\sqrt{5}$.

Aber $a^2=-1$ kann man auch mit den reellen Zahlen nicht ausrechnen. Man muss eine neue Zahl erfinden. Die imaginäre Zahl, »i«. Damit geht es, Lösung von $a^2=-1$ ist $a=i$.

Aus der imaginären Zahl i und den reellen Zahlen kann man die sogenannten komplexen Zahlen bilden. Zum Beispiel kann man aus den reellen Zahlen a und b die komplexe Zahl $x=a+ib$ bilden. Oder 5^{ia}.

Nach den komplexen Zahlen hören die Zahlen dann auf. Man kann keine weiteren Zahlen mehr erfinden. Es gibt keine. Die Mathematiker haben dafür nicht nur einen, sondern sogar mehrere

Beweise. Die imaginäre Zahl ist die äußerste und letzte Zahl, die man erfinden kann. Alles, was man durch Zahlen ausdrücken kann, kann man allerspätestens und ganz gewiss mit den komplexen Zahlen ausdrücken.

Allerdings: Eine einzelne Zahl kann vieles sagen, aber sicher nicht alles. Eine einzelne Zahl genügt, um die Masse eines Körpers anzugeben oder die Anzahl der Äpfel auf einem Teller. Aber wenn man (zum Beispiel) die Position eines bewegten Körpers angeben will, so genügt eine einzige Zahl nicht, sondern man braucht eine Abfolge von vielen Zahlen – für jede Position eine. Und diese Zahlen sind geordnet, und zwar in der Zeit: Zu jedem Punkt in der Zeit, zu jedem Zeitpunkt gehört ein Punkt im Raum. Das beschreibt man durch eine sogenannte Funktion.

ZEITREISEN: DIE FUNKTION

Wenn sich (zum Beispiel) der Massenpunkt auf der Achse x eines Koordinatensystems bewegt und wir für die Zeit »t« schreiben, so beschreiben wir die Bewegung des Punktes mit der Funktion $x(t)$. Angenommen, der Punkt bewegt sich mit der konstanten Geschwindigkeit 5 m/s (und angenommen, zur Zeit $t=0$ sei er bei $x=0$ gewesen), so lautet die Funktion $x = 5\ m/s \cdot t$. Diese Gleichung besagt in Worten: »Der Punkt bewegt sich mit der Geschwindigkeit 5 m/s längs der x-Achse.«

Meist kann man die Funktion, die einen bestimmten Vorgang beschreibt, nicht so einfach hinschreiben, weil man nicht alle nötigen Informationen hat. Wenn zum Beispiel Herr Müller mit dem Zug von Berlin nach Rom fährt, kann man die zugehörige Funktion $x(t)$ sicher nicht hinschreiben, weil man nicht alle Kräfte kennen kann, die auf den Zug wirken. Man kann sich aber vorstellen, dass es die Müller-Reise-Funktion gibt, irgendein $x(t)$.

Wenn Herr Müller auch eine Million Mal nach Rom fährt, so wird sich doch kein einziges Mal die zugehörige Müller-Reise-Funktion wiederholen, so scheint es, sondern es wird jedes Mal eine ein klein wenig andere Funktion sein.

Wie viele Müller-Reise-Funktionen gibt es? Wie viele Funktionen gibt es überhaupt im Universum? Auf den ersten Blick unendlich viele. Auf den zweiten nur eine. Einfacher geht es nicht.

EINE FÜR ALLE: DIE SINUSFUNKTION

Um das zu verstehen, müssen wir wieder ganz Einfaches denken. Was ist die einfachste Funktion? Auf den ersten Blick ist die einfachste Bewegungsfunktion die eines sich gleichförmig bewegenden Punktes auf einer Geraden (oder auf einem Eisenbahngleis). Zum Beispiel eben $x = 5\ m/s \cdot t$. Das ist schon sehr einfach. Es ist nur so, dass in der Praxis jede Gerade irgendwo aufhört. Was macht der Punkt dann? Dann muss man eine neue, zusätzliche Funktion erfinden, und es ist vorbei mit der Einfachheit.

Am einfachsten ist deshalb die Kreisbewegung. Die kann im Prinzip immerzu weitergehen und hört nie auf. Ein Rad zum Beispiel, das sich immerzu dreht. Technisch unmöglich, sicher, aber denken kann man es.

Wie man die Kreisbewegung am einfachsten beschreibt, das ist eine Geschmacksfrage. Man könnte einen Punkt am Radrand markieren und dann beschreiben, wie sich der Winkel dieses Punktes ändert. Außerdem muss man noch angeben, welchen Radius das Rad hat, nennen wir ihn R.

Nennen wir den Winkel φ. So wie wir vorher die Änderung der Position, x, mit der Zeit, t, einfach »Geschwindigkeit« nannten, so nennen wir jetzt die Änderung des Winkels, φ mit der Zeit »Winkelgeschwindigkeit«, $\omega = d\varphi/dt$.

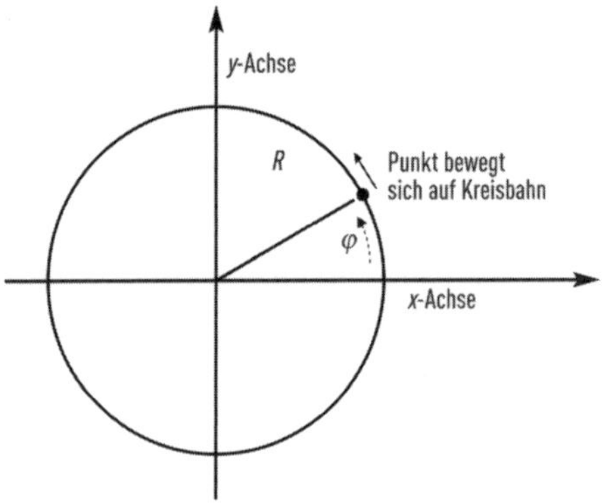

Und so wie wir für die gleichförmige lineare Bewegung gefunden hatten $x(t) = v \cdot t$, können wir nun für die gleichförmige kreisförmige Bewegung schreiben $\varphi(t) = \omega \cdot t$: Wenn sich der Punkt auf dem Rad in einer Sekunde um 10 Grad dreht (zum Beispiel), so ist er nach 20 Sekunden bei 200 Grad, nach 50 Sekunden bei 500 Grad und so weiter.

Nun wissen wir für alle Zeiten, bei welchem Winkel der Punkt geradesteht, nämlich bei $\varphi(t) = \omega \cdot t$. Das ist einfach. Aber manchmal ist es nicht das, was man wissen will, sondern man will wissen, wo sich der Punkt auf der x- oder der y-Achse befindet. Schon deshalb, weil wir ja bisher immer diese Achsen benutzt haben. Ohne Übersetzung von »φ« nach »x« oder »y« könnten wir alles Vorherige sonst nicht mehr verwenden.

Wir müssen also den Winkel φ des Punktes auf dem Rad in die Koordinaten »x« oder »y« übersetzen. Dabei müssen wir nichts Neues erfinden oder entdecken oder herleiten oder verstehen. Denn der Punkt ist halt da, wo er ist, es ist ihm völlig wurscht, wie wir seine Position bezeichnen, ist nur ein Name. Den kann man wählen, wie man will. Man könnte die Position des Punktes auf der x-Achse »Oma« nennen, aber da wäre die richtige Oma vielleicht etwas beleidigt. Oder »Mercedes«, aber das wäre der Industrie vielleicht nicht recht, weil der Begriff sicher geschützt ist. Nehmen wir also einen lateinischen Namen, erstens klingt das sehr wissenschaftlich, und zweitens sind die Römer ja alle tot und können sich nicht beschweren, dass wir ihre Namen verwenden. Nennen wir die Position des Punktes auf der x-Achse also »sinus«.

Im einfachsten Fall ist der Radius des Kreises $R=1$, dann können wir einfach schreiben $x=\sin(\varphi)$. Wenn jetzt zum Beispiel R doppelt so groß wäre (also $R=2$), so wäre natürlich auch die Projektion des Punktes auf der x-Achse doppelt so groß (bei gleichem Winkel φ), wir definieren also besser: $x=R\cdot\sin(\varphi)$. Oder anders herum geschrieben: $\sin(\varphi)=x/R$. Jetzt ist es ganz egal, wie groß R ist, für einen bestimmten Winkel φ gibt uns nun die Sinusfunktion immer an, wo die »Projektion« oder »Position« des Punktes auf der x-Achse ist.

Das Gleiche können wir für die y-Achse tun, statt »sinus« sagen wir »cosinus«, $y=R\cdot\cos(\varphi)$. Wie schon gesagt, ist das nichts Neues oder Erfundenes, es sind nur Namen, nur zum Gedankenordnen.

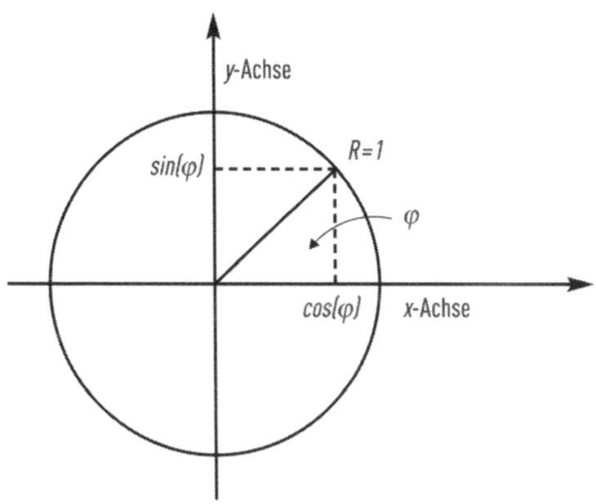

Und weil ja in unserem vorherigen Beispiel $\varphi(t)=\omega\cdot t$ war, so kann man nun schreiben: $x(t)=R\cdot\sin(\omega\cdot t)$. Und obwohl wir doch eigentlich gar nichts gemacht haben, obwohl wir den Dingen, die sowieso schon da waren, nur Namen gegeben haben, genügt das bereits: Für alles Weitere genügt es, es braucht nichts sonst, aus dieser einen Sinusfunktion lässt sich alles andere aufbauen.

Baron Fourier hat nämlich vor etwa 200 Jahren gezeigt, dass man praktisch jede Funktion auf sehr einfache Weise aus der sehr einfachen Sinusfunktion aufbauen kann, einfach nur indem man verschiedene Werte von R und φ aufaddiert, etwas vereinfacht geschrieben: $f = R_1 \cdot \sin\varphi_1 + R_2 \cdot \sin\varphi_2 + \ldots$ (und so fort, in der Wikipedia steht es genauer).

So gesehen, ist die Sinusfunktion die äußerste und letzte Funktion, denn alle anderen lassen sich durch sie darstellen.

Dass die äußerste und letzte Zahl »*i*« und die allgemeinste Funktion »sinus« irgendwie zusammenhängen, muss einen dann auch nicht mehr wundern. Es gilt: $\sin(\varphi) = e^{i} \cdot \varphi - e^{-i} \cdot \varphi / 2i$.

Noch weiter in die Mathematik vordringen wollen wir lieber nicht, denn dies ist ja letztlich ein Physikbuch, aber mit ein wenig Fantasie sieht man es der Formel ja schon an, worauf es hinausläuft: $e^{i \cdot \varphi}$ ist nichts weiter als die Sinusfunktion in der komplexen Zahlenwelt. Man kann also auch alle komplexen Funktionen durch Summen solcher Funktionen $A \cdot e^{i \cdot \varphi}$ darstellen (wir haben jetzt »*A*« geschrieben, Abkürzung für »Amplitude«, statt »*R*«, das ist professioneller, die echten Profis schreiben immer *A* statt *R*, ist aber dasselbe, nur schicker).

DIE WELLEN

Mit den Funktionen, die wir bisher besprochen haben, können wir beschreiben, wie sich ein einzelner Punkt im Raum bewegt. Die Bewegung von »etwas Ausgedehntem«, zum Beispiel eines Autos, haben wir jedoch nur indirekt beschreiben können, indem wir einen Trick anwandten: Wir hatten angenommen, man könne die Bewegung des Körpers durch die Bewegung seines Schwerpunktes beschreiben.

Oft geht das gut, etwa bei der Bewegung eines Autos oder eines Steines. Bei Schallwellen hingegen funktioniert es schon nicht mehr: Was sollte denn der Schwerpunkt einer sich bewegenden Schallwelle sein? Und ob es bei einem Elementarteilchen geht, wer soll das schon wissen?

Es wäre einfacher, wenn wir auf den Trick mit dem Punkt verzichten könnten. Wir brauchen also eine Art von Funktion, die nicht die Bewegung eines einzelnen Punktes beschreibt, so wie $x = 5\ m/s \cdot t$ oder $x(t) = A \cdot \sin(\varphi \cdot t)$, sondern eine Funktion, die die Bewegung »von etwas Ausgedehntem« beschreiben kann.

Dazu fotografieren wir die Bewegung, die wir beschreiben wollen. Zum Beispiel, wie in der Figur gezeigt, eine Schallwelle oder eine Welle auf dem Meer. Die Welle ist etwas räumlich Ausgedehntes – sie erstreckt sich also über verschiedene x-Werte.

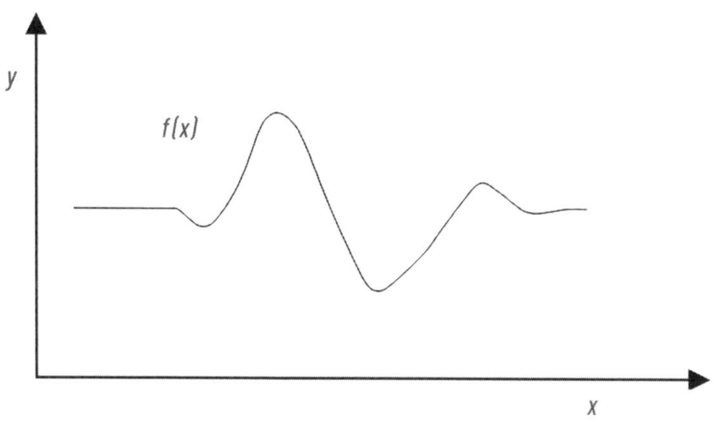

Das »Foto« zeigt die Welle zu einem ganz bestimmten Zeitpunkt. An den verschiedenen Punkten auf der x-Achse hat sie jeweils zu dieser Zeit die momentane Höhe $y, y = f(x)$ – die Welle wird also zu diesem bestimmten Zeitpunkt beschrieben durch die Funktion $f(x)$. Das ist aber eine Momentaufnahme, eine gefrorene Bewegung sozusagen. (Achtung: y ist der Verlauf der Welle, die »momentane Wellenhöhe«, nicht die absolute Wellenhöhe.)

Den Zeitpunkt, an dem wir die »Fotografie« gemacht haben, nennen wir $t = 0$, damit die Formeln einfach bleiben. Wie schaut die Welle an einem späteren Zeitpunkt, nennen wir ihn »t« aus? Wir nehmen an, die Welle bewegt sich im freien Meer, wo sie stundenlang laufen kann, ohne ihre Form zu verändern. Sie verändert nur ihre Position, nicht ihre Form.

Na ja, dann schaut sie zur Zeit »t« genauso aus wie zur Zeit »0«, nur um die Entfernung auf der x-Achse verschoben, die sie in der Zeit t zurückgelegt hat. Und diese Distanz ist $v \cdot t$.
Einfach nur, indem wir schreiben $f(x - v \cdot t)$ statt $f(x)$, wird es eine Welle: Kaum haben wir es gesagt, da bewegt sich die Welle auch

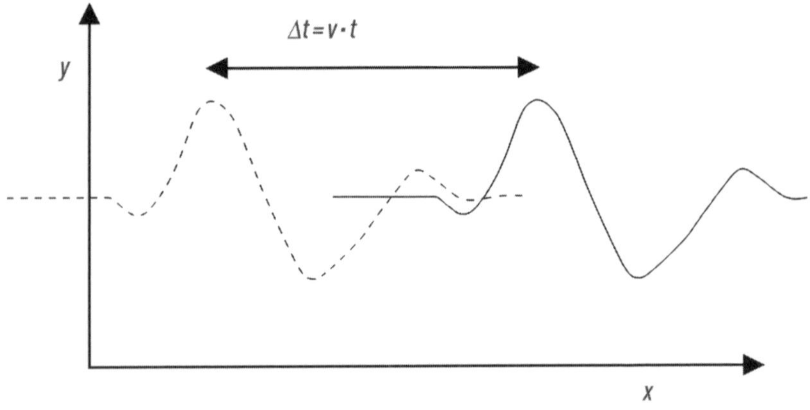

schon. Und das ist keineswegs vereinfacht dargestellt, damit es auch der arme Laie kapiert, sondern es ist mathematisch vollständig richtig: Wenn eine Funktion f geschrieben werden kann in der

Form $f(x-vt)$, so ist es eine Wellenfunktion. Die Funktion kann, muss aber nicht die Form einer Meereswelle haben, sie kann irgendeine Form haben.

Trotzdem, obwohl es so einfach ist, hat man beim ersten Mal seine Schwierigkeiten, es zu verstehen, es ist verwirrend einfach, am besten überdenkt man es noch mal in Ruhe, vielleicht bei ein paar Tassen Tee. Man sieht wieder, wo die Schwierigkeiten der Physik eigentlich liegen: nicht in den meterlangen Formeln, sondern ganz woanders.

Man kann es noch weiter vereinfachen: $(x-vt)$ hat ja die Einheit »Länge«. Diese Einheit kann man loswerden: Auch $f((x-vt)/a)$ ist ja eine Welle, weil es von $(x-vt)$ abhängt. Man kann also $x-vt$ zum Beispiel durch eine Länge »a« teilen, kann also schreiben $f(x/a-(v/a)\cdot t)$, oder, das sind die üblichen Namen $f(kx-\varphi t)$, das ist auch wieder eine Welle, aber eine ohne Einheiten.

Und diese Funktion »f« kann irgendeine Funktion sein, zum Beispiel kann es unsere oben beschriebene komplexe Sinusfunktion sein, dann steht da: $A\cdot e^{i\cdot(k\cdot x-\omega\cdot t)}$.

Das ist dann also eine komplexe Sinuswelle, und, wie schon gesagt, mit einer Summe solcher Wellen kann man praktisch alle Funktionen beschreiben, die es gibt.

Geht es noch einfacher? Man mag es nicht glauben, ja. Denn jetzt haben wir die Wellen, um sich bewegende Objekte zu beschreiben, und etwas anderes, um sich nicht bewegende Objekte zu beschreiben. Es wäre einfacher, alles durch eines zu beschreiben. Das geht: Man kann auch Objekte, die sich nicht bewegen, durch Wellen beschreiben. Durch stehende Wellen.

So wie man sie im Klavier findet oder in der Trompete. In mathematischer Hinsicht kommt eine stehende Welle zustande, wenn zwei ansonsten gleichartige Wellen in entgegengesetzte Richtungen laufen, eine nach rechts, die andere nach links. Dann ergibt sich insgesamt eine Welle, die ständig auf- und abschwingt, so wie die Saite eines Klaviers, ohne sich weiterzubewegen – das Klavier bewegt sich ja beim Klavierspielen auch nicht weg.

Eine wichtige Eigenschaft dieser stehenden Welle ist diese: Eine sich bewegende Welle kann im Prinzip alle möglichen verschiedenen Längen und Frequenzen haben. Bei einer stehenden Welle ist das nicht so. Die stehende Welle auf einer Klaviersaite kann nur eine ganz bestimmte Wellenlänge und nur ganz bestimmte Frequenzen annehmen, die durch die Eigenschaften der Klaviersaite gegeben sind.

SICH ÜBERLAGERNDE WELLEN

Eine Welle entsteht, wenn etwas aus seiner Ruhelage gezwungen wird, eine Feder etwa oder eine Wasseroberfläche, und wenn diese Auslenkung aus der Ruhelage zu einer Kraft führt und wenn diese Kraft durch eine Beschleunigung aufgehoben wird.

Wenn sich aber verschiedene Kräfte überlagern, ohne sich gegenseitig zu verändern, so folgt: Durch solche Kräfte hervorgerufene Wellen überlagern sich ebenfalls, ohne sich gegenseitig zu ändern.

Nehmen wir als einfachstes Beispiel zwei Wellen gleicher Wellenlänge, die sich mit der gleichen Geschwindigkeit in die gleiche Richtung ausbreiten. Wenn wir wissen wollen, was dabei herauskommt, können wir jede Welle einzeln zeichnen, und dann addieren wir die beiden Wellen. Das ist in der Figur gezeigt. Die Figur zeigt eine Momentaufnahme.

In der Figur haben wir angenommen, der Wellenberg der einen Welle sei zufälligerweise da, wo sich der Wellenberg der anderen Welle befindet. Wenn wir die beiden Wellen dann addieren, ergibt sich eine doppelt so hohe Welle. Und wenn dies zu einem be-

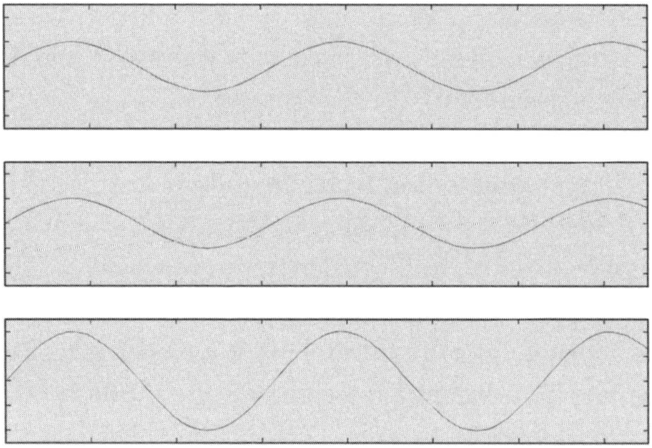

Welle 1 und Welle 2 haben die gleiche Phase

stimmten Moment der Fall ist (die Figur zeigt ja eine Momentaufnahme), wird das auch zu allen anderen Zeiten so bleiben. Denn wir haben gesagt, die Wellen sollen mit der gleichen Geschwindigkeit reisen.

Wenn die beiden Wellen Wellenberg an Wellenberg reisen, sagt man, sie hätten die gleiche Phase. Die beiden Wellen könnten aber auch verschiedene Phasen haben. Das ist unten in der Figur gezeigt, die Wellen sind genau um eine halbe Wellenlänge

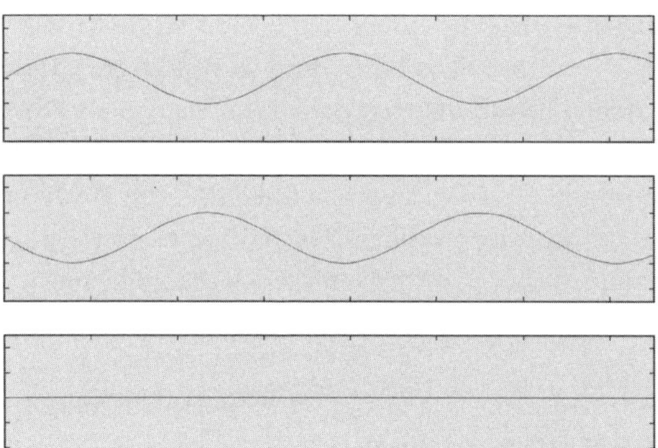

Welle 1 und Welle 2 haben verschiedene Phasen, in diesem Fall so, dass ihre Überlagerung zu einem Verschwinden der Wellen führt.

gegeneinander verschoben. Wenn man sie nun addiert, kommt immer und überall »0« heraus. Das zeigt die unterste Linie. Die Welle ist nun verschwunden.

Die alten Griechen hatten schon recht: Irgendwie lässt sich alles in Zahlen auflösen. Ob es die Zahlen in Wirklichkeit gibt oder nicht, wollen wir lieber nicht diskutieren, das führte vom Hundertsten ins Tausendste. Im Allgemeinen aber beschreiben die Zahlen zumindest etwas, das es in unserer Welt wirklich gibt. Zum Beispiel geben die natürlichen Zahlen an, wie viel Äpfel auf dem Tisch liegen, Äpfel gibt es in der Welt. Die reellen Zahlen geben die Fläche von Rechtecken an. Rechtecke gibt es in der Welt.

Mit der imaginären Zahl »*i*« ist es anders, glaube ich. Es gibt nichts in der Welt, das mit sich selbst multipliziert »-1« ergibt. In der Mathematik hingegen gibt es die imaginäre Zahl »*i*« ganz bestimmt, die Mathematik wäre sogar unvollständig ohne sie. Mein Mathematikerfreund Hans Weber hat über diesen Sachverhalt nachgedacht und ist zu folgendem sehr schönen Gedanken gekommen, der es präziser zu fassen vermag: Jede physikalische Größe kann ja klein sein oder groß, das ist ja gerade ihr Sinn, das ist das, was wir von den Stöckchen gelernt haben – eine Länge kann kleiner sein oder größer als eine andere Länge, eine Masse kann kleiner oder größer sein als eine andere – und so weiter. Aus diesem Grund eben stellen die komplexen Zahlen nichts dar, was direkt der physikalischen Welt entspricht: Denn die komplexen Zahlen sind nicht geordnet! Man kann von zwei komplexen Zahlen nie sagen, welche kleiner oder größer ist. Deshalb gibt es keine physikalischen Größen, die den komplexen Zahlen entsprechen.

Alltägliche Quantentheorie

Bei ihrem Nachdenken über die Welt kamen einige der alten Griechen zu der Schlussfolgerung, sie müsse letztlich aus elementaren Einheiten aufgebaut sein. Diese Einheiten nannten sie »Atome«.

Wenn es Atome gibt, kann man die Dinge nicht beliebig verkleinern, es gibt dann so etwas wie einen natürlichen Maßstab – »ein Stück Käse kann nicht kleiner sein als so und so«. Wenn es keine Atome gäbe, gäbe es auch keinen natürlichen Maßstab, dann könnte ein Stück Käse auch unendlich klein sein, und es wäre immer noch ein vollwertiger Käse.

Vielleicht kamen die Griechen zu der Vorstellung von den Atomen deshalb, weil es die einfachste ist. Vielleicht weil sie beobachteten, dass es wirklich so etwas wie natürliche Größen gibt: Elefanten zum Beispiel. Sie sind immer so in etwa drei Meter groß. Man hat noch nie einen Elefanten beobachtet, der nur ein Millimeter groß wäre, und noch nie einen unter dem Mikroskop gesehen. Im Unterschied dazu sind Bakterien nur unter dem Mikroskop zu sehen, eine drei Meter große Bakterie hat noch nie jemand gesehen.

Interessanterweise hatten die griechischen Atomisten recht, wie wir heute wissen, gibt es Atome. Aber wie sehen die aus, welche Eigenschaften haben sie? Einige der alten Griechen glaubten, die Atome müssten kleine, unveränderliche, also vollständig harte Kugeln sein, die mit kleinen Ösen und Häkchen aneinanderhängen. Kann das sein?

EINSTEIN UND DIE ALTEN GRIECHEN

Aus vollständig harten Kügelchen könnte man einen vollständig harten Körper bauen. Zum Beispiel eine Stange. Schlägt man auf das eine Ende der vollständig harten Stange mit einem Hammer, so muss sich das andere Ende der Stange gleichzeitig auch unter dem Hammerschlag bewegen, sonst wäre die Stange ja nicht vollständig hart.

Die Relativitätstheorie verbietet das aber: Wenn man mit einem Hammerschlag die beiden Enden einer Stange gleichzeitig bewegen könnte, würde dadurch ja ein Signal mit unendlicher Geschwindigkeit fortgeleitet. Das darf nicht sein, ein Signal kann höchstens mit Lichtgeschwindigkeit reisen, laut Relativitätstheorie. Es kann also keine wirklich harten Körper geben.

Eine Eisenbahnschiene zum Beispiel ist keineswegs so hart, wie sie ausschaut. Wenn jemand in großer Entfernung mit einem Hammer auf die Schiene schlägt, so hört man das nicht sofort, sondern erst mit einiger Verzögerung. Der Schall breitet sich in der Schiene allmählich aus, mit hoher, aber nicht unendlicher Geschwindigkeit. Der Schall breitet sich in der Schiene als Welle aus, die Schiene schwingt also, sie ist nicht wirklich hart.

Die Atome können keine völlig harten und unveränderlichen kleinen Kugeln sein, das folgt aus der Relativitätstheorie. Was sind sie dann? Wenn es stimmt, was wir im vorigen Kapitel fanden, wenn es wirklich gar nichts geben kann, was sich nicht als komplexe Zahl darstellen lässt – dann sollte es möglich sein, ein Atom als komplexe Zahl darzustellen, genauer gesagt, als komplexe Welle. Und trotzdem, obwohl die Atome nun Wellen sein sollen, müssen sie gleichwohl auch elementar sein.

Punkt. Das war's schon, schon fertig. Das war die Quantentheorie. Die gesamte Quantentheorie. Und mehr gibt es dazu eigentlich nicht zu sagen. Der Rest dieses Kapitels sind Beispiele und Anwendungen. Was die Quantentheorie ausmacht, ist aber nichts als das: Wir beschreiben die kleinsten Teilchen mit komplexen Zahlen und als Wellen, denn damit kann man garantiert alles beschreiben. Im Unterschied zu Meereswellen sind diese Wellen aber elementar – entweder so eine Welle existiert oder sie existiert nicht, sie kann nicht »ein bisschen« existieren oder mehr oder weniger werden.

Lassen Sie uns das dennoch ein wenig ausführlicher betrachten, ohne deswegen jedoch einen prinzipiell neuen Gedanken einzuführen.

DAS ELEMENTARE DER TEILCHEN

Erstens: Wir können Atome (aber auch alle anderen Dinge, wenn wir wollen) ganz bestimmt als Wellen beschreiben, das garantiert uns die Mathematik. Die Mathematik sagt uns aber nicht, wie wir diese Wellen mit der Welt verbinden sollen, das müssen wir schon selbst herausfinden: Zum Beispiel hat ja jedes Teilchen einen bestimmten Impuls und eine bestimmte Energie. Wie werden Impuls und Energie des Teilchens beschrieben, wenn wir das Teilchen als Welle darstellen? Andersherum gefragt: Welche Bedeutung haben nun die für eine Welle typischen Parameter, zum Beispiel die Wellenlänge?

Zweitens: Diese Wellen sollen elementar sein. Wohingegen die aus dem Alltag bekannten Wellen alle nichtelementar sind. Was aber bedeutet das: »elementar«?

Die Griechen dachten, elementar sei, wenn sich eine Sache nicht mehr unterteilen lasse. Ein Sauerstoffatom kann man aber unter Aufwendung sehr hoher Kräfte, zum Beispiel mit Hilfe eines Teilchenbeschleunigers, durchaus unterteilen. Allerdings ist das Sauerstoffatom, wenn man es geteilt hat, kein Sauerstoffatom mehr.

»Elementar« heißt also, man kann es nicht unterteilen, ohne es zu zerstören. Man kann keine halben Sauerstoffatome erzeugen, Atome, auch Sauerstoffatome kommen immer als Ganzes vor, oder gar nicht.

Die Wellen, die wir aus dem Alltag kennen, sind offensichtlich nicht elementar: Eine Meereswelle breitet sich übers Meer aus, ein Teil der Welle trifft irgendwo auf den Strand und verliert sich da, ein anderer Teil der Welle läuft weiter in den Hafen, dort schaukelt die Welle teils an einem Kai auf und ab, teils wird sie zurückgeworfen – die Welle verschwindet Stück für Stück im Laufe der Zeit.

Bei der Welle eines elementaren Teilchens kann das nicht so sein. Sie kann nicht allmählich verschwinden. Sonst wäre das Teilchen nicht elementar. Solange es das Teilchen gibt, gibt es die Welle, ganz, wenn es verschwindet, verschwindet die Welle, ganz.

Die Quantentheorie besteht nun eben gerade daraus, diese beiden Dinge gleichzeitig zu denken: einerseits die Teilchen als Wellen zu beschreiben, andererseits ihr elementares Wesen zu berücksichtigen.

Und ja, wie bei den Elefanten, so ist es wieder auch hier. Wenn man es recht bedenkt, so kennen wir die elementare Welle bereits aus dem Alltag, nichts Neues, wenn man es nur recht bedenkt.

PUNKT, STRICH, WINKEL, ADDITION – FERTIG

Den Teilchencharakter der Welt sieht man zum Beispiel beim Fotografieren. Wenn man einen belichteten Schwarz-Weiß-Film unter dem Mikroskop anschaut, findet man lauter kleine schwarze Punkte, je stärker der Film belichtet wurde, umso dichter sind sie. Der Film wird also nicht kontinuierlich schwärzer, wenn mehr Licht einfällt, sondern es werden immer mehr schwarze Punkte. Die einzelnen Lichtteilchen – auch das Licht besteht aus elementaren Teilchen – treffen immer auf ein einzelnes Atom eines Filmmoleküls und verändern dieses dabei chemisch. Dabei wird das Molekül schwarz.

Die Lichtwelle ist also nicht allmählich verschwunden, so wie eine Meereswelle, sie hat nicht etwa eine größere Anzahl Moleküle grau gefärbt, sondern sie ist »in einen einzigen Punkt hinein verschwunden«, so kann man das wohl formulieren. Wenn hingegen Licht und Materie nicht aus elementaren Einheiten bestünden, sondern irgendwie kontinuierlich wären, könnte man die schwarzen Punkte im Film nicht verstehen.

Sich vom gleichzeitigen Wellencharakter des Lichtes zu überzeugen ist auch nicht schwer. Man braucht nur eine Musik-CD, außerdem eine Lampe und ein Stück Karton: Der Karton sollte auf der einen Seite weiß sein, so weiß wie eine Filmleinwand. (Wenn Sie keinen weißen Karton zur Hand haben, dann können Sie auch einfach weißes Papier auf den Karton kleben.) Dann schneiden wir einen schmalen Spalt in den Karton und stellen die Vorrichtung so vor die Lampe, wie es in der Figur gezeigt ist (Sie können den Karton an ein Buch anlehnen oder den Karton so falten, dass er stehen bleibt). Vor diesen Spalt, vielleicht in 20 cm Entfernung, stellen wir die CD, sodass das Licht aus dem Spalt auf sie fällt. Sie hat eine spiegelnde Oberfläche und wirft das Licht deswegen zurück auf die weiße Fläche. (Stellen Sie die CD so auf, dass der streifenförmige Lichtstrahl sie an der Seite trifft, nicht im Zentrum.)

Man sollte das Zimmer ein wenig abdunkeln, um besser sehen zu können, und am besten funktioniert das Experiment, wenn der Karton mit dem Spalt Teil einer Schachtel ist, in die man die Lampe innen hineinstellt, damit es außen dunkler bleibt. Dann sieht man die Lichtreflexionen besser.

Hätten wir einen normalen Spiegel verwendet statt einer CD, wäre das Spiegelbild des Lichtstreifens wieder ein Lichtstreifen. Stattdessen erzeugt aber nun die Spiegelung an der CD ein Farbmuster auf der Projektionsfläche. Wenn wir die Wellennatur des Lichtes be-

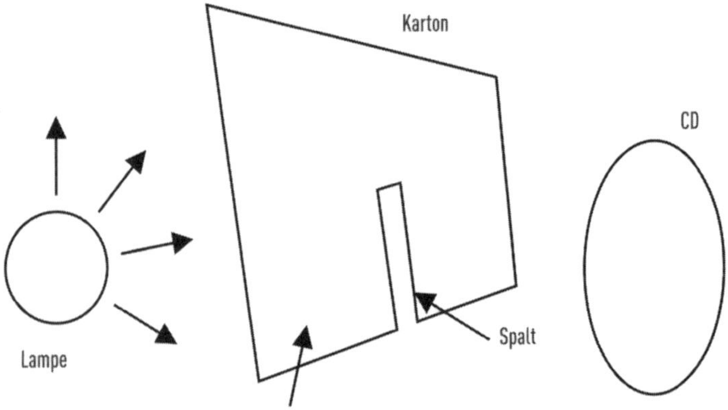

rücksichtigen, können wir das verstehen. Ansonsten können wir es nicht verstehen.

Im Unterschied zu einem Spiegel hat die CD auf ihrer Oberfläche sehr feine Rillen, von denen liest der Laser des CD-Spielers die Musik ab. Das Licht wird also nicht überall gleichmäßig reflektiert, sondern nur an bestimmten Punkten. Und das ist nun aber, das will ich zugeben, sehr schwer zu verstehen. Denn wie soll das gehen? Wie soll das Licht an einem Punkt reflektiert werden? An einer spiegelnden Fläche, ja, das haben wir uns gut vorstellen können, das hatten wir ja vorher gemacht, um die Atmosphäre zu retten. Zur Erinnerung: Wir sagten, das Licht werde von der spiegelnden Fläche unter dem gleichen Winkel zurückgeworfen, unter dem es auf die Fläche auftrat (Reflexionsgesetz, $\phi_{ein} = \phi_{aus}$).

Wenn das Licht aber nur von einem Punkt reflektiert wird, nicht von einer Fläche, ja, wie soll man denn dann den Einfalls-»winkel« oder den Ausfalls-»winkel« messen? Ein Winkel ist ja nur zwischen zwei Geraden definiert, aber nicht zwischen einer Geraden und einem Punkt. Wo soll das Licht nun also hin, wenn es von einem Punkt reflektiert wird?

Zum Glück für die Physiker macht das Licht das Einfachstmögliche, es reflektiert überallhin. Doch, echt. Das reflektierte Licht strahlt nach allen Seiten vom Reflexionspunkt ab, so als wäre der Punkt selbst eine Lichtquelle. Was sollte es denn auch sonst tun, vielleicht immer nach Norden reisen – es hat aber doch keinen Kompass? Also in alle Richtungen. Und somit ist eine Situation gegeben, in der es zu Interferenz kommen kann, zu Überlagerungen, so wie wir das im vorhergehenden Kapitel besprochen haben. Das ist in der nächsten Figur näher erläutert:

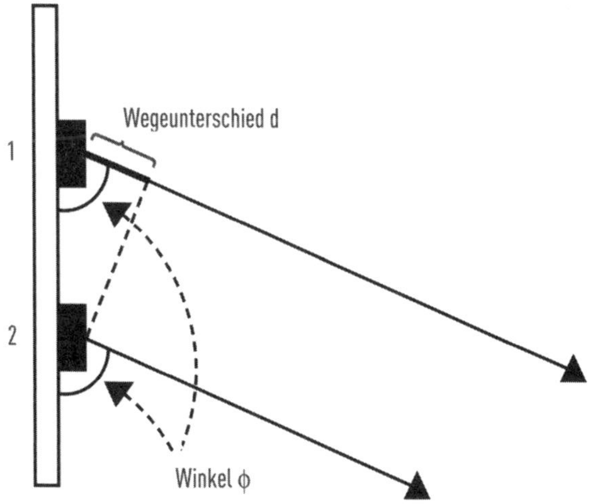

Von den vielen Rillen zeigen wir der Einfachheit halber in der Figur nur zwei, in der Figur genannt »reflektierender Punkt« (die Figur stellt also einen Querschnitt durch die CD dar, senkrecht zur Richtung der Rillen). Es sind zufällig zwei benachbarte Punkte herausgegriffen, die sich von den anderen Punkten und auch untereinander in nichts unterscheiden. Deshalb unterscheiden sich die Lichtwellen, die von jedem dieser Punkte reflektiert werden, auch nicht – beide Punkte senden ständig auf die gleiche Weise eine

Lichtwelle aus, nur eben aus ihren jeweiligen verschiedenen räumlichen Positionen.

Uns interessiert nun, was mit dem Teil der Lichtwelle geschieht, der in Richtung Schirm zurückgeworfen wird, so wie das in der letzten Figur gezeigt ist. Genauer gesagt, untersuchen wir den Teil der Lichtwelle, der zu irgendeinem bestimmten Punkt *P* zurückgeworfen wird: Wie man aus der Figur sieht, ist der Weg, den das Licht von Punkt 1 zu Punkt *P* zurücklegen muss, länger als der Weg von Punkt 2 nach *P*. Das von Punkt 1 kommende Licht muss einen längeren Weg zurücklegen, diese Wegdifferenz ist in der Figur mit »*d*« bezeichnet. Wie groß *d* genau ist, das hängt vom Winkel ϕ ab.

Wenn nun *d* zufällig genauso lang ist wie eine Wellenlänge, verstärken sich die beiden Lichtwellen 1 und 2. Wenn *d* genauso lang ist wie die Hälfte einer Wellenlänge, löschen sie sich aus. Das hatten wir im vorigen Kapitel besprochen, unter dem Stichwort »Interferenz«.

Nun haben wir ganz zufällig zwei Rillen herausgegriffen, unser Argument ist also wahr für alle Rillen, für alle Punkte. Daraus folgt: Für eine bestimmte Lichtwellenlänge gibt es einen bestimmten Winkel, unter dem sich all die Lichtstrahlen, die von all den Punkten kommen, verstärken (positive Interferenz). Nur unter diesem bestimmten Winkel sieht man das Licht dieser Wellenlänge. Unter anderen Winkeln sieht man Licht dieser Wellenlänge wenig oder gar nicht, weil sich die Wellen teilweise oder völlig aufheben.

Wenn nun normales Licht immer aus Wellen der gleichen Länge bestünde, müsste man auf dem weißen Schirm immer an der entsprechenden, gleichbleibenden Stelle Licht sehen. Überall sonst müsste es dunkel sein. Wenn hingegen normales Licht aus Wellen verschiedener Länge bestünde und wenn jede dieser Wellenlängen eine bestimmte Farbe hätte, müsste man auf dem Schirm an einer bestimmten Stelle Licht einer bestimmten Farbe finden, und andere Farben wären an anderen Stellen zu finden, je nach ihrer Wellenlänge. Und das ist tatsächlich, was Sie sehen, wenn Sie das Experiment ausführen: ein Muster aus verschiedenen Farben.

Die Glühbirne sendet Licht aller Farben aus, ganz zufällig. Und die CD ordnet das Licht dann, sie schickt Licht einer jeden Farbe in seine bestimmte Richtung. Und wenn Sie nun die technischen Möglichkeiten hätten, um da, wo der Schirm ist, einen Film aufzustellen, und diesen Film kurz belichten, dann sähen Sie nachher unter dem Mikroskop lauter kleine Punkte, je länger Sie belichtet haben, umso mehr (behaupten jedenfalls die Bücher, ich selbst habe es noch nicht ausprobiert, die Ausstattung der Unilabors ist nicht mehr so toll heutzutage, für eine CD reicht's so gerade eben noch).

Das war jetzt schon ziemlich knifflig, es ist nicht leicht, sich das alles vorzustellen, aber gleichzeitig ist alles einfach – Punkt, Strich, Winkel, Addition – fertig. Wenn Sie irgendwo lesen, die Quantentheorie wäre ganz im Widerspruch zu unserer »makroskopischen« Welt, man müsse schon ein Experte sein, um es zu verstehen, das ist alles Quatsch mit Käse. Eine CD, eine Lampe, ein Stück Film, das reicht, um Quantentheorie zu betreiben.

Falls Sie nun der Übermut packt, können wir auch noch die ganz schwere Mathe draufpacken, kein Problem.

MATHEMATISCHE TEILCHENSUCHE

Im Kapitel über die Zahlen hatten wir erwähnt, dass der Baron Fourier gezeigt hat, dass man praktisch jede Funktion durch eine Überlagerung einfacher Sinusfunktionen darstellen kann. Also kann man auch die Funktion, die ein Elementarteilchen oder ein Atom beschreibt, durch eine Überlagerung von Sinusfunktionen darstellen. Wir hatten außerdem gesehen, dass wir im allgemeinsten Fall komplexe Funktionen verwenden sollten, die sind im

Zweifelsfall immer richtig, weil es nichts gibt, was man durch komplexe Zahlen nicht darstellen kann. Und weil sich unser Teilchen ja auch bewegen können soll, sollte die Teilchenfunktion also darstellbar sein als eine Überlagerung komplexer Wellen. Das ist nichts als nur logisch, reine Mathematik.

Im Kapitel über die Zahlen hatten wir gesehen, welche Form die allgemeine komplexe Welle hat: $A \cdot e^{i \cdot (k \cdot x - \omega \cdot t)}$. Aus einer Überlagerung solcher Wellen mit verschiedenen Werten für *A*, *k* und *ω* sollte es dann prinzipiell möglich sein, eine Welle zu konstruieren, die jedes beliebige Teilchen in jeder beliebigen Situation korrekt beschreibt. In physikalischer Hinsicht ist bis hierher weder etwas zu verstehen noch nicht zu verstehen, sondern das ist reine Mathematik, die Mathematiker haben das mühselig erarbeitet, wir haben nur zugeguckt und geben uns zufrieden mit dem Resultat.

Die Physik muss nun allerdings klären, was *A*, *k* und *ω* »bedeuten«. Und das ist nun überraschend einfach, weil es nämlich sehr wenige Möglichkeiten gibt, wenn man scharf hinschaut: Das »$e^{i \cdot (k \cdot x - \omega \cdot t)}$« ist ja lediglich so etwas wie eine Sinusfunktion, nur als komplexe Zahl geschrieben. Es ist sozusagen das, was an der Welle hin- und herschwingt, egal wie hoch die Welle ist. Wie hoch die Welle ist, das wird durch das »*A*« gesagt. Wo *A* gleich null ist, gibt es keine Welle. Da kann das Teilchen also nicht sein. Wo *A* nicht gleich null ist, kann das Teilchen sein. Die Funktion *A* sagt also einfach nur, wo das Teilchen ist.

Weil nun das Teilchen elementar ist, können wir es, wenn wir suchen gehen, nur an einem ganz bestimmten Punkt auffinden. Folglich muss *A* wohl die Wahrscheinlichkeit angeben, das Teilchen an einem bestimmten Punkt anzutreffen. Wo *A* am größten ist, da werden wir das Teilchen am wahrscheinlichsten antreffen (genauer gesagt, ist es das Quadrat von *A*, das diese Wahrscheinlichkeit angibt, aber darauf kommt es in diesem Zusammenhang nicht weiter an).

Bleiben das ω und das k zu klären. Einer von ihnen wird wohl die Energie sein, der andere der Impuls, was sonst? Aber wer ist wer?

In den Schulbüchern sind zu dem Problem hochinteressante Versuche erklärt, aus der Zeit Einsteins und Planks, das ist sehr lesenswert, wie man dieser Frage nachgegangen ist. Aber wir wollen hier ja nur einen Überblick erlangen, wir kürzen die Diskussion ab, indem wir uns daran erinnern, dass der Raum ja eigentlich dreidimensional ist. Wir hatten für den Winkel (oder »die Phase«), ϕ, ja nur vereinfachend geschrieben $k \cdot x - \omega \cdot t$. Aber eigentlich, das ist doch klar, müsste es genauer $\vec{k} \cdot \vec{r} - \omega \cdot t$ heißen, weil ja der Raum drei Richtungen hat, nicht nur die x-Richtung. Und damit haben wir das Geheimnis auch schon aufgelöst: Der Impuls ist ein Vektor, die Energie ist ein Skalar. Muss folglich das ω ein Maß für die Energie des Teilchens sein, und k ein Maß für den Impuls.

Man kann es genauer nachrechnen und auch nachmessen und findet dann: $p = \hbar \cdot k$ und $E = \hbar \cdot \omega$. Und diese Formeln gelten für alle Teilchen (sonst wäre es ja nicht einfach). $\hbar$ ist eine Konstante, die Plancksche Konstante.

Die berühmte Unschärferelation müssen wir wohl oder übel auch kurz erwähnen, aber nur ganz kurz, denn wir sind ja hier im Kapitel über Quantentheorie, und die Unschärferelation hat eigentlich mit den Teilchen gar nicht direkt zu tun. Sie ist eine allgemeine Eigenschaft aller Wellen. Es ist immer wahr, dass man eine Welle nicht genau lokalisieren kann, man kann nur sagen, in welchem Gebiet sie sich aufhält. Und diese Ungenauigkeit ist umso größer, je genauer man ihre Wellenlänge kennt. Beispiel: Der Ton einer Orgel hat eine genau bekannte Wellenlänge. Er hält aber eine längere Zeit an und man kann deshalb beim besten Willen nicht genau sagen, wo er gerade ist, er ist überall. Wenn man hingegen zwei Steine gegeneinanderschlägt oder ein Gewehr abfeuert, gibt es nur ein ganz kurzes Geräusch, man kann deswegen genau bestimmen (ausrechnen), wo sich die Schallwelle befindet, kann sie also lokalisieren.

Infolgedessen haben diese Geräusche keinen bestimmten Ton, man kann kein Musikstück mit ihnen aufführen, sondern sie machen nur ein »Geräusch«, eine Mischung aus vielen Wellenlängen.

Das ist Wellenmathematik, und natürlich gilt die auch für die Teilchenwellen. Man kann deshalb auch für ein Teilchen die Position des Teilchens und die Wellenlänge (also den Impuls) nicht gleichzeitig beliebig genau angeben. Es gibt Leute, die halten das für paradox oder für unvereinbar mit der alltäglichen Erfahrung – kommt darauf an, ob man Musik für alltäglich hält.

Nun kommen wir zum »*i*«: Es gibt einen wichtigen Unterschied zwischen einer Meereswelle und einer Teilchenwelle. Bei einer Meereswelle kann man das Auf und Ab der Welle sehen, man kann also den Winkel oder die Phase der Welle an einem ganz bestimmten Punkt im Raum, x, und in der Zeit, t, sehen, er ist $\varphi = k \cdot r - \omega \cdot t$.

Und wenn man will, kann man das auch messen oder fotografieren. Es ist das, was den Surfer auf seinem Surfbrett vorantreibt. Darüber hinaus kann man natürlich auch die Energie und die Geschwindigkeit der Welle angeben sowie auch ihre Höhe – also die Höhe, die sie maximal erreichen kann, ihre absolute Höhe (so hatten wir das vorher genannt).

Bei einer Teilchenwelle ist das nicht so. Denn die Phase φ der Welle in $A \cdot e^{i \cdot \varphi} = A \cdot e^{i(k \cdot x - \omega \cdot t)}$ ist eine imaginäre Zahl, ein Vielfaches von »*i*«. Und es gibt in unserer Welt nun einmal nichts, was mit sich selbst multipliziert -1 ergibt.

Auf den ersten Blick scheint das die totale Bankrotterklärung der Physik zu sein. Man arbeitet mit Dingen, die nicht beobachtbar sind! Wie traurig, wie unsinnig, die Physik scheint am Ende. Tatsächlich ist es nicht das Ende, sondern einer der größten Triumphe der Physik überhaupt. Um das nachvollziehen zu können, müssen wir aber wieder wie die Kinder werden. Ganz am Anfang haben wir über Maßstäbe nachgedacht, über Holzstückchen, die wir aneinanderlegen. Und wir haben uns kindisch gefreut über die Idee, dass zweimal ein Holzstückchen die zweifache Länge bedeuten soll. Unsere kindliche Freude über so kleine Gedanken wurde nur getrübt durch die Befürchtung, dass all diese kleinen Wahrheiten vielleicht nur für uns wahr sind. Dass vielleicht die Holzstückchen kürzer oder länger werden könnten, ohne dass wir es merken.

Nehmen wir an, ein Zauberer machte alles kürzer oder länger. Dann würden unsere Holzstückchen alle kürzer oder länger. Aber weil wir die Holzstückchen selbst als Maßstab verwenden, merkten wir das gar nicht. Wenn man das bedenkt, so bekommt die ansonsten einfach nur ärgerliche Formel $A \cdot e^{i(k \cdot x - \omega \cdot t)}$ einen tieferen Sinn. Sie schützt uns gegen die Willkür des Zauberers.

Wenn wir in $Teilchen = A \cdot e^{i(k \cdot x - \omega \cdot t)}$ die Phase $i \cdot (k \cdot x - \omega \cdot t)$ nicht bestimmen können, weil es ja nichts Imaginäres gibt auf der Welt, so heißt das (anders gesagt): Wir können nicht unterscheiden, ob die Phase wirklich $i \cdot (k \cdot x - \omega \cdot t)$ ist oder ob sie irgendeinen anderen Wert $i \cdot (k \cdot x - \omega \cdot t + \phi)$ hat. Das ist so ähnlich, als könnten wir keine Absolutmessung von Raum und Zeit mehr vornehmen. Es ist so ähnlich, als könnten die Holzstückchen unbemerkt kürzer oder länger werden.

Damit das nicht Esoterik wird, sondern Physik bleibt, gibt es nur eine Möglichkeit: Es darf keinen Unterschied machen, ob wir annehmen, die Welle habe dieses zusätzliche ϕ in ihrer Phase. Alle Gesetze müssen sowohl für den Ausdruck »$i \cdot (k \cdot x - \omega \cdot t)$« zum richtigen Ergebnis führen als auch für den Ausdruck »$i \cdot (k \cdot x - \omega \cdot t + \phi)$«.

Und das ist in der Tat möglich, wenn das Teilchen Träger einer Kraft ist, also mit einem Kraftfeld einhergeht, dann kann jede Änderung in der Phase der Welle »$k \cdot x - \omega \cdot t$« einhergehen mit einer entsprechenden Änderung im Kraftfeld, sodass sich diese Änderungen aufheben und zum gleichen physikalischen Resultat führen. (Dies nennt sich »Eichinvarianz«). Dieser Mechanismus, diese Eichinvarianz, funktioniert natürlich nur dann, wenn das Feld und die Wechselwirkung des Teilchens mit diesem Feld ganz bestimmte

Eigenschaften haben. Welche dies sein müssen, kann man genau bestimmen: Es sind genau die Eigenschaften, die das elektrische Feld hat. Und die Wechselwirkung, die das Teilchen mit diesem Feld haben muß, ist die, die wir als Wechselwirkung eines geladenen Teilchens mit einem elektrischen Feld kennen.

Das elektrische Feld hat also nicht die Freiheit, zu existieren oder nicht zu existieren. Sondern die Existenz des elektrischen Feldes und die Existenz der elektrischen Ladung sind erklärbar. Sie sind eine logische Notwendigkeit. Sie sind letztlich eine Raumeigenschaft. Ohne sie würde die Physik »nicht aufgehen«, sie wäre nicht widerspruchsfrei.

AUS STEHENDEN WELLEN EINE WELT

Wellen haben etwas Unstetes und Vorübergehendes an sich, sie haben keine bleibende Form. Sie mögen ja gut sein, um Teilchen zu beschreiben, die sich frei bewegen. Aber wie soll man nun solche flüchtigen »Wellenteilchen« zu festen, stabilen Formen fügen?

Rein formal haben wir die Antwort auf diese Frage schon gegeben, im Kapitel über Wellen, wo wir ja auch über stehende Wellen sprachen. Auch Teilchenwellen können stehende Wellen sein, wodurch es möglich wird, stehende, also feste Körper zu beschreiben. Alles, was uns noch fehlt, ist, es uns anschaulich vorstellen zu können. Es zu verstehen.

Den Übergang von einer laufenden zu einer stehenden Welle kann man sich so vor Augen führen: Wir stellen uns ein langes, straff gespanntes Seil vor oder eine Saite, wie man sie auf einer Gitarre verwendet, nur sehr lang. Wenn wir an einem Ende die Saite anschlagen, wird sich dieser Schlag als Welle auf der Saite ausbreiten. Am Ende der Saite, dort wo sie fest eingespannt ist, wird sich die Welle umkehren, sie wird dort reflektiert und wird zurücklaufen. Wieder bei uns angekommen, wird sie wiederum reflektiert.

Nun machen wir die Saite immer kürzer. Bis sie so lang ist wie die Welle selbst. Nun gibt es auf der Saite kein Stück mehr, das in Ruhe ist. Und man kann auch nicht mehr sagen, ob man gerade eine nach rechts oder nach links laufende Welle vor sich hat, weil sich beide, nach links und nach rechts laufende Wellen ständig überlagern. Insgesamt steht die Welle also still. Stehende Welle.

Man kann auch sofort etwas darüber sagen, wie so eine stehende Welle in etwa aussehen muss: An den Enden, da wo die Saite eingeklemmt ist, da kann sie natürlich nicht schwingen. Sie kann nur zwischen ihren Enden schwingen. Die stehende Welle kann also nur ganz bestimmte Längen haben – ihre Wellenlänge kann halb so lang sein wie der Abstand der Punkte, an denen sie eingeklemmt ist (sie hat also nur einen »Schwingungsbauch«), oder genauso lang, oder doppelt so lang – und so weiter. Eine stehende Welle kann also nur ganz bestimmte Wellenlängen haben, sie kann nur ganz bestimmte Frequenzen haben (so wie beim Klavier: Jede Saite erzeugt einen ganz bestimmten Ton).

Und ebenso hat auch die Welle eines Elektrons, das in ein Atom eingespannt ist, keine andere Wahl: Das Elektron ist negativ geladen, der Atomkern positiv, deswegen kann das Elektron den Raum um den Atomkern nicht so ohne weiteres verlassen, seine Welle muss eine stehende Welle sein, sie muss in dem ihr zur Verfügung stehenden Volumen einmal schwingen, oder zweimal, dreimal und so weiter, aber nicht eineinhalb Mal.

Eigentlich gibt es nur zwei Unterschiede zwischen einer wirklichen Gitarrensaite und einem Atom: Erstens, das Atom ist ein dreidimensionales Gebilde, die Gitarrensaite nur eindimensional. Und zweitens ist die Welle des Elektrons elementar, die der Gitarre nicht.

Eine eindimensionale Schwingung, wie auf einer Gitarrensaite, produziert zwar einen schönen Ton, davon abgesehen aber ist sie doch ein wenig langweilig und ohne besondere Eigenschaften. Sie hat halt eine bestimmte Frequenz, aber das ist schon alles, irgendwelche anderen Eigenschaften hat sie nicht.

Bereits eine zweidimensionale Schwingung zeigt hingegen räumliche Strukturen und Ordnungsmuster. Ein Beispiel sind die sogenannten Chladnischen Figuren. Die entstehen, wenn man ein feines Pulver auf eine Metallplatte streut und diese dann, als wäre es eine Geige, mit einem Geigenbogen anstreicht. Man kann dann den Ton auch gleichzeitig sehen, das Pulver auf der Platte ordnet sich zu vielfältigen und durchaus komplizierten, zweidimensionalen, geometrischen Figuren an.

Entsprechend bilden dreidimensionale, stehende Wellen genau bestimmte und recht komplizierte dreidimensionale Strukturen. Zum Beispiel die Welle des Elektrons im Atom. Sie legt sich als räumlich strukturierte Wolke in einer ganz bestimmten Form um den Atomkern (die Form der Wolke hängt ab von der Art des Kerns und von den anderen, bereits vorhandenen Elektronen im Atom). Und diese regelmäßigen, unveränderlichen, räumlichen Gebilde lagern sich dann entsprechend der Form ihrer jeweiligen Elektronenwolken auf ganz bestimmte Weisen zu größeren Einheiten zusammen, zu Molekülen oder zu Kristallen.

Und diese Gebilde sind dann tatsächlich auch stabil, weil die Teilchen elementar sind: Die stehende Schwingung der Gitarre ist nicht stabil. Die Welle der Gitarre kann allmählich abnehmen – erst ist der Ton, den man angeschlagen hat, laut und stark, dann verklingt er allmählich. Bei der Elektronenwelle geht das nicht. Entweder die Welle ist da, ganz, oder sie ist nicht da, ganz und gar nicht. Irgendetwas dazwischen gibt es nicht. Wenn sie einmal da ist, so bleibt sie auch da.

Wer hätte das gedacht? Die Atomhypothese ist mehr als nur eine philosophische Marotte der alten Griechen. Wäre die Welt nicht aus elementaren Einheiten aufgebaut, könnte man all die genannten Argumente nicht zur Anwendung bringen. Die Welt hätte keine stabile Struktur – sie wäre eine Art grauer Brei. Die alten Griechen scheinen das verstanden zu haben, denn Atome sehen konnten sie noch nicht (wir können das heutzutage ja).

MIKROZUSTÄNDE: NICHT ALLES IST MÖGLICH

Stellen wir uns irgendeinen Gegenstand vor, der auf eine bestimmte, für ihn charakteristische Art und Weise aus Atomen aufgebaut ist. Also aus stehenden Wellen. Wie wir vorher besprochen hatten, sind nicht irgendwelche beliebigen stehenden Wellen möglich, sondern jede Welle kann nur entweder einmal oder zweimal oder dreimal und so weiter hin- und herschwingen. Es sind also nur ganz bestimmte Zustände möglich, in denen dieser Körper vorkommen kann. Diese kann man im Prinzip abzählen. Man kann abzählen, auf wie viele verschiedene, leicht unterschiedliche Weisen man einen Körper aufbauen kann.

Es ist trotzdem immer der gleiche Körper – ein Kristall oder ein Auto oder ein Apfel. Die Atome eines Autos können auf abzählbare, endlich viele Weisen mit- oder gegeneinander schwingen, es ist immer das gleiche Auto. Das Auto ist immer der gleiche »Makrozustand«.

Die abzählbar endlich vielen Weisen, auf die die Atome eines Autos schwingen können, nennt man hingegen »Mikrozustände«.

Jeder Makrozustand kann also viele verschiedene Mikrozustände haben, er kann sich zu einem bestimmten Zeitpunkt in einem von vielen möglichen Mikrozuständen befinden. Das Entscheidende: Es sind endlich viele verschiedene Mikrozustände, man kann sie abzählen!

Thermodynamik: Selbst der Zufall hat ein Ziel

Nun haben wir es geschafft, mit Hilfe der ordentlichen Sprache der Mathematik geordnete Gedanken über die Teilchen zu denken. Wenn wir nun all das, was wir über Raum und Zeit gelernt haben, den Impulserhaltungssatz, die Energieerhaltung, auf dieses neue Wissen über die Atome anwenden, sollte da nicht ganz von selbst etwas wirklich Wichtiges dabei herauskommen?

Zum Glück ist das nicht der Fall. »Zum Glück«, weil alles Vorhergehende zwar interessant war, vielleicht sogar spannend, aber es war auch traurig, öde, aussichtslos und kalt. Tot. Denn welche Bewegungen möglich sind und welche nicht, war ganz klar gesagt. Da gibt es keine Freiheit. Wenn wir das alles direkt auf die Atome anwenden könnten, aus denen ja die Welt besteht, so ergäbe sich eine von vornherein vollständig festgelegte Welt.

Aber erstens gilt für die Atome wie für alle anderen Wellen auch die Unschärferelation. Beispiel: Wenn wir ein Lichtteilchen (Photon) in Richtung eines fotografischen Filmes fliegen lassen, so können wir schon deshalb nicht die Zukunft des Photons errechnen, weil wir dazu ja seine genaue Lage und seine Geschwindigkeit (also seinen Impuls) kennen müssten. Das geht aber nicht, weil ja das Photon eine Welle ist, wir können nicht Lage und Impuls des Photons genau angeben. Wir können nur definieren, wie die das Photon beschreibende Welle aussieht. Wir können deshalb nur sagen, welche der Moleküle des Films im Bereich dieser Welle liegen. Das Photon wird mit irgendeinem dieser Moleküle wechselwirken. Das ist alles, was wir sagen können.

Zweitens: Selbst wenn es die Unschärferelation nicht gäbe, wenn wir annehmen, Atome und Photonen seien richtige kleine Kugeln, so könnten wir zwar aus der momentanen Position und Geschwindigkeit einer dieser Kugeln deren Zukunft bestimmen.

Das hätte aber keinerlei praktische Bedeutung. Wir haben es ja nie mit nur einem Gasatom zu tun, sondern mit vielen. In einem normalen Zimmer befinden sich in etwa eine Milliarde mal eine Milliarde mal eine Million Gasatome, und die bewegen sich mit Schallgeschwindigkeit und stoßen ständig sehr heftig gegeneinander. Selbst wenn wir die Position und Geschwindigkeit eines Atoms zu einem Zeitpunkt tatsächlich genau kennen würden, so wäre dieses Wissen bereits Sekundenbruchteile später irrelevant. Wir müssten also die Geschwindigkeit und Position aller Gasatome genau kennen, praktisch unendlich genau, und auch die Atome der Zimmerwand müssten wir unendlich genau kennen sowie auch alle Atome im nächsten und übernächsten Zimmer und so weiter. Das sind ganz unsinnige Vorstellungen. Man kann nicht all diese Atome unendlich genau kennen. Wir können also die Zukunft eines einzelnen Atoms zum Glück nicht ausrechnen.

Die frühen Phasen des Universums werden durch einen Zustand beschrieben, der sich »Urknall« nennt, ein sehr heißes Gas zufällig hin und her fliegender Teilchen. Wenn es nur die Physik gäbe, die wir bisher besprochen haben, ergäbe sich aus diesem Zustand ein Universum voll mit sinnlos hin und her bolzenden Teilchen. Dann wäre jetzt sicher niemand da, der über diese Dinge nachdenken kann. Tatsächlich ist aber jemand da, der darüber nachdenkt. Selbst wenn wir sonst nichts wüssten, das wenigstens wüssten wir, und folglich muss es da noch etwas geben in der Physik, das wir bisher nicht bedacht hatten. Es ist, woran Boltzmann sein Leben lang gearbeitet hat.

BODENLOSE EINFACHHEIT

Boltzmann fand: Alle Atome eines Gases, gleich welchen Gases, haben bei der Temperatur T die immer gleiche mittlere Energie

$^3/_2 \cdot k \cdot t$. Falls das Gas nicht aus Atomen besteht, sondern aus Molekülen, so hat auch jedes Molekül diese Energie $^3/_2 \cdot k \cdot t$. Wenn man das Gas abkühlt, sodass es kondensiert (zum Beispiel Wasserdampf, der zu Wasser kondensiert), so haben alle Atome oder Moleküle immer noch die Energie $^3/_2 \cdot k \cdot t$. Wenn man weiter abkühlt, bis die Flüssigkeit fest wird, immer noch $^3/_2 \cdot k \cdot t$. Alle Moleküle, alle Teilchen, alles hat bei einer bestimmten Temperatur immer die gleiche mittlere Energie, nämlich $^3/_2 \cdot k \cdot t$. Dabei ist k eine Konstante, die Boltzmannkonstante, und T ist die absolute Temperatur.

Wenn wir also, wie oben erklärt, die zukünftige Energie eines Atoms nicht ausrechnen können, so schadet das gar nichts. Wir haben deswegen nicht viel verloren. Denn auch ganz ohne Rechnen wissen wir schon, welche Energie das Teilchen in einer Sekunde, einer Stunde, einem Jahr, einer Milliarde von Jahren haben wird: $^3/_2 \cdot k \cdot t$.

Das ist zwar nur ein Mittelwert, aber das macht nichts, denn die Teilchen sind sowieso alle ununterscheidbar gleich. Selbst wenn uns jemand verraten könnte, dass das Teilchen Max Müller gerade eben genauso und so viel Energie hat, könnten wir mit einem solchen Wissen nichts anfangen, denn wir könnten das Teilchen Max Müller von den anderen Teilchen nicht unterscheiden. Zu wissen, wie viel Energie ein Teilchen im Mittel hat, genügt deshalb.

Genauer gesagt, jedes Teilchen (oder auch System) hat die Energie $^1/_2 \cdot k \cdot t$ pro Freiheitsgrad. Ein ganz einfaches Teilchen hat drei Freiheitsgrade: Es kann nach links oder rechts fliegen (x-Achse), nach oben oder unten (y-Achse), vor oder zurück (z-Achse) – drei Freiheitsgrade, also insgesamt eine Energie von $^3/_2 \cdot k \cdot t$. Wenn das Teilchen aus zwei Atomen besteht (System aus zwei Atomen), kann es sein, dass die Atome gegeneinander schwingen. Dann hat das System vier Freiheitsgrade.

Bei sehr niedrigen Temperaturen liegen die Atome sozusagen faul herum, normalerweise sind sie dabei in einen festen Körper integriert, hängen mit anderen Atomen zusammen. Erhöht sich die Temperatur beginnen sie zu schwingen, dabei ist ihre Schwingungsenergie $\frac{3}{2} \cdot k \cdot t$. Bis mit immer höherer Temperatur die feste Ordnung des festen Körpers zusammenbricht, er wird flüssig. Bei noch höherer Temperatur brechen die Atome aus ihrem Verband aus und bilden ein Gas, jedes Atom fliegt frei herum, mit einer Bewegungsenergie, die im Mittel $\frac{1}{2} \cdot k \cdot t$ beträgt (pro Freiheitsgrad).

Wenn wir uns zum Beispiel einen Fußball denken, so ist die Energie eines jeden Atoms im Fußball $\frac{1}{2} \cdot k \cdot t$ (pro Freiheitsgrad), auch wenn der Fußball nur so auf dem Rasen liegt und sich insgesamt gar nicht bewegt (die einzelnen Atome bewegen sich aber sehr heftig). Wenn man dann gegen den Fußball tritt, sodass er ins Tor fliegt, addiert sich zu dieser Energie noch die Bewegungsenergie des Fußballs insgesamt. Aber das ist relativ wenig, verglichen mit der Wärmebewegung der Atome.

Wir können das Wissen, das wir in den ersten Kapiteln erarbeitet haben, also doch noch anwenden, allerdings nicht auf einzelne Atome, sondern nur auf Mittelwerte über eine große Anzahl von Atomen. Denn die mittlere Bewegung dieser großen Anzahl kennen wir ja, und das sogar sehr genau.

ERST DIE GASFORMEL …

Es sei gegeben ein Behälter mit Volumen V, darin befinden sich N Gasmoleküle. Wie groß ist dann der Druck auf die Wände des Behälters? (Druck ist »Kraft pro Fläche«.) Falls der Behälter ein Kolben ist, mit einem Zylinder, sodass man das Volumen ändern kann, wie ändert sich der Druck mit dem Volumen? Und wie mit der Temperatur?

Wenn tatsächlich das Gas aus Gasmolekülen besteht, dann muss der Druck, den das Gas auf die Wände des Behälters ausübt, daher kommen, dass die Gasmoleküle ständig auf die Wände aufprallen. Wenn ein Gasmolekül irgendeine Geschwindigkeit v hat, so ist sein Impuls $m \cdot v$, und wenn es von der Wand zurückreflektiert wird (also seine Geschwindigkeit von v auf $-v$ ändert), so ist seine Impulsänderung $\Delta p = 2 \cdot m \cdot v$. Wegen $F = \Delta p / \Delta t$ resultiert daraus eine Kraft, F, auf die Wand. Dies gilt für ein Teilchen.

Wie groß die Kraft aller Teilchen insgesamt auf die Wand ist, hängt davon ab, wie viele Gasmoleküle pro Zeiteinheit auf die Wand prallen. Das herauszufinden ist einfach, Grundschulmathematik: Wenn zum Beispiel auf der Autobahn eine Autodichte von n herrscht (zum Beispiel $n = 10$ Autos pro Kilometer), und wenn die Autos alle mit der Geschwindigkeit v fahren (zum Beispiel 100 km/h), und wenn wir an irgendeiner Stelle der Autobahn einen Punkt an den Fahrbahnrand malen, so fahren pro Zeiteinheit $n \cdot v$ Autos an dem Punkt vorbei (in unserem Beispiel $10 \cdot 100$ Autos $\cdot$ km/km $\cdot$ h = 1000 *Autos/h*, also 1000 Autos pro Stunde, das kann man natürlich auch pro Minute oder pro Sekunde angeben).

Dabei ist egal, ob die Autos auf der linken oder rechten Fahrbahn fahren, sie können, wenn sie das wollen, auch über der Autobahn entlangfliegen, so wie Fußbälle. Das ist alles egal, solange die Autodichte n ist und solange sie sich mit der Geschwindigkeit v bewegen, kommen immer $n \cdot v$ Autos pro Zeiteinheit an. Und falls die Autos gar keine sind, sondern Atome, ändert das auch nichts. Der einzige Unterschied zwischen den Autos auf der Autobahn und den Atomen in unserem Gas ist der, dass die Atome nicht alle in die gleiche Richtung fahren, sondern in irgendeine Richtung: Es gibt drei Richtungen im Raum, und in jeder kann man vor- oder auch zurückfahren, es werden also nur $1/6$ der Moleküle tatsächlich auf eine bestimmte Wand des Behälters fliegen.

Wenn nun $\frac{1}{6} \cdot n \cdot v$ Moleküle pro Wandfläche und Zeiteinheit auftreffen und jedes der Moleküle die Kraft $2 \cdot n \cdot v$ pro Zeiteinheit ausübt ($F = \Delta p / \Delta t$), so ist die Kraft pro Fläche also gleich $\frac{2}{6} \cdot n \cdot v \cdot m \cdot v = \frac{1}{3} \cdot n \cdot m \cdot v^2$. Und weil die Dichte der Moleküle n auch geschrieben werden kann als $n = \frac{N}{V}$ – »Anzahl der Moleküle pro Volumen« –, so kann man für die Kraft pro Fläche auch schreiben $\frac{1}{3} \cdot n \cdot m \cdot v^2 = \frac{1}{3} \cdot \frac{N}{V} \cdot m \cdot v^2$. Und weil »Kraft pro Fläche« auch Druck genannt wird, p, steht nun also da: $p = \frac{1}{3} \cdot \frac{N}{V} \cdot m \cdot v^2$ oder, etwas übersichtlicher, $p \cdot V = \frac{1}{3} \cdot N \cdot m \cdot v^2$.

Wenn es wahr ist, dass die Bewegung der Gasmoleküle nur von der Temperatur abhängt, so bleibt bei gleichbleibender Temperatur die Geschwindigkeit der Moleküle immer gleich, die Anzahl der Moleküle im Behälter ändert sich auch nicht, es gilt also $p \cdot v =$ konstant.

Dieses Gesetz beschreibt also, wie Druck und Volumen eines Gases zusammenhängen, solange sich die Temperatur nicht ändert. Das ist schon mal was, und bitte bedenken Sie, dass all die Rechnerei ja in nichts anderem bestand, als Größen hin- und herzuschieben. Wir hatten nur gesagt, dass ein Gas aus Molekülen bestehen soll, der Rest ist Formeln umformen.

Wenn es nun wahr ist, wenn wirklich die Energie eines jeden Moleküls gleich ist, $\frac{3}{2} \cdot k \cdot t$, wenn also $\frac{1}{2} \cdot m \cdot v^2 = \frac{3}{2} \cdot k \cdot t$, können wir noch weiter umformen: $p \cdot \mathrm{V} = \frac{1}{3} \cdot N \cdot m \cdot v^2 \Rightarrow p \cdot V = N \cdot k \cdot T$. Das ist die Gasformel. Sie sagt in guter Näherung, was über ein Gas zu sagen ist.

… UND DANN DER MOTOR

Zuerst einmal kann man im Labor nachmessen, ob die Formel stimmt. Sie stimmt. Und als Nächstes kann man dann mit der Formel Dampfmaschinen bauen oder Benzinmotoren: Das in die vom

Zylinder verdichtete Luft eingespritzte Benzin wird entzündet, die Temperatur der Luft T erhöht sich, Druck p steigt entsprechend an, so wie es in unserer Formel steht. Unter diesem hohen Druck bewegt sich der Motorkolben und leistet dabei Arbeit.

Aber das sei nur so nebenbei erwähnt, denn dieses Buch soll ja einfach sein und Benzinmotoren oder Dampfmaschinen sind nicht die einfachsten Motoren. Einfacher ist es ohne Benzin und ohne Dampf. Mit nichts, genauer gesagt, mit dem Vakuum. So was gibt's! Es heißt tatsächlich »Vakuummotor« oder auch »Flammenfresser«. Im Internet (Wikipedia) kann man sich diese Motoren sehr schön ansehen, sie funktionieren so:

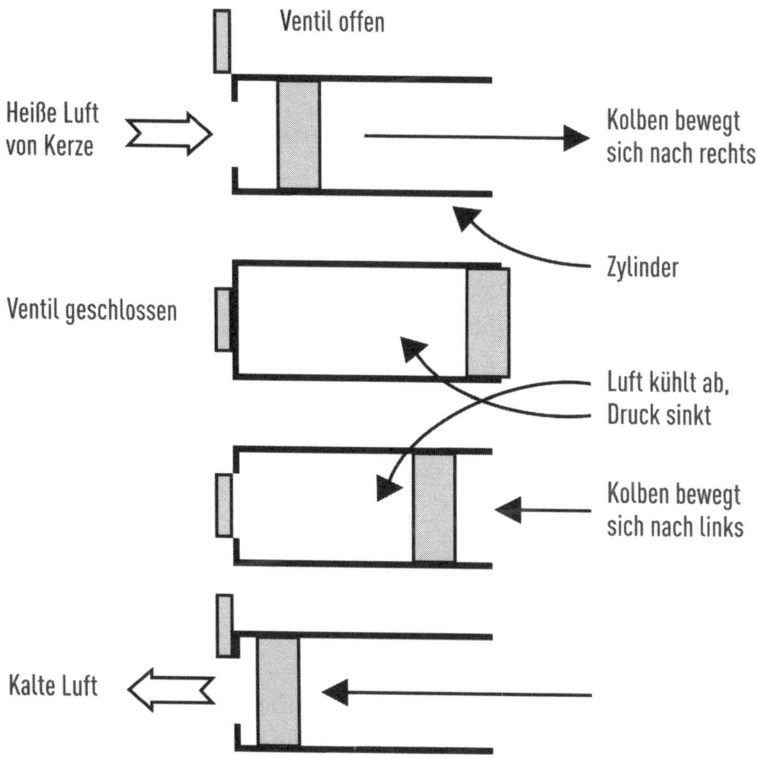

Der Motor besteht nur aus einem Zylinder mit einem Ventil und einem Kolben. Der Kolben ist über eine Pleuelstange (welche die Hin- und Herbewegung des Kolbens in eine Kreisbewegung umwandelt) mit einem Schwungrad verbunden (nicht gezeichnet). Wenn der Kolben sich nach rechts bewegt, saugt er dabei durch eine Öffnung von außen heiße Luft an. Man kann zum Beispiel einen Spiritusbrenner oder eine Kerze dicht an die Zylinderöffnung stellen, die wird dann regelrecht in den Zylinder hineingesogen (deshalb der Name »Flammenfresser«).

Wenn der Zylinder ganz mit heißer Luft gefüllt ist, schließt eine Ventilklappe die Öffnung, es kann keine Luft mehr in den Zylinder fließen und auch keine hinaus. An den kalten Zylinderwänden kühlt die Luft sehr schnell ab. Dadurch fällt der Luftdruck. Wenn sich nun der Kolben wieder zurückbewegt – also nach links –, so wirkt auf ihn eine Kraft, weil der Luftdruck im Zylinder nun geringer ist als der (normale atmosphärische) Luftdruck außerhalb des Zylinders.

Weil also der Zylinder sich unter der Wirkung einer Kraft um eine Strecke bewegt, leistet er Arbeit. Dann öffnet sich das Ventil wieder, die nun abgekühlte Luft wird hinausgeblasen (in die Kerzenflamme, aber das macht nichts), danach wiederholt sich der Vorgang.

Dies ist der einfachste mögliche Motor. Es ist sozusagen das Atom eines Motors. Aus diesem einfachsten aller möglichen Motoren lassen sich alle anderen Motoren verstehen und ableiten. Und neue entwickeln.

Ich habe mir so einen Motor gekauft. Jedes Mal, wenn man ihn vorführt, verwandeln sich die Menschen, die das zum ersten Mal sehen. Sie betrachten den laufenden Motor mit der gleichen Ergriffenheit wie ein Kunstwerk oder eine sehr schöne alte Kirche. Die Menschen spüren, dass sie etwas sehr Wichtigem gegenüberstehen, ihr Gefühl sagt es ihnen. Viele Leute bauen in ihrer Freizeit und mit hohem Zeitaufwand solche Motoren, manche dieser Motoren sind kleine Meisterwerke. Bei dem Gefühl bleibt es dann aber. Die Menschen trauen ihrem Gefühl nicht, finden keine Schlussfolgerung, irgendwann wenden sie sich dann ab, Spielzeug, murmeln sie. Sie trauen sich nicht, Physik zu machen.

Nun ist es sicher wahr: Diese kleinen Modellmotoren sind sehr ineffizient. Sie könnten aber mit ein wenig physikalischer Forschung ganz sicher verbessert und weiterentwickelt werden. Mit Sicherheit wären diese Weiterentwicklungen in der Lage, Sonnenwärme in elektrische Energie zu verwandeln.

Für derartige Fragen allerdings interessiert sich niemand. Es gibt keinerlei konkrete Informationen zu dem Motor, keinerlei Forschung, keinerlei wissenschaftliches Interesse. Fast keines: In irgendeinem Internet-Forum hat einmal jemand gefragt, ob solche Motoren nicht für die Solarenergie genutzt werden könnten. Er wurde von selbsternannten Experten sofort niedergeschrien. Ich habe auch einige der Menschen kontaktiert, die Jahre ihres Lebens mit dem Bau solcher Motoren verbringen, habe gefragt, ob sie bereit wären, mir bei der Weiterentwicklung dieser Motoren zu helfen. Man hat mir geantwortet, dass man doch nur spielen wolle, man könne diese Motoren selbstverständlich gar nicht weiterentwickeln, es sei doch nur ein Spiel.

Es ist, als hätte sich eine ganze Gesellschaft gegen die Physik entschieden, selbst dort, wo man sie am allerdringendsten bräuchte. Man will alles, aber auch alles tun, um das Energieproblem zu lösen, um die Umwelt zu retten – aber nur, wenn es ohne Physik geschehen kann. Ehe man das Energieproblem mit Hilfe der Physik löst, löst man es lieber gar nicht.

Die strategische Bedeutung dieser Motoren läge darin: Man kann heute Sonnenwärme ohne Weiteres in elektrischen Strom verwandeln, das tut man mit Dampfturbinen, den gleichen, die man auch im Atomkraftwerk verwendet (die Energie der Sonne ist ja auch Kernenergie, sie kommt aus Kernverschmelzungen. Was, bitteschön, kein Argument für Kernkraftwerke ist: Wenn wir doch einen hervorragend funktionierenden Kernreaktor in Form der Sonne vor der Nase haben und den beliebig nutzen können, praktisch umsonst, wieso sollen wir dann noch mal extra Kernreaktoren hier unten bei uns bauen?).

Die Großindustrie bietet solche Turbinen fix und fertig an – Sie können morgen eine kaufen und nächste Woche steht die bei Ihnen im Garten –, sie bietet aber nur sehr große Turbinen an, mehrere Megawatt mindestens. Entsprechend große Spiegelanlagen zu bauen ist technisch kein Problem, aber finanziell schon, das kann wiederum nur die Großindustrie. Die tut aber nichts Neues. Das ist so.

Die Kolbenmotoren (mit äußerer Verbrennung), die viel einfacher zu bauen sind als Turbinen, würden genau diese Lücke füllen, das könnte man auch ohne Großindustrie, und weil man Kolbenmotoren beliebig klein bauen kann, würde das die Blockade brechen. Die Isomorph wäre sofort dabei.

Gas oder Kohle kosten Geld, je mehr Strom man mit einer bestimmten Menge an Gas oder Kohle erzeugen kann, umso besser. Am besten wäre, wenn man alle Wärmeenergie, die man in einen Motor oder eine Turbine einspeist, vollständig als elektrische Energie wieder herausbekommen könnte. (Mehr Energie herausbekommen, als man hineinsteckt – das geht hingegen nicht, sagt die Energieerhaltung).

Aber das hat man noch nie geschafft. Egal wie sehr man sich anstrengt, so gibt die erhitzte Luft immer nur einen Teil ihrer Wärmeenergie als Arbeit ab. Wenn die Luft aus der Turbine oder dem Kolbenmotor austritt, ist sie nie so kalt wie vorher, sondern immer noch ziemlich heiß.

Man kann das mit unserer Formel $p \cdot V = N \cdot k \cdot T$ genauer nachrechnen, das tun wir aber lieber nicht, weil es ein wenig langwierig ist (man kann es aber schaffen: Wikipedia unter »Wärmekraftmaschinen« und »Kreisprozess«). Tatsächlich stellt sich heraus: In unserer Formel hängen der Luftdruck, das Volumen und die Temperatur so zusammen, dass es prinzipiell unmöglich ist, die Wärme vollständig in mechanische Arbeit umzuwandeln. Man kann immer nur einen Teil der Wärme in Arbeit umwandeln.

DIE SELTSAME ENTROPIE

Die Frage, wie viel Arbeit ein Motor leisten kann, wenn man ihm eine bestimmte Energiemenge zuführt, ist von großer praktischer Bedeutung. Denn es macht einen Unterschied, ob ein Auto zehn oder 20 Liter auf 100 km braucht und ob der Strompreis soundso hoch ist oder doppelt so hoch. Man hat deswegen dieses Problem viele Jahre lang sehr sorgfältig studiert. Dabei ist man auf eine ganz seltsame Variable gestoßen, die man vorher nie berücksichtigt hatte: die Entropie.

So ist sie definiert: Wenn man einem Körper bei der Temperatur T die Wärmeenergie ΔE zuführt (entnimmt), so erhöht sich (erniedrigt sich) seine Entropie um den Betrag $\Delta E/T$. Und für diese Entropie gilt nun ein Gesetz, das man auch »zweites Gesetz der Thermodynamik« genannt hat.

ZWEITES GESETZ:
Alle natürlich ablaufenden Prozesse
erhöhen die Entropie der Welt.

Das Gesetz stammt nicht von Boltzmann, es war schon vorher bekannt, aber er war wohl der Erste, der es erklären konnte, das war vor etwas mehr als 100 Jahren. Für Energie und Impuls galt, dass Gesamtenergie und Impuls der Welt immer gleich bleiben, nun ist es anders: Die Entropie der Welt bleibt nicht gleich, sondern sie erhöht sich ständig.

Wir werden das zweite Gesetz später ausführlicher besprechen, für den Moment wenden wir es schon mal ganz kurz auf die Turbine oder den Kolbenmotor an: Wenn der Motor bei der hohen Temperatur T_1 die Energie ΔE_1 aufnimmt, so nimmt er Entropie $\Delta E_1/T_1$ auf. Wenn er nicht eine mindestens ebenso große Menge an Entropie wieder an die Welt abgibt, würde sich insgesamt ja die Entropie der Welt erniedrigen, das ist nicht erlaubt. Wenn der Motor also die Wärmeenergie ΔE_2 bei der Temperatur T_2 an die Umwelt abgibt, so muss gelten: $\Delta E_2/T_2 > \Delta E_1/T_1$.

Andersherum geschrieben: $\Delta E_2 > \Delta E_1 \cdot (T_2/T_1)$. Wenn der Motor diese Energie ΔE_2 nicht über den Auspuff (zum Beispiel) an die Umwelt abgäbe, würde sich die Entropie der Welt erniedrigen, und das ist verboten.

Dieses zweite Gesetz, das für den Motor die Form annimmt »$\Delta E_2/T_2 > \Delta E_1/T_1$«, ist ziemlich einfach – zwei Brüche. Das ist schon mal gut. Noch besser: Man kann auch verstehen, woher das zweite Gesetz kommt, das wollen wir als Nächstes besprechen:

ZWEI WARME EISEN

Wir stellen uns ein kleines Stückchen Eisen vor. Es soll aus 100 Atomen bestehen. Jedes Atom sitzt an seinem Platz, von dem es sich nicht wegbewegen kann, solange das Eisen nicht sehr heiß wird und schmilzt. Bei null Grad sitzt es sehr still auf seinem Platz und tut eigentlich nichts anderes, als in seiner einfachsten Grundschwingung als stehende Welle hin- und herzuschwingen.

Wenn wir nun Energie auf das Atom übertragen, erhöht es die Frequenz (oder Winkelgeschwindigkeit, ω) seiner Schwingung. Dabei wird es wärmer. Das Entscheidende ist nun: Wir können das Atom anstatt einmal nun zweimal hin- und herschwingen lassen. Aber nicht eineinhalbmal. Das Atom kann also nur die Energiemenge aufnehmen, die es braucht, um zweimal hin- und herschwingen zu können. Es kann nur ein ganz bestimmtes Quantum an Energie aufnehmen. Und genau diese Energie kann es dann irgendwann an ein anderes, gleichartiges Atom weitergeben. Nur an eines, nicht an zwei oder drei andere Atome. Das ist eine Folge der Quantentheorie, so wie wir sie im Kapitel vorher besprochen haben.

Tun wir das nun also: Das Eisen hat 100 Atome, wir geben genau die Energiemenge an das Eisen, die es einem der Atome erlaubt, schneller zu schwingen. Es wird wohl kaum möglich sein, eines der Atome gezielt auszusuchen, sondern die Energie, die wir hinzufügen (zum Beispiel durch ganz geringfügiges Erwärmen), wird halt auf irgendeinem Atom ganz zufällig Platz nehmen.

Selbst wenn wir gezielt die Energie auf ein bestimmtes Atom geben könnten, bliebe sie da ja nicht lange, denn das Atom gibt sie weiter an einen Nachbarn, irgendeinen. Das Energiequantum wird im Eisen herumzuwandern beginnen, auf ganz zufällige Weise.

Die verschiedenen Mikrozustände des Eisens insgesamt können wir genau definieren und auch auflisten und abzählen: Mikrozustand Nummer 1: Atom Nummer 1 trägt das Energiequantum. Mikrozustand Nummer 2: Atom Nummer 2 trägt das Energiequantum. Und so weiter. Wir wissen aber nicht, in welchem Mikrozustand sich das Eisen zu einem bestimmten Zeitpunkt tatsächlich befindet – nur wie viele Mikrozustände es gibt. Wenn das Eisen aus 100 Atomen besteht, werden es 100 verschiedene Mikrozustände sein. In irgendeinem wird das Eisen sein, logischerweise.

Den Makrozustand des Eisens kennen wir hingegen. Der Makrozustand ist: »Das Eisen enthält ein Energiequant.« Also: Makrozustand »ein Energiequant« => 100 Mikrozustände.

Nun geben wir ein zweites Energiequant hinzu. Das Eisen ist nun im Makrozustand »das Eisen enthält zwei Energiequanten«. Dieses zweite Quantum kann auf irgendeinem der »freien« Atome Platz nehmen. Es gibt 99 freie Atome. Wieder können wir die Mikrozustände des Eisens durchnummerieren: Quant 1 auf Atom 1 und Quant 2 auf Atom 2, Quant 1 auf Atom 1 und Quant 2 auf Atom 3, und so weiter. Das erste Quant kann auf einem von 100 verschiedenen Atomen sitzen, das zweite auf einem der 99 anderen, es gibt also nun insgesamt $100 \cdot 99$ Mikrozustände.

Also: Makrozustand »zwei Energiequanten« => $100 \cdot 99$ Mikrozustände. Bei drei Energiequanten gibt es $100 \cdot 99 \cdot 98$ Zustände, bei 10 Quanten $100 \cdot 99 \cdot 98 \cdot 97 \cdot 96 \cdot 95 \cdot 94 \cdot 93 \cdot 92 \cdot 91$ verschiedene Zustände. Der Einfachheit halber sagen wir zum Makrozustand »10 Energiequanten« einfach nur »heißes Eisen«, weil sich das Eisen beim Hinzufügen von Energie ja erwärmt. Und die Zahl seiner Mikrozustände nennen wir *W(heiß)*, und die ist $W(heiß) = 100 \cdot 99 \cdot 98 \cdot 97 \cdot 96 \cdot 95 \cdot 94 \cdot 93 \cdot 92 \cdot 91$.

Nun legen wir auf das heiße Eisen ein kaltes Eisen. Das soll wieder aus 100 Atomen bestehen. Und es soll keine Energiequanten enthalten. Zu Beginn dieses Experiments haben wir also einen neuen Makrozustand »heißes und kaltes Eisen«. Und nach wie vor gibt es für diesen Makrozustand verschiedene Mikrozustände.

Nun werden im Laufe der Zeit die Energiequanten auch in das kalte Eisen wandern. Nicht aus Absicht, sie denken ja nicht, und sehen können sie natürlich auch nicht, sondern aus reinem Zufall. Ein Energiequant weiß nicht, wohin es geht, es bewegt sich rein zufällig.

Nehmen wir an, die Hälfte der Energiequanten sei ins vorher kalte Eisen gewandert. Wir haben nun also einen neuen Makrozustand, wir nennen ihn »zwei warme Eisen«. Wie viele Mikrozustände hat der? Für jedes der beiden Eisen gibt es $100 \cdot 99 \cdot 98 \cdot 97 \cdot 96$ Mikrozustände, also insgesamt $W(warm, warm) = (100 \cdot$

$99 \cdot 98 \cdot 97 \cdot 96) \cdot (100 \cdot 99 \cdot 98 \cdot 97 \cdot 96)$ Mikrozustände. Der Makrozustand »zwei warme Eisen« hat also mehr Mikrozustände als der Makrozustand »heißes und kaltes Eisen«, denn das waren ja nur $100 \cdot 99 \cdot 98 \cdot 97 \cdot 96 \cdot 95 \cdot 94 \cdot 93 \cdot 92 \cdot 91$). Wir merken uns: *W(warm, warm)* > *W(heiß, kalt)*.

Wenn man es genauer bedenkt, ist der Unterschied sogar noch größer. Denn die Energiequanten kann man ja nicht unterscheiden. Ob Quant 1 auf Atom 1 sitzt und Quant 2 auf Atom 2 oder umgekehrt, das macht keinen Unterschied. Wir haben also viele eigentlich ununterscheidbare Mikrozustände mehrfach gezählt, als wenn sie unterscheidbar wären.

Auf wie viele verschiedene Weisen kann man drei Objekte auf immer die gleichen drei Plätze anordnen? Das erste Objekt kann man auf einen der drei Plätze legen, das sind also drei verschiedene Möglichkeiten. Für das zweite Objekt bleiben dann nur noch zwei Plätze zur Auswahl, also zwei verschiedene Möglichkeiten. Das dritte Objekt hat dann nur noch eine Möglichkeit, Platz zu finden. Man kann also drei Objekte auf $3 \cdot 2 \cdot 1$ verschiedene Möglichkeiten anordnen. Für vier Objekte sind es entsprechend $4 \cdot 3 \cdot 2 \cdot 1$ Möglichkeiten, und so weiter.

Weil es also für das heiße Eisen für jede einzelne Verteilung der Quanten auf die Atome tatsächlich $10 \cdot 9 \cdot 8 \cdot 7 \cdot 6 \cdot 5 \cdot 4 \cdot 3 \cdot 2 \cdot 1$ Möglichkeiten gibt, diese Quanten zu vertauschen, ohne dass sich tatsächlich etwas ändert, denn man kann die Quanten ja nicht unterscheiden, müssen wir also tatsächlich *W(heiß)* noch durch diese Zahl $10 \cdot 9 \cdot 8 \cdot 7 \cdot 6 \cdot 5 \cdot 4 \cdot 3 \cdot 2 \cdot 1$ teilen, wenn man es genauer bedenkt. Ebenso *W(heiß, kalt)*. Und dementsprechend müssen wir *W(warm, warm)* teilen durch $5 \cdot 4 \cdot 3 \cdot 2 \cdot 1 \cdot 5 \cdot 4 \cdot 3 \cdot 2 \cdot 1$, um es richtigzustellen.

Nun war aber sowieso schon *W(warm, warm)* > *W(heiß, kalt)*. Wenn wir nun *W(warm, warm)* nur durch $5 \cdot 4 \cdot 3 \cdot 2 \cdot 1 \cdot 5 \cdot 4 \cdot 3 \cdot 2 \cdot 1$ teilen müssen und *W(heiß, kalt)* durch die vergleichsweise größere Zahl $10 \cdot 9 \cdot 8 \cdot 7 \cdot 6 \cdot 5 \cdot 4 \cdot 3 \cdot 2 \cdot 1$, so wird tatsächlich der Unterschied zwischen *W(warm, warm)* und *W(heiß, kalt)* noch größer. Es gibt also viel mehr Mikrozustände für das, was wir »zwei warme Eisen« nennen, als für »ein heißes und ein kaltes Eisen«.

Nun kann aber ein einzelnes Energiequant nicht denken, und das Kollektiv aller Quanten kann es erst recht nicht, sondern die Quanten sind rein zufällig in irgendeinem Mikrozustand. Und deswegen, und nur deswegen, weil es halt so viele Mikrozustände für das System »warmes + warmes Eisen« gibt und so wenige für das System »heißes + kaltes Eisen«, nur deswegen werden die beiden Eisen nach einiger Zeit in einem der Mikrozustände »warmes + warmes Eisen« sein. Das mit den 100 Atomen war ja nur ein Beispiel, in unserer alltäglichen Welt haben wir es mit unvorstellbar viel größeren Zahlen von Atomen zu tun, und dann wird der Unterschied zwischen der Anzahl der Mikrozustände zweier warmer und zweier heißer Eisen unvorstellbar groß.

Wir haben somit die Tatsache, dass ein heißes und ein kaltes Eisen irgendwann zu zwei warmen Eisen werden, zurückgeführt darauf, dass große Zahlen größer sind als kleine Zahlen. Einfacher geht es nicht.

Wir sind hier vorgedrungen bis aufs Urgestein, hier geht es nicht mehr weiter, wir haben hier etwas vor uns, das so ist, wie es ist, weil es ist, wie es ist. Das, soweit ich weiß, nicht mehr Hinterfragbare. Denn wir haben ja nichts anderes gesagt, als dass große Zahlen größer sind als kleine. Nichts sonst. Wie soll man das hinterfragen?

DER ZIELGERICHTETE ZUFALL

Als Resultat haben wir hier den Zusammenhang zwischen Zufall und »zielgerichtet« vor uns: Wenn wir ein heißes Eisen in Kontakt bringen mit einem kalten Eisen, wird mit Sicherheit und ganz spontan Wärme vom heißen zum kalten Eisen fließen. Wenn Eisen denken könnte, würde man von einem zielgerichteten Verhalten sprechen. Aber Eisen kann nicht denken, es ist also kein »Verhalten«, die Quanten sind völlig bewusstlos. Aber zielgerichtet ist der Prozess trotzdem. Und zwar gerade deshalb, weil er auf dem reinen Zufall beruht. Und auf dem Zählen von Zahlen: Große Zahlen sind größer als kleine Zahlen. Deswegen kühlt sich das heiße Eisen ab.

Und was wir hier am Beispiel zweier Eisenstückchen gezeigt haben, ist natürlich ganz allgemein gültig: Wenn ein System in verschiedenen Makrozuständen vorkommen kann, solchen mit wenigen und solchen mit vielen Mikrozuständen, so kommt es aus Gründen des Zählens meist in dem Makrozustand vor, der viele Mikrozustände hat. Anders formuliert: Ein System entwickelt sich immer so, dass die Anzahl seiner Mikrozustände zunimmt. Oder: Nur die Ereignisse geschehen, die die Anzahl der Mikrozustände erhöhen. Diese Ereignisse geschehen spontan. Andere Ereignisse geschehen nicht.

In unserem Beispiel von den beiden Eisen versteht es sich von selbst, aber weil es in anderen Situationen vielleicht nicht so offensichtlich ist, muss man noch besonders hinzufügen: Mit »System« ist immer ein geschlossenes System gemeint. Und ein geschlossenes System ist ein System, in das nichts hinein- und aus dem nichts herauskommt.

Die beiden Eisen waren indirekt als geschlossenes System gekennzeichnet, weil wir es gar nicht als Möglichkeit vorgesehen hatten, dass eines der Eisen an irgendjemand anders Energie abgibt als an das andere Eisen. Wir hatten immer angenommen, die Gesamtzahl der Energiequanten in den Eisen sei erhalten, die Gesamtenergie der beiden Eisen sei also erhalten, sie bilden ein geschlossenes System.

Vorher, bei der Diskussion der Wärmekraftmaschinen, hatten wir gesagt, dass die Entropie immer zunimmt. Nun finden wir, dass die Anzahl der Mikrozustände immer zunimmt. Und nicht nur das: Das Abkühlen des heißen Eisens erinnert ja auch sehr an die Dampfmaschine. Denn zwischen heißes und kaltes Eisen könnte man ja eine Dampfmaschine stellen. Das heiße Eisen erhitzt das Wasser und erzeugt Dampf, der heiße Dampf verrichtet mechanische Arbeit, dabei kühlt er ab, der abgekühlte Dampf gibt seine Restwärme an das kalte Eisen ab.

Es stellt sich die Frage, wie die Mikrozustände und die Entropie miteinander zusammenhängen. Nehmen wir also wieder unser sehr einfaches Modell des Eisenstückchens mit den Atomen, die immer nur ein Energiequant aufnehmen können. Machen wir das Modell nur ein klein wenig realistischer, indem wir das Eisenstückchen ein wenig größer machen als 100 Atome, nehmen wir eine Milliarde Atome. (Das ist immer noch so klein, dass man es mit dem Auge nicht sehen kann.) Nehmen wir weiterhin an, auch das ist realistischer, das Eisen enthielte schon ein paar Energiequanten, sagen wir mal 1000. Seine Temperatur sei T. Und jetzt überlegen wir, was geschieht, wenn wir Energiequanten hinzufügen. Wie ändert sich die Zahl der Mikrozustände? Und wie die Entropie?

Wir geben also ein Energiequant hinzu, seine Energie sei ΔE. Es kann auf irgendeinem der eine Milliarde Atome Platz nehmen. Genauer gesagt, auf einem der (eine Milliarde minus 1000) freien Atome, weil ja schon 1000 Quanten im Eisen sind. Aber eine Milliarde und 1 000 000 000 – 1000 ist praktisch das Gleiche. Also eine Milliarde.

Wird bei der Temperatur T die Energie ΔE an das Eisen abgegeben, erhöht sich die Entropie des Eisens um $\Delta S = \Delta E/T$, und diese Entropieerhöhung geht einher mit einer Erhöhung der Zahl der Mikrozustände, ΔW, um einen Faktor von einer Milliarde. Wenn wir zwei Quanten ins Eisen geben, erhöht sich die Entropie um $\Delta S + \Delta S$ und die Zahl der Mikrozustände um eine Milliarde mal eine Milliarde, weil ja auch (eine Milliarde – 1) quasi das Gleiche ist wie eine Milliarde, also um $\Delta W \cdot \Delta W$.

Bei drei Quanten haben wir eine Energieerhöhung um insgesamt $\Delta S + \Delta S + \Delta S$ und die Zahl der Mikrozustände vergrößert sich um insgesamt $\Delta W \cdot \Delta W \cdot \Delta W$, bei vier Quanten haben wir $\Delta S + \Delta S + \Delta S + \Delta S$ und $\Delta W \cdot \Delta W \cdot \Delta W \cdot \Delta W$, und immer so weiter.

Die Zuwächse der Energie (ΔS) addieren sich also, die Zuwächse der Anzahl der Mikrozustände (ΔW) multiplizieren sich hingegen.

DIE BOLTZMANNFORMEL

Es gibt eine mathematische Funktion, die einen solchen Zusammenhang zum Ausdruck bringt, die Logarithmusfunktion. »Logarithmus« klingt kompliziert. Tatsächlich ist die Logarithmusfunktion gar nicht so schlimm, wie sie klingt, früher hat sie jedes Schulkind gekannt, denn die Rechenschieber, die man früher in der Schule benutzt hat, waren nichts anderes als Logarithmusfunktionen in Holz.

Der Logarithmus wandelt ein Produkt in eine Summe um: $\log(a \cdot b) = \log(a) + \log(b)$. Und das ist genau, was wir brauchen, um das darzustellen, was wir vorher sagten: »Die Zuwächse der Energie addieren sich, die Zuwächse der Anzahl der Mikrozustände multiplizieren sich.« Das kann man mit Hilfe der Logarithmusfunktion ganz einfach schreiben: $S \propto \log(W)$.

Die Entropie wächst an mit dem Logarithmus der Zahl der Zustände. Wenn zum Beispiel die Entropie sich verdoppelt, so verdoppelt sich zwar nicht die Zahl der Mikrozustände, aber der Logarithmus dieser Zahl, der wird tatsächlich doppelt so groß.

Wir haben ein »$\propto$«-Zeichen schreiben müssen statt eines Gleichheitszeichens, weil wir ja nur sagen können, dass S und $\log(W)$ auf die gleiche Weise anwachsen (»verdoppelt sich der eine, so auch der andere«), aber dass sie tatsächlich gleich sind, das kann man natürlich nicht so einfach sagen. Man muss sozusagen noch die Einheiten umrechnen, mit Hilfe einer Umrechnungskonstanten, k, der sogenannten Boltzmannkonstante. Dann kann man es als Formel schreiben, die Boltzmannformel: $S = k \cdot \log(W)$

Als Boltzmann damals diese Dinge erforscht und geklärt hat, wurde er von vielen »Kollegen« sehr angefeindet, so Sreenivasan in seinem Trauervortrag über Boltzmann. Bis er sich schließlich in Duino das Leben nahm. Man hat ihn dann nach Österreich zurückgebracht, nach Wien, und, das rechne ich den Wienern wirklich hoch an, die Formel $S = k \cdot \log(W)$ auf seinen Grabstein gemeißelt. Das ist deswegen erwähnenswert, weil noch heute viele »Kollegen« von dieser Formel nichts wissen wollen. Sie tun so, als gäbe es sie nicht. Ich weiß auch nicht warum. Vielleicht wegen der Schlussfolgerungen?

Soll es weitergehen?

Kunstmuseen sind wichtig, weil sich ja nicht jeder einen eigenen Van Gogh kaufen kann. Sie stellen Kunst aus, sind aber nicht selbst Kunst. Kunst ist das, was Van Gogh getan hat. In diesem Sinne waren die bisherigen Kapitel nur eingeschränkterweise Physik: Für Sie selbst, falls Sie noch nie mit Physik zu tun hatten, war es Physik, denn in dem Fall hätten Sie, für sich selbst, Neues entdeckt und verstanden. Auf Sie selbst bezogen wäre es dann also Physik gewesen, was wir gemacht haben.

Aber auf die Menschheit bezogen war es keine Physik, sondern eher Museum. Denn wir haben ja nur das nacherzählt oder ausgestellt, was die Physiker der letzten Jahrtausende geschaffen haben – so wie man es mit der Kunst macht in ihrem Museum.

Im recht eigentlichen Sinne ist die Physik da, wo neue Physik gemacht wird. Physik machen bedeutet, neue Physik machen, junge Physik machen. Das wollen wir als Nächstes versuchen.

Fragt sich nur, ob das geht. Denn erstens gibt es Leute, wichtige Leute, die glauben, die Physik sei am Ende. Das 20. Jahrhundert sei das Jahrhundert der Physik gewesen, aber nun sei die Physik ausgeforscht, es gäbe nichts Neues mehr auf dem Gebiet. Die Zukunft gehöre der »life science« und der Informationstechnologie (IT). Die Physik habe nur noch eine Rolle als Hilfswissenschaft, als angewandte Physik.

Dabei ist gar nicht so wichtig, ob diese Leute recht haben oder nicht. Denn es sind ausgerechnet die Forschungsmanager und -organisatoren selbst, die oft diese Haltung einnehmen. Denn sie vermeiden dadurch von vorneherein jegliche Verantwortung für einen eventuellen Misserfolg ihres Forschungsmanagements – ist nicht ihre Schuld, wenn ihr Labor nur Kleinkram produziert, das käme daher, »weil die Physik halt ausgeforscht hat«. Dabei ist es gerade ebendiese Verweigerungsstrategie, die den Misserfolg dann auch tatsächlich herbeizwingt, die Amerikaner nennen das »self-fulfilling prophecy«. Immerhin sind diese Leute aber leicht zu widerlegen, einfach, indem wir neue Physik machen – schon sind die Physikleugner widerlegt.

Zweitens sind manche Menschen heutzutage ganz ausdrücklich gegen die Physik. Es ist ihnen ganz egal, ob es noch etwas zu erforschen gibt oder nicht, so oder so soll lieber nicht mehr geforscht werden, es soll ausdrücklich nicht weitergehen mit der Physik, mit der Naturwissenschaft insgesamt solle es lieber nicht mehr weitergehen, finden diese Leute. Die Wissenschaft habe doch nur Unheil gebracht und den Menschen marginalisiert, damit solle nun Schluss sein.

Diese Ansicht nun können wir nicht widerlegen, indem wir einfach weiter Physik machen. Sondern wir sollten uns mit diesen Befürchtungen und Anklagen ernsthaft auseinandersetzen, und auch das wollen wir im Folgenden tun.

Als Drittes und vielleicht Wichtigstes muss man auf die Frage eingehen, ob denn Physik heute überhaupt noch angemessen sei. Ist es angemessen, im klimatisierten Labor über abstrakten Formeln zu grübeln, während draußen die Atmosphäre kocht? Der Meeresspiegel steigt? Die Menschen sich in Fetzen schießen wegen der letzten Ölreserven? Unsere Gesellschaft zunehmend verarmt? Gibt es da nicht Wichtigeres zu tun als ausgerechnet Physik?

Das ist ein sehr wuchtiger Einwand und wir haben den Mut, ihn ernsthaft zu diskutieren, nur deshalb, weil wir ja schon so halb und halb erfolgreich auf ihn eingegangen sind: Einige dieser Probleme kann die Physik ja tatsächlich lösen! Die Physik kann Öl durch Sonnenenergie ersetzen, zum gleichen Preis, das haben wir gezeigt. Da ist es doch sinnvoll, nachzusehen, ob die Physik nicht auch bei einigen der anderen Probleme helfen kann. Und wenn dies zu fragen sinnvoll ist, so ist es auch notwendig!

Sehen Sie es nun? Ganz unmöglich können wir es bei dem belassen, was wir in den vorherigen Kapiteln über die klassische Physik gesagt haben. Das wäre nicht einmal ein halbes Physikbuch, es wäre ein Museumsführer.

Hier hört die Geschichte also gar nicht auf, sondern sie fängt erst an. Auf den alten Wurzeln muss die junge Physik wachsen. Es kann nicht anders sein, es war nie anders.

Eines dieser Probleme nach dem anderen nun. Zuerst wollen wir nachsehen, ob es denn tatsächlich keine wichtigen offenen Fragen mehr gibt, heutzutage.

Evolution ohne Physik

In Bezug auf die Evolution von »offenen Fragen« zu reden ist sogar noch untertrieben. Da herrscht das reine Chaos der Gedanken und Gefühle: Zum einen lehnen manche Menschen die Evolutionstheorie aus vorgeblich religiösen Gründen ab. Am liebsten würden sie diese sogar an der Schule verbieten, weil die Evolutionstheorie mit der Bibel unvereinbar sei. Dabei beschreibt ausgerechnet die Genesis selbst die Entstehung der Welt als Evolutionsvorgang, noch dazu sachlich richtig und in allen Einzelheiten: Im Anfang war das Tohuwabohu (also das Chaos), aus diesem Tohuwabohu entstand allmählich die Welt. Weder Sterne noch Erde gab es vorher, selbst sie müssen erst entstehen in einem Prozess des Ordnens. Die Erde sah zu Beginn nicht so aus wie heute, sogar Wasser und Land mussten erst getrennt werden, geordnet. Dann erst entstand das Leben, zuerst die Pflanzen, danach die Tiere. Zuerst im Wasser, dann auf dem Land. Erst einfache Wesen, dann höhere, zuletzt der Mensch. Das ist, wie es geschrieben steht, und es ist fraglos korrekt.

Fragen kann man sich nur, woher die Verfasser der Genesis dies alles so genau wussten. Es gab in der ausgehenden Bronzezeit keine Geologie, keine wissenschaftliche Astronomie, keine Biologie, keinen Darwin. Nur das Denken gab es.

Es sei anders gemeint, als es dasteht, behaupten die Frommen. Das sehe man, weil ja von sieben Tagen die Rede sei, also von sieben mal 24 Stunden, in denen die Welt entstanden sein soll. Das sei offensichtlich mit der Wissenschaft nicht zu vereinbaren, also dürfe auch der Rest des Textes nicht mit modernen wissenschaftlichen Resultaten verglichen werden.

Das stimmt aber nicht. Weil ja mit den sieben Tagen keineswegs sieben mal 24 Stunden gemeint sein können, auch dies steht ausdrücklich geschrieben: Denn Sonne und Mond als Teiler zwischen Tag und Nacht entstehen erst am dritten »Tag«. »Tag« ist folglich und offensichtlich nicht als Zeitraum von 24 Stunden zu verstehen (denn sonst hätten ja Sonne und Mond ganz zuerst da sein müssen), sondern als Ordnung, die eine zeitliche Abfolge zu erzählen erlaubt, die man ansonsten nicht hätte benennen können – denn wer konnte denn damals auch nur zählen?

Es ist deswegen seltsam, wenn Menschen aus Gründen der Religion die Evolutionstheorie ablehnen. Es ist, für sich betrachtet, ein Rätsel, und es muss eine Lösung haben. Vielleicht finden wir sie in der modernen Biologie selbst – wo sonst?

ENTWICKLUNG JA – WEITERENTWICKLUNG NEIN?

Die moderne Biologie versteht unter Evolution das Zusammenspiel von zwei Mechanismen: Erstens kommt es immer wieder zu Änderungen im Erbgut der Lebewesen und somit zu Veränderungen ihrer Eigenschaften. Diese Veränderungen sind zufällig und sie können die Lebensqualität oder die Überlebenschancen eines Wesens zufällig erhöhen oder zufällig verringern. Zweitens bewirkt die Umwelt, in der ein Wesen lebt, eine Selektion dieser Eigenschaften – Lebewesen, die durch eine Änderung besser an die Umwelt angepasst sind, überleben bevorzugt, solche, die schlechter angepasst sind, sterben bevorzugt aus.

Die moderne Biologie legt nun großen Wert auf die Feststellung, dass es sich bei den Vorgängen der Evolution keineswegs um eine »Höherentwicklung« handelt – ohne diese Feststellung aber irgendwie zu begründen. Dies ist sehr schön in der englischen Fassung der Wikipedia zusammengefasst: »Evolution does not act in a linear direction towards a pre-defined ›goal‹ – it only responds to various types of adaptionary changes. The belief in a teleological evolution of this sort ... is not supported by the scientific understanding of evolution«. Damit ist zum Beispiel gemeint: Wenn sich Lebewesen etwa einer veränderten Temperatur der Umwelt anpassen, weil eine Eiszeit zu Ende geht oder nach einem Meteoriteneinschlag, so seien sie keineswegs »höher« entwickelt, denn eine höhere Temperatur oder ein Meteoriteneinschlag seien ja auch nicht »höher« entwickelt im Vergleich etwa zu niedrigen Temperaturen oder zu nichteinschlagenden Meteoriten. Die Lebewesen seien dann nur besser angepasst. Aber nicht irgendwie besser.

Weil das der Biologie so wichtig ist, wird es in erwähntem Artikel sogar sicherheitshalber noch einmal gesagt: »One of the most common misunderstandings of evolution is that one species can be ›more highly evolved‹ than another ... The claim that evolution results in progress is not part of modern evolutionary theory; it derives from earlier belief systems which were held around the time Darwin devised his theory of evolution.«

Für diese Behauptung – es existiere keinerlei »Höherentwicklung« – findet sich aber nirgends eine Begründung, obwohl auf diese Behauptung doch so viel Wert gelegt wird. Vielleicht erscheint es den Biologen als ganz offensichtlich und nicht anders möglich, als dass eben Prozesse des Zufalls keine zielgerichteten Vorgänge hervorbringen können. Vielleicht erscheint ihnen das als so offensichtlich, dass man es gar nicht mehr zu hinterfragen oder zu begründen braucht.

Dabei hatten wir im Kapitel über Thermodynamik gesehen, wie der reine Zufall die Bewegung der Atome bestimmt und wie dabei doch zielgerichtete Vorgänge entstehen – obwohl man von keinem der Atome sagen kann, was es in der Zukunft tun wird, so kann man trotzdem sagen, dass zwei aus diesen Atomen zusammengesetzte Eisen, von denen eines heiß und das andere kalt ist, in der Zukunft zu zwei warmen Eisen werden, zum Beispiel. Gerade weil im Mikrokosmos der reine Zufall herrscht, entsteht in der makroskopischen Welt Ordnung, das hatten wir besprochen. Man sollte zumindest einmal ausprobieren, was sich ergibt, wenn man das zweite thermodynamische Gesetz auf die Evolution anwendet.

Doch für die Evolutionstheoretiker scheint die Thermodynamik gar nicht zu existieren. Sie kommt nirgends in der modernen Evolutionstheorie vor. Man könnte nun denken, die Biologie kenne statt der Thermodynamik, statt des Begriffs der Entropie etwas anderes, mit dem man »Entwicklung« erklären und messen kann. Etwas, das vielleicht den Problemen der Biologie besser angepasst ist, denn in der Biologie hat man ja nicht mit Eisenstücken zu tun.

Aber so ist das nicht. Die Biologie kennt nicht nur die Thermodynamik nicht, sondern sie hat auch sonst kein Maß, keine Definition dafür, wann etwas höherentwickelt ist. Ganz egal, ob die Evolution eine Höherentwicklung hervorbringt oder ob sie dies nicht tut, die Biologie kann weder das eine noch das andere aufzeigen, es fehlen ihr dazu die Instrumente.

Aber man braucht gar nichts von Naturwissenschaft zu verstehen, sprechen zu können genügt: »Evolution« ist im Deutschen zwar ein Fremdwort, das erst einmal alles Mögliche bedeuten könnte, tatsächlich hat es aber eine eindeutige Bedeutung, es heißt »Entwicklung«. Entwicklung ohne »Weiterentwicklung« oder »Höherentwicklung« ist aber gar nicht zu denken. Eine Entwicklung ohne »Weiterentwicklung« ist keine. Ein Zufallsprozess ist keine Entwicklung. Niemand würde die Ziehung der Lottozahlen als »Entwicklung« bezeichnen. Es gibt wohl im gesamten menschlichen Wortschatz kein Wort, das stärker teleologisch aufgeladen ist als der Begriff »Entwicklung«.

Wenn jemand also unbedingt behaupten will, es gäbe keine Höherentwicklung in der Evolution, so müsste er zumindest einen anderen, neuen Begriff verwenden. Er dürfte nicht mehr »Evolutionstheorie« sagen. Man stelle sich das vor, ein Evolutionsbiologe, der nicht mehr von der Evolutionstheorie sprechen dürfte!

Wovon dann? Und auf Darwin könnte er sich wohl auch nicht mehr berufen – was nicht so schlimm wäre, wenn er sich denn sonst auf etwas berufen könnte.

Letztlich steht die Behauptung, die Evolution beinhalte keine Entwicklung, mit der Erfahrung im direkten Widerspruch: Ganz offensichtlich ist ein Mensch höher entwickelt als eine Hefe. Das kann man nicht bestreiten, nur weil die Biologie sich nicht traut oder unfähig ist, diesen Unterschied zu benennen. Und diese Unfähigkeit ist kein Argument gegen die Biologie, also gegen die Naturwissenschaft, sondern ganz im Gegenteil, es ist ein Ansporn, es besser zu machen, die Naturwissenschaft noch weiter zu verbessern – also Naturwissenschaft zu betreiben.

DER KOMPLEXITÄTS-KOMPLEX

Auf den Einwand, der Mensch sei doch höher entwickelt als die Hefe, antworten die »modern scientists« wie folgt: Das, was wir intuitiv als »höher entwickelt« empfinden, das sei die höhere Komplexität eines Lebewesens. Es gebe in der Tat Lebewesen mit einer hohen Komplexität und andererseits sehr einfache Lebewesen mit einer niedrigeren Komplexität, zum Beispiel eben die Hefe. Logischerweise hätten sich bei der Entstehung des Lebens zuerst einmal die Wesen niedrigerer Komplexität gebildet und folglich erst später solche mit hoher Komplexität. Das täusche dann eine Entwicklung vor, sei aber gar keine.

Diese Antwort wäre nur dann wissenschaftlich, wenn erstens die »Komplexität« eine naturwissenschaftliche und messbare Größe wäre. Das ist sie bis heute nicht (wir werden darauf zurückkommen). Und wenn zweitens die Komplexität eines Wesens einen direkten Zusammenhang hätte mit dem, was wir als »höher entwickelt« wahrnehmen. Auch das ist nicht der Fall.

Ganz im Gegenteil könnte man den Standpunkt vertreten, dass von zwei ansonsten im Wesentlichen gleichartigen Wesen dasjenige höher entwickelt ist, das weniger komplex ist. Stellen wir uns zum Beispiel vor, ein Mensch hätte die Gene für den Blinddarm, das Steißbein und den genetisch bedingten Krebs verloren. Er hätte also keinen Blinddarm und kein Steißbein mehr und könnte an bestimmten Krebskrankheiten nicht mehr erkranken. Nehmen wir an, der gleiche Mensch verlöre aufgrund einer Änderung seiner Gene auch einige der Instinkte, die in grauer Vorzeit überlebensnotwendig waren, aber heute aufgrund der veränderten Lebensverhältnisse kontraproduktiv sind, vielleicht sogar das Überleben der Menschheit gefährden. So ein Mensch wäre dann einfacher gebaut, wäre weniger »komplex«. Aber wäre er »weniger entwickelt«?

Es ist ein wenig wie mit des Kaisers neuen Kleidern: Jeder sieht doch, dass das Gerede der Evolutionstheoretiker hinten und vorn nicht aufgeht, aber niemand will es zugeben. Stattdessen probiert man ständig neue Begriffe aus, um hinter ihnen die allgemeine Ratlosigkeit ein wenig zu verstecken. Man redet dann von »Chaostheorie« oder von »Selbstorganisation«. Das gegenwärtige Chaos lässt derartig schwammige Begriffe zu, alles geht, alle sind lustig.

MENSCHEN, TIERE, KONSEQUENZEN

Wir hatten gerätselt, warum denn sogar manche frommen Menschen die Evolutionstheorie ablehnen, obwohl sie doch in der Genesis selbst geschrieben steht. Nun sehen wir, dass es vielleicht gar nicht die Evolutionstheorie ist, die sie ablehnen, sondern vielleicht nur jenen komplexen Wirrwarr, der sich fälschlicherweise als Evolutionstheorie ausgibt.

Warum aber lehnen viele Menschen jenen Wirrwarr so heftig und entschieden ab, statt ihn einfach nur zu ignorieren? Man sieht es, wenn man sich die Konsequenzen der Schein-Evolutionstheorie vor Augen führt: Wenn es keine »Höher«-Entwicklung gibt, so ist der Mensch nicht besser als ein Tier, sondern nur verschieden vom Tier, so wie auch die Tiere untereinander verschieden sind. Das sagen die »modern scientists« sogar ganz offen: »The science of evolution is clear … that humans are animals.« Wenn aber der Mensch nicht mehr ist als nur eines von vielen Tieren, dann kann man logischerweise zum Beispiel Menschen töten, wenn man davon einen wesentlichen Vorteil hat, so wie man es auch mit Tieren tut. Ebenso wie es Schlachthöfe für Tiere gibt, ebenso kann man dann auch Schlachthöfe für Menschen einrichten. Und das ist ja keine kranke Fantasie, wenn man das ausspricht, sondern dergleichen ist ja tatsächlich gemacht worden, es ist eine historische Realität.

Zwar kann eine Gesellschaft so gescheit sein, das Töten von Menschen gesetzlich zu verbieten. Wenn sie aber gleichzeitig keinen Unterschied sehen kann zwischen Mensch und Tier, so bleibt dieses Verbot letztlich immer Konvention, also Willkür, wenn auch für einen guten Zweck. Diese Beliebigkeit ist es vermutlich, was – ganz zu Recht – als Widerspruch zur Religion empfunden wird. Wodurch dann gerade eben ernsthafte und konsequent denkende Menschen in eine Abwehrhaltung gegen die Evolutionstheorie gezwungen werden, aus als religiös empfundenen Motiven, obwohl die Evolution doch sogar in der Bibel steht.

Man muss aber gar nicht religiös veranlagt sein, um sich an den Irrlehren der heutigen Evolutionstheoretiker zu stören: Denn die Evolution handelt ja davon, wie wir geworden sind. Sie handelt somit davon, wer wir sind. Eine Fehlinterpretation der Evolutionstheorie hat deshalb Folgen für alle Menschen. Wenn sich Adolf Hitler nicht die damaligen Fehlinterpretationen der Evolutionstheorie zu eigen gemacht hätte – »natürliche Auslese«, »Überleben des Stärkeren«, »Recht des Stärksten« –, vielleicht hätte es die Konzentrationslager und den Krieg trotzdem gegeben. Aber vielleicht auch nicht. Wir führen hier also keine rein akademische Diskussion.

Und wir reden nicht nur über die Vergangenheit, sondern auch über die Zukunft: Die Verbrechen des 20. Jahrhunderts werden sich hoffentlich nie wiederholen, denn wir haben hohe juristische Hürden gegen solche Gräuel errichtet. Aber viele Verbrechen sind nach wie vor erlaubt. Den Menschen Kultur vorzuenthalten, ihre Zukunft zu verkaufen, ihren Lebenssinn zu rauben, ihr Geistesleben zu verhindern – sie zu behandeln, als wären sie Maschinen –, das ist alles erlaubt. Das Gesetz schützt immerhin das biologische Leben des Menschen, man darf ihn nicht mehr ins Genick schießen oder vergasen. Der Unterschied zwischen Mensch und Tier liegt aber im geistigen Leben. Und das ist nicht geschützt. Wer sein Kind den ganzen Tag vorm Fernseher parkt, wird nicht bestraft. Er muss sich nicht einmal schämen. Denn vielleicht ist es gar nicht seine Schuld, vielleicht lässt ihm die Politik gar keine andere Wahl.

Auch die heutigen menschenverachtenden Fehlinterpretationen Darwins sind ernst zu nehmen. Sie müssen hinterfragt werden.

Information ohne Physik

Von der »Information« handelt die klassische Informationstheorie nach Shannon und ihre moderne Erweiterung, die algorithmische Informationstheorie (Chaitin, Kolmogorov und andere). Die Informationstheorie ist eine schlüssige und erfolgreiche formale Theorie – die Organisation der Computer und somit unser gesamtes Informationszeitalter fußen auf ihr.

Allerdings ist die gegenwärtige Informationstheorie keine physikalische Theorie. Die heutige Informationstheorie enthält keine physikalischen Variablen und erlaubt auch keine Messung im physikalischen Sinne. Dabei kommen doch Information und Informationsverarbeitung in der Natur durchaus vor. Das ist seltsam.

Wenn Computer ein Programm ausrechnen, also sozusagen mit sich selbst reden, oder wenn sie mit anderen Computern kommunizieren oder mit einem ausgebildeten Programmierer, sind sie sehr leistungsfähig. Selbst die modernsten Computer sind aber außerordentlich schwach, wenn sie Nachrichten aus der physikalischen Welt verarbeiten sollen. Ein Computer kann zum Beispiel eine Videokamera auslesen, aber er versteht nicht, was auf dem Bild der Kamera zu sehen ist.

Nicht nur der einzelne Computer »versteht nicht«, was er sieht, sondern die Theorie insgesamt »versteht nicht«, sie kann das Problem nicht nur nicht lösen, sie kann es nicht einmal formulieren.

Die englischsprachige Wikipedia formuliert das so: »The field of computer vision can be characterized as immature and diverse … there is no standard formulation of ›the computer vision problem‹. Also, and to an even larger extent, there is no standard formulation of how computer vision problems should be solved.« Die deutschsprachige Wikipedia verschweigt das Problem, die italienische auch.

Vielleicht könnten die Computer die physikalische Welt besser verstehen, wenn es eine Verbindung gäbe zwischen mathematischer Informationstheorie und Physik? Zuerst einmal wollen wir aber besser verstehen, wo die Begrenzungen der gegenwärtigen Informationstheorie herrühren und worin sie genau bestehen. Was nicht bedeutet, auf den nächsten fünf Seiten ein ganzes Informatikstudium absolvieren zu wollen. Es genügt, in den Schriften des Meisters selbst zu lesen. Da steht alles. Und es ist sogar einfach.

Und dann wollen wir kurz sichten, was denn die Physik bisher zu alldem zu sagen hatte. Interessanterweise werden wir dabei direkt bei Szilard und Einstein höchstselbst landen, kurz vor der Machtergreifung. Ja, und danach werden wir uns fragen, ob wir nicht, auf den Schultern Szilards und Einsteins stehend, ein wenig weiterkommen können in der Frage der Information. Zunächst also die Schriften des Meisters.

ANGRIFF UM 4.00

Shannons Arbeiten gründen im Krieg, er hat im Krieg gelebt und für den Krieg gearbeitet, und als der Krieg vorbei war, hat er seine Arbeit veröffentlicht (*A Mathematical Theory of Communication*, 1948, The Bell System Technical Journal). Einzelheiten der Theorie wurden seitdem von einer Reihe von Experten weiter verbessert, aber das grundlegende Anliegen der Theorie hat sich nicht geändert seit damals.

Es ging Shannon also um »communication«. Mit »communication« meint er »the fundamental problem of communication is that of reproducing at one point either exactly or approximately a message selected at another point« (das fundamentale Problem der Kommunikation besteht darin, eine Nachricht, die an einem

Punkt ausgewählt wurde, an einem anderen Punkt exakt oder annähernd exakt wiederzugeben).

Im Mittelpunkt steht also eine Frage, die ein konkretes technisches Problem betrifft: Shannon arbeitete an der Entwicklung von militärischen Feuerleitsystemen und an Problemen der Kryptografie, also der Verschlüsselung von Nachrichten. Wenn das Oberkommando über Radio den Befehl zum Angriff für morgen um 5.00 Uhr geben will, wie kann man sicherstellen, dass dieser Befehl richtig verstanden wird? Wie kann man sicherstellen, dass die Truppe wirklich um 5.00 Uhr angreift und nicht etwa schon um 4.00 Uhr?

Zuerst einmal kommt es dabei auf die Qualität der Übertragung an, das Radio darf nicht zu stark rauschen. Shannon schrieb: »we will ... include ... in particular the effect of noise in the channel.« Und dann kommt es natürlich auch darauf an, wie leicht eine Nachricht mit einer anderen verwechselt werden kann. Wenn man zum Beispiel die Nachricht fünfmal wiederholt, ist es weniger wahrscheinlich, dass sie falsch verstanden wird. Zum Beispiel.

Shannon ging es nicht um Fragen wie etwa, was denn »Information« an sich sei. Es ging ihm auch nicht um die Bedeutung einer Nachricht – der Empfänger der Nachricht würde ganz bestimmt wissen, was eine »Kanone« sei oder was »Angriff« bedeutet. Das schreibt Shannon auch ganz ausdrücklich: »frequently the messages have meaning; that is they refer to or are correlated according to some system with certain physical or conceptual entities. These semantic aspects of communication are irrelevant to the engineering problem.«

Relevant war nur eins: Wenn das Rauschen im Radio zu stark wäre, so würden die Soldaten vielleicht die Nachricht falsch verstehen, sie würden vielleicht »four« statt »five« verstehen und könnten dann schon um 4.00 angreifen und ins eigene Artilleriefeuer laufen. Wie stark also durfte das Radio rauschen, und wie deutlich mussten sich die verschiedenen möglichen Nachrichten voneinander unterscheiden, damit so etwas nicht passierte?

In diesem Vorgehen liegt eine Vereinfachung des Problems, die sinnvoll und hilfreich ist, denn sie erleichterte Shannon die weitere Arbeit sehr. Es ist eine Vereinfachung, die immerhin den Beginn einer wichtigen wissenschaftlichen Theorie einleitet – der klassische Informationstheorie. In dieser thematischen Eingrenzung liegt aber eben auch eine Begrenzung der Theorie, die im Folgenden mit den Mitteln der Theorie selbst nicht mehr überwunden werden kann. Denn es ist innerhalb dieser Theorie nicht möglich, die Frage nach der »Bedeutung« oder dem »Verständnis« einer Nachricht auch nur zu stellen, und noch viel weniger, sie zu beantworten.

Das Rauschen in der Leitung ist zufällig (sonst wäre es kein Rauschen, sondern selbst ein Signal). Die Theorie Shannons muss also eine Theorie des Zufalls sein, anders gesagt, eine Theorie der Wahrscheinlichkeit.

Als Nächstes untersucht Shannon diejenigen Eigenschaften der Nachrichten, die seiner Theorie überhaupt nur zugänglich sind. Er untersucht also die Wahrscheinlichkeit bestimmter Nachrichten sowie die Wahrscheinlichkeit von Teilen einer Nachricht, zum Beispiel die Wahrscheinlichkeit, mit der bestimmte Buchstaben oder Silben vorkommen. Das sind die Dinge, die Shannon studiert. Etwas anderes kann man in der Shannonschen Welt über Sprache gar nicht aussagen, nur das, wie häufig bestimmte Buchstaben, Silben, Wörter, Wortgruppen, Sätze, Satzreihen vorkommen.

DIE SHANNONSCHE INFORMATIONSMENGE

Wenn man nun also Informationswissenschaft oder Informationstechnologie betreiben will, so muss man als Nächstes irgendein

Maß für die Information einführen. Viele Alternativen hat man hierfür aber nicht mehr: Wenn man nur etwas über die Häufigkeit oder Wahrscheinlichkeit von Buchstaben (oder Wörtern etc.) aussagen kann, lassen sich eben nur Wahrscheinlichkeiten verwenden, um daraus ein Informationsmaß zu definieren.

Die entsprechenden Überlegungen in Shannons Artikel sind ziemlich umständlich, die Encyclopedia Britannica fasst es zusammen: »If in a set of messages the probabilities of the possible messages are given by p_1, p_2, ... p_n, then the amount of information associated with the first message is $\log_2(1/p_1)$, that of the second $\log_2(1/p_2)$, and so forth. The expected value of these amounts of information is called the entropy H, or the average information of the message set.«

Am einfachsten ist es, digitale Nachrichten zu betrachten, die nur aus Einsen und Nullen bestehen. Für diese ist die Informationsmenge einer Nachricht, der »amount of information«, einfach die Anzahl ihrer Bits (vorausgesetzt »0« und »1« kommen mit der gleichen Wahrscheinlichkeit vor) – eine *n* Bit lange Nachricht hat *n* Bits Informationsmenge. (Besteht die Nachricht aus Buchstaben, muss man die Häufigkeit der Buchstaben in der Sprache kennen, um die Informationsmenge auszurechnen.)

Solange man nur über Probleme der Signalübermittlung nachdenkt, reicht die Shannonsche Definition. Fragt man aber nach der Bedeutung von Nachrichten, führt das Shannonsche Informationsmaß nicht weiter: In Shannons Definition ist die in einem Buch enthaltene Menge an Information im Wesentlichen gleich der Anzahl der Buchstaben in dem Buch. Ein Buch mit 200 Seiten enthält dann doppelt so viel Information wie ein Buch mit 100 Seiten. Das leuchtet erst einmal ein.

Was geschieht aber, wenn wir die Buchstaben zufällig durcheinanderwürfeln? Dann hat das Buch immer noch die gleiche Menge an Information, nach Shannon. Das ist einerseits sicher nicht sinnvoll. Andererseits, wer weiß, vielleicht scheinen uns die Buchstaben ja nur zufällig angeordnet, vielleicht handelt es sich ja in Wirklichkeit um eine uns unbekannte Sprache. In diesem Fall wäre es dann doch wieder sinnvoll, dem Buch eine Information zuzuordnen. Wer weiß?

Eine physikalische Messung sieht jedenfalls anders aus. Und das muss uns ja auch nicht wundern. Denn was »Information« eigentlich ist, wird bei Shannon ja nirgends gesagt. Das ist, als wollte man die Energie eines Körpers oder seine Energieänderung messen, ohne jemals gesagt zu haben »$\Delta E = F \cdot \Delta x$«. Wenn man gar nicht weiß, was »Information« ist, braucht man sich nicht zu wundern, wenn man Information auch nicht messen kann.

Schlimmer noch: Es gibt in der gesamten Shannonschen Informationstheorie, und auch in den Erweiterungen, die seitdem an der Theorie vorgenommen worden sind, nicht das geringste bisschen Physik. Es kommt in der Informationstheorie keine einzige physikalische Variable vor, die man messen könnte. Obwohl Computer oder auch Gehirne zweifellos Teil der physikalischen Welt sind.

Immerhin kommt der Begriff »Entropie« vor, den kennen wir aus der Physik. Und in der Tat hat Shannon geglaubt, seine Entropie sei die thermodynamische Entropie der Physik. Da hat er sich aber geirrt. Denn die Entropie eines Systems ist eine temperaturabhängige Größe, die Information aber offenbar nicht – wenn man eine Zeitung in den Kühlschrank legt, so ändert sich die in ihr enthaltene Information sicher nicht, ihre Entropie aber schon.

Es ist erstaunlich, wie wenig wir über »Information«, »Nachricht«, »Bedeutung«, »Verstehen« wissen. Obwohl wir doch im Informationszeitalter leben, angeblich.

Noch erstaunlicher ist, dass das niemanden stört, es gibt so gut wie keine Forschung auf dem Gebiet.

Gerade diese Abwesenheit von Wissen und Wissenschaft wird von gewissen Leuten ausgenutzt, um völlig groteske, in letzter

Konsequenz sogar verbrecherische Gedanken fälschlicherweise als Wissenschaft auszugeben: Wenn also zum Beispiel Experten behaupten, der Computer werde in Zukunft einmal denken können, besser als wir, und würde uns dann verdrängen (früher hat man gesagt »ausrotten«, aber so garstige Worte benutzt ein Experte natürlich nicht), so ist das frei erfunden. Diese Leute wissen schlichtweg nicht, wovon sie reden. Wie soll man vom Denken reden, wenn man nicht einmal weiß, was »Erkennen« oder »Verstehen« oder »Bedeutung« ist? Wie soll man vom Denken sprechen, wenn man nicht einmal weiß, was »Information« ist? Wenn derartige Leute behaupten, wir würden demnächst vom Computer »ersetzt«, so sagen sie das nur deshalb, weil sie es so wollen, nicht, weil es so ist.

Wenn man nicht weiß, was »Information« ist, kann man die Frage nach dem Denken nicht einmal sinnvoll in Angriff nehmen. Und das ist ja nur eines der Probleme. Ein anderes Beispiel: Ist »Leben« eine Voraussetzung fürs »Denken«? Ein totes Gehirn kann ja nicht denken. Kann dann eine Maschine, die ja auch nicht lebt, denken?

Man kann sich solchen Fragen nicht entfernt annähern, wenn man nichts hat als den Shannonschen Informationsbegriff. So wie wir es bei der Evolutionstheorie gesehen haben, ist es offensichtlich auch bei der Informationstheorie: von wegen ausgeforscht!

WAS IST DAS: EINE NACHRICHT?

Zwar ist in der heutigen Informationstheorie keine Physik enthalten. Tatsächlich muss es aber einen Zusammenhang zwischen Information und Physik geben, denn Computer sind ja Teil der physikalischen Welt. Einen ersten Hinweis auf einen solchen Zusammenhang hat 1929 Szilard gegeben. (L. Szilard, *Über die Entropieverminderung in einem thermodynamischen System bei Ein-*

griffen intelligenter Wesen, Zeitschrift für Physik 53, 840–856). Seine Argumente laufen auf einen einfachen Sachverhalt hinaus: Um ein Bit Information zu speichern, also »ja« – »nein« oder »1« – »0«, braucht man »etwas«, das zwei verschiedene Zustände annehmen kann. Einer repräsentiert »1« (oder »ja«), der andere »0« (oder »nein«). Dieses »etwas« kann zum Beispiel ein Schalter sein, ein Lichtschalter vielleicht.

Ein solcher Schalter hat einen Freiheitsgrad, man kann ihn zum Beispiel nach »links« oder nach »rechts« umlegen, also hat er eine Bewegungsenergie von $\frac{1}{2}kT$, das hat Boltzmann gezeigt.

Der Schalter wird deswegen immer ein wenig vibrieren. Das merkt man bei einem normalen Lichtschalter nicht, weil $\frac{1}{2}kT$ verhältnismäßig wenig Energie ist. Will man allerdings sehr große Speicher bauen, die viele Bits an Information speichern können, so muss man entsprechend kleine »Schalter« verwenden, am besten wären Schalter aus einzelnen Molekülen oder gar Atomen, und dann sieht die Sache schon ganz anders aus. Für ein einzelnes Atom ist $\frac{1}{2}kT$ sehr viel Energie – ein Atom mit einer Bewegungsenergie von $\frac{1}{2}kT$ bewegt sich mit Schallgeschwindigkeit und vibrierte, wenn man es festhielte, entsprechend stark.

Deswegen muss ein Schalter, damit er in einer bestimmten Position bleiben wird, ein wenig schwergängig sein – es muss eine bestimmte Kraft nötig sein, um ihn zu schalten, und zwar eben diese $\frac{1}{2}kT$. Nur dann wird er in der geschalteten Position bleiben.

Man müsste also, falls unsere Überlegungen stimmen, die Energie $\frac{1}{2}kT$ aufbringen, um ein Bit Information zu speichern. (Dieses »Aufbringen« ist wegen der Energieerhaltung immer eine Umwandlung in eine andere Energieform, zumeist Wärmeenergie, und nennt sich »Dissipation«.) Um also ein Bit Information zu speichern, wird die Energie $\frac{1}{2}kT$ »dissipiert«. Das ist jedenfalls die Schlussfolgerung, zu der Szilard gelangt ist (die Gedankengänge, die ihn zu dieser Schlussfolgerung geführt haben, waren aber etwas andere als hier dargestellt. Szilard hat den sogenannten Maxwell-Dämon diskutiert, um zu dem Resultat zu kommen, das ich hier etwas anschaulicher zu beschreiben versucht habe).

Szilard arbeitete in Berlin, so wie Einstein, und als Einstein von den Gedanken Szilards erfuhr, fand er sie hochinteressant. Nur leider kamen kurz darauf die Nazis an die Macht, das war das Ende der deutschen Physik, Einstein und Szilard wurden aus Deutschland vertrieben. Sie fanden in Amerika Zuflucht, wo Szilard mit Hilfe Einsteins das Manhattan-Projekt begann, den Bau der Atombombe. Auch nach dem Krieg fand Szilard nicht mehr zur Physik der Information zurück.

Die Gedanken Szilards zur Information wurden von Landauer überprüft. Er widersprach Szilard teilweise und schlussfolgerte, nicht das Speichern von Information dissipiere Energie, sondern das Löschen von Information. Diese Untersuchungen wiederum hat Bennet korrigiert: Man könne ganz beliebig Daten manipulieren, ohne jemals Energie dissipieren zu müssen, man dürfe dabei nur weder Bits löschen noch Bits aus der Umgebung aufnehmen. (Weder Landauer noch Bennett haben dabei allgemeine physikalische Argumente vorgebracht, sondern mit Fallstudien und Beispielen argumentiert.)

Die resultierende Situation ist also etwas verwirrend: Einerseits kann Szilards Resultat nicht ganz falsch sein. Auf »irgendeine Weise« ist es sicher richtig, man muss Energie dissipieren, um »Information« speichern oder löschen zu können. Denn um Information zu speichern, braucht man einen Schalter, der Schalter muss ein wenig schwergängig sein, er muss mindestens die Energie $\frac{1}{2}kT$ dissipieren. Andererseits sind aber auch die Gegenargumente Landauers und Bennetts ernst zu nehmen.

Ein möglicher Grund für diese verwirrende Situation könnte an einem Mangel an mathematischer Struktur liegen: Wir hatten vorher ganz genau definiert, was »Geschwindigkeit« ist oder »Energie« oder »Arbeit«: $\Delta E = F \cdot \Delta x$. Es ist aber bei Szilard, Landauer oder Bennett nie auf eine entsprechend klare Weise gesagt, was »Information« ist, was »speichern« oder »löschen« eines Bits bedeuten soll. Es ist immer auf ein bestimmtes Beispiel bezogen klar, wie es gerade gemeint ist. Aber in einem anderen Zusammenhang ist es dann vielleicht anders gemeint.

Anders gesagt: Szilard hat vermutlich die Gesetze der Thermodynamik richtig angewandt, es ist aber nicht klar, worauf er sie angewandt hat. Die Thermodynamik selbst hat eine mathematische Struktur (Wahrscheinlichkeitsrechnung). Das, worauf er die Gesetze der Thermodynamik angewandt hat, hatte keinerlei mathematische Struktur. Wenn wir es schaffen würden, dem, worüber Szilard gesprochen hat, eine mathematische Struktur zu geben, würde es zu einer physikalischen Theorie. Lassen Sie uns also versuchen, etwas über die mathematische Struktur von Nachrichten oder informationsverarbeitenden Systemen in Erfahrung zu bringen. Was ist das: eine »Nachricht«? Sie besteht im Falle einer digitalen Nachricht aus »0« und »1«. Was ist das: eine Eins?

Physik der Information

Was eine »1« ist, kann man so nicht sagen. Man kann mit der 1 auch nichts anfangen. Man könnte sie eventuell mit sich selbst multiplizieren, $1 \cdot 1 = 1$, dabei kommt wiederum die Eins heraus, da kann man es auch gleich bleiben lassen. Mit nur der 1 kann man nicht einmal Additionen ausführen, denn was sollte dann $1 + 1$ sein? »1« vielleicht? Dann wäre ja die Multiplikation das Gleiche wie die Addition, das wäre Unfug.

Hätten Sie die Macht, ein Universum zu erschaffen, und schüfen Sie in Ihrem Universum nur die 1, so ergäbe sich ein vollständig ödes Universum, in dem nichts geschehen kann. Über Ihr Universum könnte man nichts sagen. Höchstens das: Es ist nicht gut, dass die 1 allein ist. Hat man nichts als die 1, so lässt sich nicht einmal sagen, was sie überhaupt ist.

Wir fügen also die 0 hinzu. Wir stellen uns ein Universum vor, in dem es nicht nur die 1 gibt, sondern auch die 0. Dadurch ändert sich nun schlagartig alles, nun wird alles möglich, die Mona Lisa, die Sixtinische Kapelle, die Bibel, Picasso, Sie, alles.

Der Reihe nach: Sobald man 1 und 0 zur Verfügung hat, wird es möglich, zu rechnen, denn nun kann man Addieren und sinnvoll multiplizieren. Es entsteht das Zählen und dadurch die Zahlen. Erst die natürlichen Zahlen, dann all die anderen. So wie wir es im Kapitel über die Zahlen gesehen haben. Haben Sie 1 und 0, so haben Sie alles.

Die Mathematiker haben einen Namen für die beiden: 1 und 0 bilden zusammen eine Menge, die sie »Restklasse modulo 2« nennen. Jetzt wissen wir, was eine 1 ist: Eine 1 ist ein Element der Restklasse modulo 2. Diese Restklasse kann man also wohl nicht von etwas noch Einfacherem ableiten, man kann auch nicht sagen, woher oder warum sie ist – »sie ist, was sie ist«. Lassen sich dann wenigstens die Addition oder die Multiplikation von etwas herleiten?

Ein Versuch, die Addition und die Multiplikation in der Restklasse modulo 2 besser zu verstehen oder zu erklären oder herzuleiten, könnte vielleicht so aussehen: Man könnte sich vom Alltag inspirieren lassen und in Worte fassen, was man aus der Erfahrung kennt. Im Alltag können wir addieren, zum Beispiel 2 Äpfel und 3 Äpfel, das macht 5 Äpfel, und wir können multiplizieren, zum Beispiel hat die Stunde 60 Minuten, der Tag hat 24 Stunden: $24 \cdot 60 = 1440$ Minuten. Man kann diese Rechenregeln, denen man beim Addieren oder Multiplizieren erfahrungsgemäß folgen muss, möglichst knapp und übersichtlich zusammenfassen und dann allem, was den Rechenregeln für die Addition folgt, den Namen »Addition« geben. Zum Beispiel muss gelten: $a+(b+c)=(a+b)+c$, damit man es »Addition« nennen kann. Es muss auch ein neutrales Element geben, damit man es »Addition« nennen darf. Und so weiter. Wenn all das der Fall ist, so nennt man es Addition.

Und mit dieser Vorgehensweise findet man dann in der Tat die »Addition« und die »Multiplikation« auch in der Restklasse modulo 2. Zum Beispiel findet man (durch Ausprobieren) für 1 und 0 tatsächlich: $a+(b+c)=(a+b)+c$. Dieses Herleiten des Rechnens aus dem Alltag ist zwar anschaulich, aber eine Erklärung ist es wohl doch nicht. Wir haben ja lediglich etwas, das uns aus dem Alltag vertraut ist, auch in der Restklasse modulo 2 gefunden – das ist ja keine Ableitung aus etwas Einfacherem.

Ein anderer Versuch, zu einer »Herleitung«, einem »Beweis«, einem »Verständnis« der Addition zu kommen, könnte darin bestehen, alles, was möglich ist, vollständig aufzulisten – vielleicht gewänne man aus einem vollständigen Überblick ein Verständnis?

Wir fragen uns also, welche Operationen, welche Verknüpfungen der Elemente 1 und 0 überhaupt möglich sind. Es gibt vier mögliche Fragestellungen: »Was ist 0 verknüpft mit 0«?, »Was ist 0 verknüpft mit 1?«, »Was ist 1 verknüpft mit 0?«, »Was ist 1 verknüpft mit 1?«. Und auf jede dieser vier Fragen sind immer nur zwei Antworten möglich, eben wiederum »1« oder »0«.

Es gibt also $2 \cdot 2 \cdot 2 \cdot 2 = 16$ verschiedene Möglichkeiten, Verknüpfungen der Elemente 1 und 0 zu definieren. Man kann jeder der 16 Verknüpfungen einen eigenen Namen geben, zum Beispiel »Egon«, »Dreieck«, »Katze«, »Addition«, »Multiplikation«, »Rot« und so weiter. Und man kann für jede dieser Verknüpfungen eine Liste anlegen, welche die Verknüpfung beschreibt. Für die Multiplikation – wir kürzen sie ab, indem wir »·« schreiben – sieht die Liste zum Beispiel so aus:

$$0 \cdot 0 = 0$$
$$0 \cdot 1 = 0$$
$$1 \cdot 0 = 0$$
$$1 \cdot 1 = 1$$

Oder, kürzer geschrieben:

·	0	1
0	0	0
1	0	1

Es gibt also 16 solcher Tafeln, man nennt sie auch »Verknüpfungstafeln«, oder »look-up tables« oder »Nachschlagetafeln«. Eine ist die »Addition« und eine andere die »Multiplikation«. Wenn man aus etwas noch Grundlegenderem begründen könnte, warum zum Beispiel die Tafel, die wir hingeschrieben haben, die Multiplikation ist und nicht irgendeine andere, so hätten wir erklärt, woher die Multiplikation kommt. Soweit ich weiß, kann man das aber nicht. Man kann nur sagen, dass die Mathematik gut funktioniert, wenn man diese Tafel verwendet. Womit wir aber wieder beim Argument von vorher wären: Wir verwenden die Tafel »Addition«

statt der Tafel »Egon« zum Addieren, weil es funktioniert – eine wirkliche Erklärung oder Herleitung ist das wiederum nicht.

Vermutlich sind wir hier an der äußersten Grenze der Einfachheit. Auf noch Einfacheres zurückgehen kann man hier wohl nicht mehr. Hier gibt es kein »Warum« oder »Weil« mehr. Wir stehen hier also an den Grenzen des Denkens selbst. Ja, Sie auch. Hätten Sie das gedacht?

DER KLEINE HUND

Zu den Fundamenten oder Höhepunkten der menschlichen Kultur kann man Urlaubsreisen buchen, nach Griechenland, nach Rom, nach Berlin. Da steht man dann und staunt, zum Beispiel über Hammurabi. Oft helfen erst scheinbar unwichtige Kleinigkeiten, Details, die vorgebliche, die eingebildete Distanz zu überwinden zwischen uns und diesen Dingen. Zum Beispiel wird Sie Ihr Führer in der Sixtinischen Kapelle auf den kleinen Hund hinweisen, der auf mehreren, ganz verschiedenen Bildern vorkommt. Einmal hat ein Kind den Hund unterm Arm, einmal versteckt sich der Hund unten links im Bild und so weiter. Es habe den Hund, so behauptet der Führer, wirklich gegeben. Er sei dabei gewesen, als die Bilder gemalt wurden, habe den Malern bei ihrer Arbeit Gesellschaft geleistet, und so hätten sie ihn in die Bilder eingefügt.

Ein derartiges Detail findet sich auch auf unseren Tafeln, ganz unten in der Additionstafel. Sehen Sie es?

+	0	1
0	0	1
1	1	0

Da steht: $1+1=0$. Dies ist wahr, denn es steht in der Tafel. Obwohl es offensichtlich anders ist als mit den Äpfeln, denn ein Apfel und noch ein Apfel ergeben ja nicht null Äpfel. »Die kommen von weit her, diese Tafeln«, hätte Thomas Mann dazu vielleicht gesagt.

Das ist das Ende unserer Führung durch die Restklasse modulo 2. Als Nächstes wollen wir uns der Welt zuwenden. Denn obwohl wir uns hier auf den untersten Fundamenten des Geistes befinden, sind wir gleichzeitig bereits ganz in der Welt, alles ist in der Restklasse bereits enthalten.

Von der Restklasse zur Welt gibt es einen langen und ausführlichen Weg: Von der Restklasse zu den natürlichen Zahlen, zu ihrer Addition, dann zur Multiplikation, weiter zu den Brüchen und immer so fort, bis zur äußersten Zahl, dem imaginären »*i*«. Und dann kann man all dies mit der physikalischen Welt verbinden.

Und es gibt einen kurzen Weg, es ist eigentlich gar kein Weg, es ist kürzer als das, wir sind schon da: Weil die Elemente der Restklasse die Addition kennen und die Multiplikation, und weil diese miteinander verbunden sind ($a \cdot (b+c) = (a \cdot b) + (a \cdot c)$), bildet die Restklasse ganz automatisch und unmittelbar auch einen sogenannten mathematischen Körper (die Mathematiker nennen ihn F_2), und das ist für uns deswegen interessant, weil über einem solchen wiederum ganz automatisch immer ein arithmetischer Vektorraum besteht (sagen die Mathematiker), der sogenannte F_2^n. Seine Elemente schauen zum Beispiel so aus: (0,1,1,0), oder so (1, 1,1,0,1,0,1,1,0). Und das kennen wir ja schon, das sind ja die digitalen Nachrichten!

Die digitalen Nachrichten sind also Vektoren. Sie schauen nicht nur so aus, sondern sind es wirklich. Sie unterliegen den Gesetzen der Vektoralgebra. Und den Vektorraum F_2^n können wir auch als »Nachrichtenraum« bezeichnen. Damit haben wir eine weitere Frage beantwortet: »Was sind das, Nachrichten?« Es sind Vektoren.

In der Shannonschen Theorie ist die wesentlichste Eigenschaft einer Nachricht ihre Länge (ihre sogenannte »Entropie«). Betrachten wir also zuerst die Länge physikalischer Nachrichten: Kann man etwas Relevantes über die Länge physikalischer Nachrichten aussagen?

In der herkömmlichen Informationstheorie gibt es im Prinzip auch unendlich lange Nachrichten. Mit denen befasst sich sogar ein wichtiger Zweig der Informationstheorie, der fragt, ob man denn einem Programm ansehen kann, ob es eine unendlich lange Nachricht produzieren wird, ob es also niemals mit dem Rechnen fertig sein wird. Das ist das sogenannte Halteproblem.

Die in der physikalischen Welt vorkommenden Nachrichten sollten hingegen immer endlich lang sein. Denn die Energie des physikalischen Weltalls ist ja endlich. Damit ist aber auch die Entropie, S, endlich. Also ist wegen der Boltzmannformel $S = k \cdot \log(W)$ auch die Zahl der möglichen Mikrozustände, W, endlich. Man kann folglich mit einer endlich langen digitalen Nachricht das gesamte Universum vollständig beschreiben, denn mehr als zu sagen, in welchem seiner möglichen Zustände es ist, kann man nicht. Das gilt auch für alle Teile des Universums, zum Beispiel Nachrichten – eine Nachricht hat so und so viele Mikrozustände, in einem von denen oder in einer Gruppe von denen befindet sie sich; ist das beschrieben, so ist alles gesagt.

Das bedeutet zweierlei: Erstens können alle Nachrichten als digitale Nachrichten formuliert werden. Zweitens müssen Nachrichten endlich sein. Das ist auch besser so, denn die Ressourcen des Universums sind ja endlich, unendlich lange Nachrichten könnte man im Universum nicht darstellen – es gibt im Universum weder genug Energie noch genug Materie noch genug Zeit, um eine unendlich lange Nachricht herzustellen.

Das entspricht auch der praktischen Erfahrung: Wir haben es immer und überall nur mit *n* Bit langen Nachrichten zu tun, wobei *n* immer endlich ist, *n* kann sehr groß sein, es ist aber nie unendlich.

Bei einem normalen Computer ist *n* sehr klein, die Eingabenachricht für einen Computer ist typischerweise 16 oder 32 Bit lang, eventuell auch 64 Bit lang. Die Eingabenachricht für den Sehapparat unseres Gehirns ist wesentlich länger, aber auch sie ist nicht unendlich, sondern hat eine feste Länge: Die Retina des Auges besteht aus 130 Millionen Sehzellen, welche die Nachricht produzieren, die dann an das Gehirn weitergeleitet wird. Es sind immer 130 Millionen Zellen, das ändert sich nicht. 130 Millionen, das ist viel, aber nicht unendlich viel. Selbstverständlich kann ein Physiker ein Programm schreiben, das immerzu Output produziert und nie aufhört; ein solches Programm ist aber nicht notwendig, um Physik zu machen. Die Physik ist immer endlich.

DIGITALE STÖCKCHEN

Wenn Nachrichten Vektoren sind, so lässt sich wohl jede Nachrichtenverarbeitung als Vektortransformation ausdrücken: Eine Eingabenachricht, *a*, wird durch eine Vektortransformation, *T*, in eine Ausgabenachricht, *b*, übergeführt: $b = T(a)$. Das heißt, *T* macht aus der Nachricht *a* die Nachricht *b*.

T kann zum Beispiel ein Computer sein, der eine Rechnung durchführt: Dann ist *a* der Eingabewert und *b* ist das Rechenergebnis. *T* kann auch ein Mensch sein, der die gleiche Rechnung ausführt. Oder *T* kann ein Mensch sein, der ein Bild beschreibt. Das Bild ist die Eingabenachricht, *a*, das Gehirn des Menschen (mit Sehapparat) ist *T*, die Beschreibung des Bildes, zum Beispiel »das Bild zeigt einen Baum«, ist die Ausgabenachricht, *b*.

Indem wir schreiben »$b = T(a)$«, haben wir keine Entdeckung gemacht und keine Sensation ausgesprochen. Sondern lediglich versucht, es klar und einfach zu sagen und zu schreiben – »$b = T(a)$« soll uns helfen, einfacher zu denken und genauer zu sprechen. Es ist ein Stöckchen.

Als wir uns das erste Mal Stöckchen geschnitzt hatten, war unsere Frage: »Wann sind zwei Längen gleich?« Wiederholen wir das doch: »Wann besagen zwei Nachrichten das Gleiche?«

Im Alltag ist eine solche Frage leicht zu beantworten: Wenn ein Vertrag aus dem Deutschen ins Chinesische übersetzt wird, soll die chinesische Version des Vertrages das Gleiche besagen wie die deutsche. Ob das der Fall ist, kann man nachprüfen, indem man den Vertrag aus dem Chinesischen ins Deutsche zurückübersetzen lässt. Wenn dabei wieder das deutsche Original herauskommt, so besagen die beiden Vertragsversionen das Gleiche.

In Mathematik ausgedrückt: Zwei Nachrichten, a und b, müssen wohl dann gleich sein (also das Gleiche besagen), wenn b aus a folgt und umgekehrt, wenn also gilt $b=T(a)$ und umgekehrt $a=T^{-1}(b)$.

Und sehen Sie, man könnte gar nicht sagen, wie und warum, und doch ist diese seltsame Sache geschehen, die sich Physik nennt – wir haben nichts erfunden oder entdeckt, haben ganz Einfaches gesagt und finden uns doch in einer neuen Welt, anders ist es hier als vorher. Denn was wir soeben gesagt haben, ist nicht mehr von der Welt Shannons: Wir haben ja gerade eben gesagt, wann Nachrichten »identisch« sind, das »Gleiche besagen«. Das geht bei Shannon gar nicht.

Denn bei Shannon haben Nachrichten keine Bedeutung, keinen Sinn. Die Frage, ob denn zwei Nachrichten eigentlich das Gleiche besagen, ist bei Shannon sinnlos. Und nicht nur das: Auch der grundlegende Charakter der Theorie ist nun ein anderer. Bei Shannon ist eine Nachricht etwas Absolutes. Zum Beispiel ist die Informationsmenge einer digitalen Nachricht die Anzahl ihrer Bits. Infolgedessen genügt es, die Nachricht zu haben, dann kennt man auch schon ihre Informationsmenge. Die Informationsmenge einer Nachricht ist also eine Eigenschaft dieser Nachricht und hängt von nichts sonst ab. Shannons Theorie ist so gesehen eine absolute Theorie.

Wenn wir nun sagen, »zwei Nachrichten sind identisch dann, wenn $b = T(a)$ und $a = T^{-1}(b)$«, so treffen wir eine Aussage, welche nicht nur die Nachricht *a* und die Nachricht *b* betrifft, sondern auch *T*. Welche Eigenschaft die Nachricht *a* hat, ob sie vielleicht identisch ist mit *b*, das kann man so nicht sagen. Man kann es nur sagen in Hinsicht auf *T*. Für ein bestimmtes *T* sind *a* und *b* identisch, für ein anderes *T* sind sie nicht identisch.

Und dieser Unterschied zur Shannonschen Theorie ist von großer praktischer Bedeutung und hilft uns, zu einer besseren Übereinstimmung mit der wirklichen oder »physikalischen« Welt zu gelangen: Denn tatsächlich sind ja für einen Leser, der Deutsch und Chinesisch spricht, ein deutsches Buch und seine chinesische Übersetzung identisch. Für jemanden, der kein Chinesisch spricht, sind sie nicht identisch. Dies ist in der Wirklichkeit so. Bei Shannon ist es nicht so. Bei Shannon ist es nicht einmal anders, es ist einfach kein Punkt, über den man überhaupt nur reden könnte. Es ist dort nicht denkbar.

Wenn es erst einmal möglich ist, zu sehen, wann zwei Nachrichten das Gleiche besagen und insofern identisch sind, so darf man doch wohl im nächsten Schritt postulieren: »Identische Nachrichten haben die gleiche Informationsmenge.« Das ist doch nur naheliegend. Dadurch vertieft sich der Unterschied zur Shannonschen Denkweise weiter: Denn nun stoßen wir nicht nur auf einen konzeptionellen Unterschied zu Shannon, sondern auch auf einen, der sich messen lässt, auf einen numerischen Unterschied. Denn irgendein (umkehrbares) *T* könnte ja zum Beispiel aus der

Eingabenachricht a=(1,0,1) die Ausgabenachricht b=(1,0,0,0, 1,0,1,1) machen. Nach dem, was wir vorher gesagt haben, besagen diese Nachrichten das Gleiche und haben die gleiche Informationsmenge – obwohl sie verschieden lang sind. Bei Shannon haben sie hingegen verschiedene Informationsmengen.

Die Länge einer Nachricht kann demnach in unserem Szenario kein Maß für die Informationsmenge mehr sein. Das Einzige, was man in unserem Szenario als Maß für den Informationsinhalt einer Nachricht verwenden könnte, wäre die Anzahl der möglichen Nachrichten. Noch genauer gesagt, der Logarithmus der Anzahl der möglichen Nachrichten. Mathematisch formuliert: Die Anzahl der Dimensionen des Nachrichtenraumes, zu dem die Nachricht gehört. Nur im Grenzfall optimal verschlüsselter Nachrichten käme man mit dieser Definition wieder zum gleichen Ergebnis wie Shannon.

Und es ergibt sich noch ein weiterer Unterschied zu Shannon. Wir hatten ja vorher postuliert: »Wenn ein *T* *a* umkehrbar in *b* übersetzt, so besagen die beiden Nachrichten das Gleiche und haben die gleiche Menge an Information.« Das bedeutet dann aber, dass *T* die Information erhält. Information ist also das, was von umkehrbaren *T*s erhalten wird. Damit haben wir sogar »Information« definiert. Bei Shannon geht das nicht. (Wenn hingegen *T* einen deutschen Text in einen chinesischen verwandelt und dann die Umkehrung von *T* – also die Rückübersetzung – nicht wieder zum identischen deutschen Text führt, so hat T nicht die Information des Textes erhalten, sondern sie geändert).

Wir fassen zusammen: Wenn eine Transformation Nachricht *a* in Nachricht *b* verwandelt, $b=T(a)$, und wenn man durch Umkehrung von *T* die Nachricht *a* zurückbekommt, $a=T^{-1}(b)$, besagen die beiden Nachrichten *a* und *b* das Gleiche (»sind identisch«), sie enthalten die gleiche Menge an Information, und *T* erhält ihre Information.

Die Shannonsche Informationstheorie handelt von den Nachrichten. In den Jahrzehnten nach Shannon wurde die sogenannte »algorithmische Informationstheorie« entwickelt, von Informatikern und Mathematikern wie etwa Chaitin oder Kolmogorov, und diese handelt mehr von den informationsverarbeitenden Systemen, also von Programmen und Computern. Die gedanklichen Ansätze der algorithmischen Informationstheorie sind dabei der Shannonschen Informationstheorie nachgeformt. So wie die Informationsmenge einer Nachricht gleich der Länge dieser Nachricht ist, so ist die »Komplexität« eines Programms gleich der Länge des Programms (genauer gesagt, der Länge des kürzesten Programms, das eine bestimmte Nachricht hervorbringen kann).

Wie vorher erwähnt, sind auch die Begriffe der algorithmischen Informationstheorie nicht physikalischer Natur. Zum Beispiel ist die Komplexität eines Programms nicht messbar (denn sie ist nur bis auf eine Konstante bestimmt, ist also eigentlich gar nicht bestimmt). Das ist keine üble Nachrede, wenn man das sagt, sondern ich habe diese Dinge mit Gregory Chaitin selbst diskutiert, er sieht das ebenso. Ich hatte extra eine Konferenz organisiert, um in Ruhe über diese Dinge reden zu können.

In herkömmlicher Sicht ist ein Computerprogramm (das man sich auch immer als »Turingmaschine« vorstellen kann) etwas, das Zeichen für Zeichen (das kann ein Buchstabe sein oder ein Bit) die Eingabe verarbeitet, in einer Abfolge von vielen Operationsschritten, und das eventuell erst nach langer Zeit, vielleicht auch nie, mit dem Rechnen und Bit-Verarbeiten fertig ist.

Wir hingegen schreiben $b = T(a)$, und da ist nirgends von Programmen oder Abfolgen oder Operationsschritten die Rede. Sondern es besagt: Transformiere einen Vektor. Es scheint niemand etwas dagegen zu haben, wenn wir das in einem einzigen Operationsschritt tun wollen, vielleicht sogar mit Lichtgeschwindigkeit. Und ob das T nun sehr kompliziert ist oder sehr einfach, das scheint auch nicht wichtig zu sein.

Es gibt auch keinerlei Hinweis darauf, dass für die Ausführung von *T* irgendwelche Energie dissipiert werden müsste. Und das ist, wenn man an die Ausführungen von Szilard, Landauer und Bennet denkt, schon recht starker Tobak. Unser *T* scheint ein rechtes Geister-*T* zu sein, das rechnet, ohne eigentlich etwas zu tun, das also nichts tut, während es rechnet, das also das Rechnen in nichts auflöst, sozusagen.

Einerseits ist das sehr interessant für uns Physiker. Denn das wollen wir, Probleme in »nichts auflösen« – so wie in der Thermodynamik, die auf das Zählen von Zahlen zurückgeführt werden kann. Große Zahlen sind größer als kleine, das ist alles. Und das genügt, um zu verstehen, warum es eine Entwicklung gibt in dieser Welt. Oder wie in der Relativitätstheorie, die einfach aus der Konstanz der Lichtgeschwindigkeit folgt. Die ungeheuer schwierige Informationstheorie auf fast nichts zu reduzieren, das hätte einen großen Reiz für einen Physiker.

Andererseits muss man realistisch bleiben und sich fragen, ob das mit dem *T* nicht schlimmstenfalls nur Wortklauberei ist und bestenfalls mathematische Spielerei, ohne praktische Substanz. Diese Frage kann man entscheiden, indem man ein *T* baut und nachprüft, ob es wirklich Geistereigenschaften hat, ob es rechnen kann ohne Energieaufwand, ob es lichtschnell rechnen kann, ob es sich wirklich in nichts auflösen lässt. Zumindest im Gedankenexperiment sollte man das prüfen.

Wir denken uns erst mal ein einfaches *T* aus: *T* soll Zahlen verdoppeln, sie mit dem Faktor 2 multiplizieren. Sagen wir, die Eingabe soll 6 Bit lang sein. (Dann muss die Ausgabe 7 Bit haben, weil eine Zahl, wenn man sie mit 2 multipliziert, um ein Bit länger werden kann). In einem normalen Computer wird eine 6 Bit lange Zahl mit sechs Datenleitungen übertragen. Wenn nur die erste Leitung ein Signal trägt, bedeutet das »000001« (also »1« in Zehnerschreibweise), wenn die zweite Leitung ein Signal trägt, so bedeutet das »000010« (also »2« in Zehnerschreibweise), wenn die erste und zweite Leitung ein Signal tragen »000011« (also »3«) und so fort.

Zuerst machen wir uns also eine Schachtel mit sechs Drahtanschlüssen für die Eingabe und sieben Leitungen für das Ergebnis:

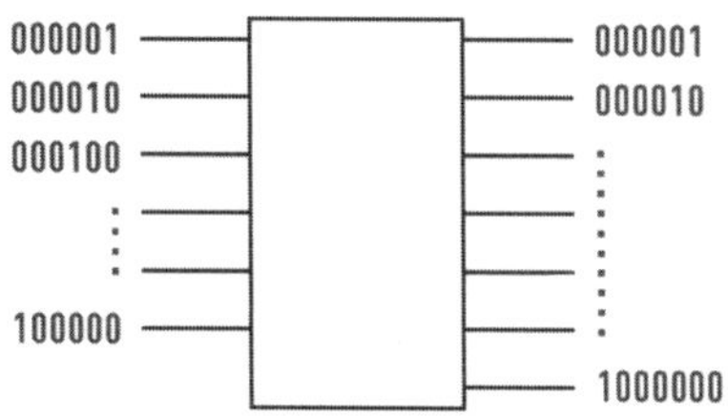

Nun müssen wir etwas in die Schachtel geben, das die Rechnung ausführt. Zum Beispiel so: Wir verbinden Eingabeleitungen und Ausgabeleitungen so, wie es in der nächsten Figur gezeigt ist:

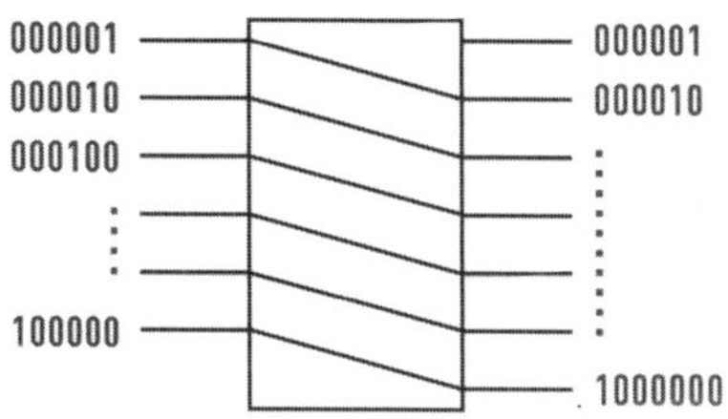

Man kann es mit dem Finger oder einem Bleistift nachverfolgen: Wenn man irgendeine Zahl als Eingabe in die Schachtel gibt, so kommt eine doppelt so große Zahl heraus. Diese Schachtel führt also tatsächlich die Rechnung $b = 2 \cdot a$ aus. Aber wo ist das Programm? Und was ist seine Komplexität?

Die Schachtel dissipiert keinerlei Energie. Und sie tut auch sonst nichts. Die Signale reisen mit Lichtgeschwindigkeit durch die Schachtel, als wäre die Schachtel gar nicht da. Die Schachtel tut wirklich nichts. Fast nichts, sie rechnet ja. Es ist ein richtiges Geister-*T*, und trotzdem kann es rechnen.

Zugegebenermaßen, die Rechnung $b = 2 \cdot a$ ist sehr einfach. Aber man kann das Gleiche auch mit beliebig komplizierten Rechnungen machen. Man muss lediglich die Verdrahtung der Schachtel anders organisieren.

PHYSIKALISCHES RECHNEN

Normalerweise rechnet ein Computer ja mit digitalen Zahlen. Die Zahlen 1, 2, 3, 4 und so weiter lauten in digitaler Schreibweise 1, 10, 11, 100 und so weiter (oder wenn man es als »Drähte« ausdrückt 001, 010, 011, 100). Man kann aber auch jede beliebige andere Schreibweise wählen, zum Beispiel die kanonische. In kanonischer Schreibweise schreiben sich die Zahlen 1, 2, 3, 4 und so weiter als 1, 10, 100, 1000 und so weiter. Also jede Stelle bedeutet »eins größer«. Die kanonischen Zahlen sind deshalb sehr lang. Zum Beispiel die Zahl 64 als digitale Zahl darzustellen, braucht sechs Stellen (weil $2^6=64$). Als kanonische Zahl geschrieben, hat die Zahl 64 64 Stellen.

Zehnerschreibweise	digitale Schreibweise	kanonische Schreibweise
1	1	1
2	10	10
3	11	100
4	100	1000
5	101	10000

Und wenn man eine digitale Zahl mit 32 bits als kanonische Zahl darstellen will, so braucht man 2^{32} Stellen, das sind vier Milliarden. Das klingt sehr unpraktisch, ist aber nichts weiter Besonderes, jeder Personal Computer macht das ganz nebenbei: Ein Random Access Memory (RAM) arbeitet letztlich mit kanonischen Zahlen. (Es kann überhaupt nur mit kanonischen Zahlen arbeiten, ein sogenannter Multiplexer muss extra die digitalen Zahlen des Computers in kanonische umwandeln, sonst funktionierte das RAM gar nicht.)

Wenn wir also mit kanonischen Zahlen arbeiten, können wir beliebig komplizierte Rechnungen mit unserer Schachtel durchführen. Ein relativ einfaches Beispiel: $b = a^2$:

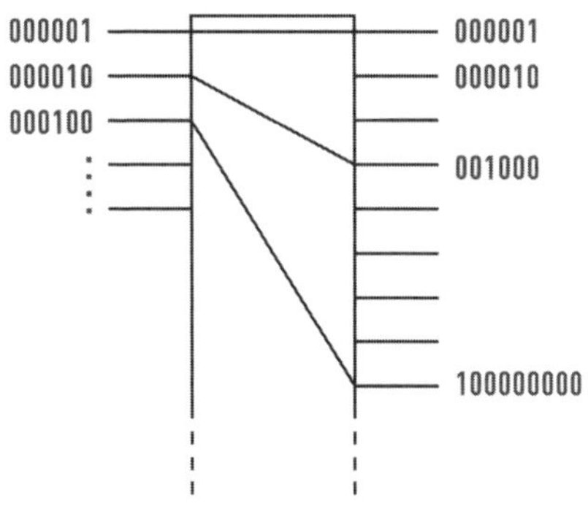

Die Figur zeigt eine Rechenschachtel, die im Unterschied zur vorherigen keine digitalen, sondern kanonische Zahlen verwendet.

Das Beispiel ist immer noch relativ einfach gewählt, damit man die »Kiste« leichter verstehen kann, aber man sieht sofort, dass es auch mit beliebig komplizierten Funktionen geht. Ohne Energiedissipation, ohne »etwas zu tun«, mit Lichtgeschwindigkeit. Nach wie vor könnte man nicht sagen, wo das »Programm« sein sollte, obwohl unsere Rechenkiste doch genauso gut rechnet wie ein herkömmlicher Computer – sogar besser, weil schneller. Und ohne heiß zu werden!

Man kann die unbenutzten Leitungen auch ganz weglassen und stattdessen die entsprechende Zahl in die Output-Leitung schreiben. Dann hat man eine sogenannte »look-up table«, das ist eine Nachschlagetabelle. Auch das geht wieder ohne Energiedissipation.

Wir versuchen, das zusammenzufassen: Jede beliebige Funktion, sie kann noch so kompliziert sein, die eine n-Bit lange digitale Zahl als Input hat, kann nur 2^n verschiedene Input-Werte und nicht mehr als 2^n verschiedene Output-Werte haben. Die Funktion kann also vollständig durch eine Nachschlagetabelle mit 2^n Werten dargestellt werden. Diese Tabelle kann im Computer durch nur einen Arbeitsschritt abgelesen werden (so wie in einer RAM). Es kann also jede auch noch so komplizierte Funktion immer in einem einzigen Arbeitsschritt ausgeführt werden.

Zur Zeit von Turing oder Shannon gab es nur wenige Bit große Speicher, ein Speicher mit 2^{32} Elementen war damals undenkbar. Der Rechenansatz war damals deshalb ein ganz anderer: In der sogenannten Turingmaschine wird ein Zeichen nach dem anderen verarbeitet, und nach vielen kleinen Schritten kommt man schließlich zum Ergebnis. Die großen Fortschritte der Mikroelektronik in den letzten Jahren haben aber eine ganz andere Situation geschaffen: Heute kann man ohne Schwierigkeit auch sehr große Speicher bauen, 2^{32} Speicherelemente sind gar kein Problem und sind auch nicht teuer. In Deutschland baut zum Beispiel die Firma Infineon solche Speicher. Allerdings gibt es durchaus Probleme mit Funktionen, die einen Input haben, der wesentlich länger als 32 Bit ist. Solche Probleme kann man mit einem Speicher mit 2^{32} Elementen nicht lösen – und Speicher mit wesentlich mehr als 2^{32} Elementen (zum Beispiel 2^{100} Elemente) kann man auch heute noch nicht bauen.

Es folgen aus den Betrachtungen dieses Kapitels also drei Fragen:

1) Was ist ein Programm, in physikalischer Hinsicht?
2) Was ist Komplexität, in physikalischer Hinsicht?
3) Eigentlich wäre das Rechnen nur mit Nachschlagetabellen ideal und es ist auch immer realisierbar, solange der Input nicht mehr als 32 Bit lang ist. Kann man vielleicht größere Nachschlagetabellen aus kleineren zusammensetzen, sodass man auch Probleme mit mehr als 32 Bit Input nur mit Hilfe von Nachschlagetabellen lösen kann? Kann man zum Beispiel eine Nachschlagetabelle mit $2^{1.000.000}$ Elementen ersetzen durch ein System kleiner Tabellen?

Diese Fragen sind nicht mehr einfach. Sie sind extrem schwierig. Es ist wie beim Klettern in der Steilwand, es ist besser, man sichert sich ab. Außerdem sind wir auf den letzten Seiten sehr schnell vorangestürmt, es ist auch so gesehen besser, innezuhalten und das Erreichte besser zu verstehen. Das wollen wir als Nächstes tun: Wir wollen einerseits unser Gedankenexperiment mit der Rechenschachtel theoretisch absichern, wollen verstehen, was wir in mathematischer Hinsicht gerade getan haben. Und dann wollen wir es auch in praktischer Hinsicht absichern – kann man eine Verbindung herstellen zu den heutigen Computern, wenigstens zu den allermodernsten? Gibt es vielleicht sogar eine Verbindung zwischen den Gedankenexperimenten der letzten Seiten und dem Computer auf Ihrem Schreibtisch?

Was die Theorie betrifft, so haben wir bisher nur berücksichtigt, dass Nachrichten Vektoren sind. Sonst nichts. Aber wenn das so ist, wenn Nachrichten Vektoren sind, so sollte es doch noch mehr zu sagen geben. Es gibt für Vektoren ja eine Menge Rechenregeln, Vektoren haben präzise mathematische Eigenschaften, das haben wir bisher alles noch gar nicht berücksichtigt. Tun wir das nun also, fragen wir uns, welche mathematischen Eigenschaften unsere Nachrichtenvektoren haben und wie ihre Eigenschaften von denen der Transformation T abhängen. Und wer weiß, vielleicht kommt bei diesen Überlegungen am Ende ganz automatisch unsere Geisterrechenschachtel heraus?

LINEARES RECHNEN

T bildet also den Eingabevektor a ab auf b, $b = T(a)$, so sagten wir, und dabei ist a ein Element eines Vektorraumes, alle Werte, die a annehmen kann, sind erlaubt. Weiterhin ist T umkehrbar (injektiv), und a ist von beliebiger, aber endlicher Länge (n Bit).

Kann man nun auch Aussagen machen über die möglichen Eigenschaften der Ausgabevektoren b und die Eigenschaften von T selbst? a ist Element eines Vektorraumes – welche Eigenschaften hat T und welche Eigenschaften hat b? Wir unterscheiden zwei Fälle: (a) T ist im einfachsten Fall linear. Oder (b) T ist nicht linear.

»Linear« bedeutet (im F_2^n), dass gilt: $T(a+b) = T(a) + T(b)$. Man kann also einen Vektor in seine Bestandteile zerlegen und diese getrennt verarbeiten. Frage: Wenn T linear ist, was folgt daraus? Wenn T linear ist, dann (sagt uns das Mathematikbuch) bildet T den Vektorraum der Input-Vektoren, nennen wir ihn U, auf einen Vektorraum von Output-Vektoren ab, nennen wir ihn V. Und diese beiden Vektorräume sind »isomorph« zueinander. »Isomorph« bedeutet im Wesentlichen, sie haben die gleiche mathematische Struktur. Die Elemente zweier isomorpher Mengen sind sozusagen nur in der Schreibweise voneinander verschieden, zum Beispiel »Guten Morgen« und »good morning«, das sind nur zwei verschiedene Schreibweisen der gleichen Sache.

Die Eingabevektoren sind also von den Ausgabevektoren eigentlich gar nicht verschieden. Das ist zwar interessant, wundert uns aber wenig. Wir hatten ja schon vorher gesehen, dass Eingabe- und Ausgabevektoren identisch sind und die gleiche Information enthalten (weil *T* umkehrbar ist). Die Isomorphie von *U* und *V* verdeutlicht diese Tatsache aber noch einmal auf sehr schöne Weise.

Außerdem lernen wir hier etwas Neues: Wenn *T* linear ist, so kann *T* durch eine Matrix dargestellt werden (so eine, wie wir sie beim Spiegelsystem gesehen hatten). Wenn *U* *n* Dimensionen hat, muss diese Matrix *n* Spalten haben, und diese wiederum spannen einen zu *U* und *V* isomorphen Vektorraum auf. (Man kann in diesem Sinne also *T* injektiv abbilden auf *U* und *V*.) Man kann das vermutlich in Worten so formulieren: Ein (lineares) informationsverarbeitendes System muss bereits die Nachrichten, die verarbeitet werden sollen, enthalten, ehe es diese verarbeiten kann (es ist an der Stelle fast unmöglich, nicht an Kant und sein *a priori* zu denken, nicht wahr?).

Der Eindruck, den wir schon vorher hatten, dass nämlich dieses *T* ein rechtes Geister-*T* ist, bestätigt sich also noch einmal. Denn in der Tat, dieses *T* tut eigentlich gar nichts, denn es hat ja eh schon alles gewusst. Es formuliert nur um.

Auch wenn *T* nicht linear ist, können wir doch die 2^n Vektoren des *n*-dimensionalen Vektorraumes *U* auf einer kanonischen Basis aus 2^n Vektoren abbilden. Die 2^n möglichen Ergebnisse der Transformation *T* können wir ebenso einer 2^n dimensionalen Basis zuordnen. Die Vektortransformation zwischen diesen Basen, welche dann letztlich zum gleichen Ergebnis führen wird wie *T*, nennen wir *D*. *D* ist dann eine Transformation zwischen zwei gleich großen Basen, und so etwas kann immer zu einer linearen Transformation erweitert werden.

Man kann also, wenn man nur will, jede beliebige (umkehrbare) Nachrichtentransformation als lineare Transformation darstellen. Es genügt, mit kanonischen Zahlen zu arbeiten, das ist erlaubt. Es ist also immer wahr: Das informationsverarbeitende

System enthält schon sämtliche Informationen, ehe es mit der Informationsverarbeitung beginnt. Jedes informationsverarbeitende System ist isomorph zu den Nachrichten, die es verarbeitet.

Es gibt viel zu wenig wissenschaftliche Forschung, um das jetzt schon mit Sicherheit sagen zu können, aber vermutlich lösen sich hier auch die scheinbaren Widersprüche zwischen Szilard, Landauer und Bennett auf: Szilard hat schon recht, es muss Energie dissipiert werden, wenn man neue Information in ein System transferiert (wegen der thermischen Bewegung der Speicherelemente). Neue Information wird aber nur dann in ein System getragen, wenn das System gebaut wird, wenn zum Beispiel das Computerprogramm geladen wird, wenn jemand Englisch lernt. Das dissipiert Energie, das macht Arbeit. Landauer und Bennett haben aber auch recht: Man kann tatsächlich rechnen, soviel man will, ganz ohne Energie zu dissipieren, weil beim Rechenvorgang selbst ja gar keine neue Information in das System getragen wird.

Diese vollständige Einfachheit der grundlegenden Prozesse der Informationsverarbeitung hat zwei Folgen: Zum einen sind die Folgen weltanschaulicher Art, wir werden im letzten Kapitel darauf zurückkommen. Und zum Zweiten sind die Folgen technischer Art. Denn nun wird es möglich, den idealen Rechner zu definieren. Der ideale Rechner wäre ein Linearrechner mit 2^n Signalleitungen und ebenso vielen Speicherplätzen (bei einer n Bit langen Eingabe). Ein solcher Rechner wäre nichts anderes als eine vollständige Liste aller möglichen Rechenergebnisse. Er könnte beliebig viele Rechnungen gleichzeitig ausführen, und es wäre ganz egal, ob diese Rechnungen sehr kompliziert sind oder einfach. Das werden wir im nächsten Kapitel genauer besprechen.

Offensichtlich kann man einen solchen Rechner nicht wirklich bauen, wenn die Länge des Eingabevektors zu groß wird. Trotzdem ist das Modell des idealen Linearrechners hilfreich, weil es ein Ziel vorgibt, an das man sich so nahe wie technisch möglich annähern kann. Wir werden also im nächsten Kapitel die Theorie, die wir in diesem Kapitel getrieben haben, veranschaulichen, und dabei werden wir unter anderen auch besser sehen können, was obige Bemerkung »man kann *D* immer zu einer linearen Funktion erweitern« konkret bedeutet.

EIN QUANTENCOMPUTEREMULATOR FÜR JEDERMANN

Die nächste Figur zeigt, wie man ein *D*, das ganz beliebig Eingabevektoren auf Ausgabevektoren abbildet und das im kanonischen Raum arbeitet, bauen kann. Der Input besteht aus kanonischen Zahlen. In der Figur wird als Beispiel die Zahl »0 ... 01000« eingegeben, in unserer normalen Schreibweise also »4«, in digitaler Schreibweise wäre es »100«.

Jede Input-Linie führt zu einem Speicherelement, welches das Resultat der Rechnung für diesen Input enthält.

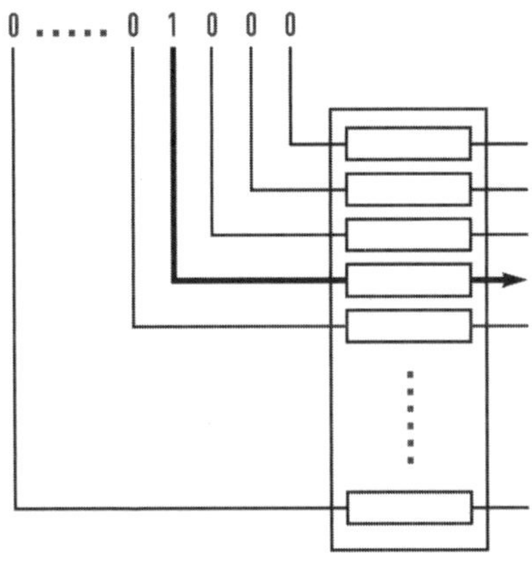

Schaltplan eines idealen Rechners. Er führt in einem einzigen Operationsschritt beliebig viele Rechnungen durch, auch beliebig komplizierte Rechnungen.

Wenn, wie gezeigt, die Eingabe »4«, also 1000, gegeben wird, so wird der Speicherinhalt des Speichers mit der Adresse 1000 ausgelesen. Angenommen, die Tabelle dient zum Ausrechnen von a^2, so wird im Speicher 1000 die Zahl »16« stehen, weil ja $4^2 = 16$ ist.

Was geschieht nun, wenn wir zwei Zahlen gleichzeitig eingeben, zum Beispiel »5« und »3«, also 10100? Ganz einfach: Die Tabelle wird gleichzeitig den Inhalt des Speichers »5« und den Inhalt des Speichers »3« ausgeben, also beide Rechnungen gleichzeitig ausführen. Unsere Tabelle kann also in einem Schritt nicht nur eine, sondern auch mehrere Rechnungen ausführen. Und zwar deswegen, weil sie mit kanonischen Zahlen arbeitet. Man kann kanonische Zahlen überlagern, ohne dass sie sich gegenseitig verändern. (So wie wir es auch mit Wellen getan haben oder mit statischen elektrischen Feldern.) Und dabei ist es egal, ob man für jede kanonische Zahl einen Speicher vorsieht, aus dem das Rechenresultat ausgelesen wird, so wie in obiger Figur, oder ob man durch Ordnen der Signaldrähte eine neue kanonische Zahl direkt erzeugt, so wie es die nächste Figur zeigt.

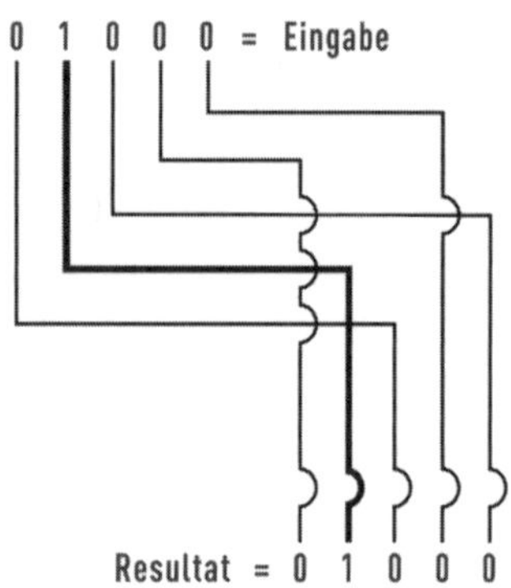

Der gleiche Rechner wie in der vorhergehenden Figur, nur wird hier aus einer kanonischen Zahl direkt eine andere kanonische Zahl erzeugt, anstatt einen Speicher auszulesen.

In beiden Ausführungen unseres »Computers« kann man entweder eine Rechnung nach der anderen ausführen und sich die Ergebnisse der verschiedenen Rechnungen einzeln und nacheinander ausgeben lassen, oder man kann alle Rechnungen gleichzeitig ausführen und erhält eine Liste genau der gleichen Ergebnisse wie vorher. Insofern ist die Maschine linear.

Übrigens haben wir gerade einen Quantencomputeremulator gebaut, also eine Maschine, die die gleichen Eigenschaften hat wie ein Quantencomputer: Das einzig Relevante an einem Quantencomputer ist, dass er mehrere Rechnungen gleichzeitig ausführen kann. Das kann unsere Maschine. Wenn man unsere Maschine in eine schwarze Kiste steckt und einen richtigen Quantencomputer in eine andere schwarze Kiste, kann man nicht unterscheiden, was in welcher Kiste ist, weil ja beide Geräte die gleiche Eigenschaft haben: Sie verarbeiten viele Recheneingaben gleichzeitig. Das legt den Gedanken nahe, dass die Physik der Information vielleicht die gleiche mathematische Struktur hat wie die Quantentheorie. Dem Gedanken ist aus Zeitmangel noch niemand nachgegangen, das sollte man in Zukunft einmal tun.

Das Hauptproblem an einem solchen linearen Rechner wäre nicht mehr das Rechnen selbst, das ist ja zum Geist reduziert, das kommt ja kaum noch vor. Sondern der Datenfluss wäre das Hauptproblem. Wie soll man das organisiert kriegen, wenn einem der Rechner sofort und ohne Verzögerung Tausende von Resultaten gleichzeitig an den Kopf wirft? Das ist das eigentliche Problem.

Das sieht man auch gut an jedem PC. Denn in jedem gewöhnlichen PC ist ein Quantencomputeremulator eigentlich ja schon enthalten, im RAM des Computers. Das RAM ist nichts anderes als eine Liste mit Speicherelementen, so wie das in der vorletzten Figur gezeigt war. Und in rein physikalischer Hinsicht spräche nichts dagegen, mehrere von diesen Elementen gleichzeitig auszulesen. Das geht aber deswegen nicht, weil der normale Computer mit digitalen Zahlen arbeitet. Ehe die dem RAM übergeben werden, müssen sie in einem sogenannten »Multiplexer« erst in kanonische Zahlen umgewandelt werden. Das geht immer nur für eine einzelne digitale Zahl, deshalb kann der normale digitale Rechner die theoretische Möglichkeit, mehrere Zahlen gleichzeitig zu bearbeiten, nicht nutzen.

Sie haben also einen verhinderten Quantencomputer auf Ihrem Schreibtisch stehen. Fall Sie das wurmt, so lässt sich Abhilfe schaffen. Einen richtigen idealen Linearrechner gibt es zwar nicht zu kaufen, aber eine ernst zu nehmende Entwicklung dahin gibt es schon.

DIE RECHENZELLE ALS HOFFNUNGSTRÄGER

Seit Anfang 2007 ist ein neuartiger Prozessor auf dem Markt, der CELL (Zelle). IBM, Toshiba und Sony haben ihn gemeinsam entwickelt, die Entwicklung soll 400 Millionen Euro gekostet haben. Dieser Chip hat eine »Organisator-Einheit«, welche nur in zweiter Linie zum Rechnen da ist, hauptsächlich organisiert sie den Datenfluss sowie acht relativ einfache Mikroprozessoren, jeder besitzt 128 Datenleitungen. Der Rechner hat also insgesamt 1024 Datenleitungen. Verglichen mit den 32 oder höchstens 64 Signalleitungen herkömmlicher Rechner ist das schon ein wesentlicher Fortschritt – ein Fortschritt in Richtung Linearrechner. Und jede dieser acht Einheiten hat einen direkten Zugriff auf ihren eigenen Speicher!

Auch herkömmliche Mikroprozessoren haben Zugriff auf einen Speicher, aber dieser Zugriff ist extrem umständlich und langsam, weil der Speicher als etwas Externes angefügt ist. Die eigentliche Rechnung soll im Mikroprozessor durchgeführt werden. Die Hersteller der Mikroprozessoren wollen das so, naheliegenderweise.

Beim CELL hingegen sind die (relativ einfach gehaltenen) Prozessoren mit dem Speicher gewissermaßen verschmolzen. »CELL« heißt die Maschine wohl auch deswegen, weil man mehrere dieser Prozessoren zusammenschalten kann, sodass sie wie eine einzige Einheit arbeiten, so wie Zellen in einem Lebewesen. Man kann also zum Beispiel eine Maschine bauen, die nicht 1024, sondern 10240 Signalleitungen gleichzeitig verarbeitet. Der CELL ist ein Linearrechner mit 1024 Signalleitungen, oder auch 10240 Signalleitungen, je nachdem wie man ihn schaltet.

Um diese kaum vorstellbaren Möglichkeiten nutzen zu können, braucht es aber eine neue Art des Programmierens. Das soll später genauer beschrieben werden. Wir nutzen in der Isomorph den CELL seit etwa einem Jahr und haben es mit nur einem einzigen CELL geschafft, Programme 50-mal schneller laufen zu lassen als auf einem herkömmlichen Prozessor. Und das ist ganz sicher nicht das Ende der Fahnenstange.

Und, wie zu Beginn erwähnt, der CELL ist nicht eine exotische Maschine, die sich nur große Labors leisten können, sondern den CELL können auch Sie benutzen: Ein CELL ist zum Beispiel in der Sony Playstation 3 enthalten, die kostet ein paar hundert Euro.

Die amerikanische Software-Firma Terrasoft hat extra ein Programm entwickelt (Yellow Dog), das man nutzen kann, um die Playstation 3 in einen vollwertigen Supercomputer zu verwandeln. Weil es sich um ein Linux-Betriebssystem handelt, kann man sich alles ganz genau anschauen, man kann alles verstehen, es gibt keine Geheimnisse. Und das Beste an der Sache: Diese wirklich fantastische Software kostet noch weniger als die Playstation 3, sie kostet gar nichts, Terrasoft verschenkt sie. Eine gute Beschreibung, wie man die Terrasoft-Software auf der Playstation installieren kann, findet sich unter:

http://www.terrasoftsolutions.com/support/installation/ydl6.0_ps3_guide.pdf

Und eine Kopie der Yellow-Dog-Software findet sich zum Beispiel unter:

ftp://sunsite.informatik.rwth-aachen.de/pub/Linux/yellowdog/iso/yellowdog-6.0-DVD_20080207.iso

Man braucht allerdings DSL, um diese Programme zu kopieren, es sind 3 GB! Aber das ist kein prinzipielles Problem, es genügt ja, jemanden mit DSL-Zugang zu kennen.

Alles, was wir später erklären oder erwähnen werden, können Sie mit Ihrem CELL auch zu Hause ausprobieren. Und Sie können natürlich auch darüber hinausgehen: Bisher waren die Computer durch ihre Hardware begrenzt, finde ich. Oft wird das Gegenteil behauptet. Die moderne Software sei so kompliziert und unübersichtlich, dass darin das Haupthindernis für die weitere Entwicklung liege, nicht in der mangelnden Leistungskraft der Computer, so wird behauptet. Aber die Software ist nur deswegen so kompliziert, weil die herkömmlichen Computer so dämlich gebaut sind. Eine Turingmaschine zu programmieren ist ein Albtraum. Insofern liegt die Begrenzung der gegenwärtigen Computertechnologie in der Hardware. Aber seit es den CELL gibt, gibt es die Hoffnung auch auf eine neue, einfache Art des Programmierens.

Sie können sich mit dem CELL, auch dann, wenn Sie Abiturient sind oder Student, ein System leisten, das im Prinzip eine dem menschlichen Sehapparat vergleichbare Rechenstärke hat, und Sie können damit selbst Studien durchführen. Ganz so, als wären Sie Direktor eines herkömmlichen Großrechenzentrums. (Und falls Sie Unternehmer sind, unter uns gesagt: Mit der Playstation 3 können Sie Ihre IT-Hardware-Kosten möglicherweise um einen Faktor 30 drücken – statt zehn PCs tut es vielleicht auch eine Playstation 3.) Und wem das immer noch nicht reichen sollte, der kann bei Terrasoft auch Programme bekommen, mit denen sich mehrere Playstation 3 zu einem einzigen Rechner zusammenschließen lassen.

Falls also unsere Versuche, eine physikalische Theorie der Information auf den Weg zu bringen, gelingen, können Sie selbst und persönlich an dieser Entwicklung teilnehmen, alles, was Sie brauchen, sind ein paar hundert Euro. Stellen Sie sich hingegen vor, Sie wollten auf einem der Gebiete der traditionellen Physik Ihre eigenen Gedanken entwickeln und frei forschen: Da bräuchten Sie Milliarden von Euro, um sich Ihren eigenen Beschleuniger zu kaufen oder Ihren Forschungsreaktor oder Ihren Satelliten. Wenn Sie diese Milliarden nicht haben, bleibt Ihnen nichts anderes übrig, als einer von Tausenden von Wasserträgern die Vorgaben des Wissenschaftsmanagements auszuführen.

Der CELL gibt Ihnen also eine Chance, wie Sie in der Geschichte der Menschheit nur ganz wenige Menschen je hatten. Vorausgesetzt, wir schaffen es, die Physik der Information selbst zum Laufen zu bringen. Und ich glaube, zusammen schaffen wir das.

Nun haben wir also unsere Renn-Geisterrechenschachteln theoretisch etwas besser verstanden und gesehen, dass wir uns eigentlich gar nicht mehr so weit von der praktischen Anwendung entfernt befinden, wie es im ersten Moment scheinen mag. Wenden wir uns also wieder den drei Fragen zu, die wir vorher gestellt hatten:

1) Was ist ein Programm, in physikalischer Hinsicht?
2) Was ist Komplexität, in physikalischer Hinsicht?
3) Eigentlich wäre das Rechnen nur mit Nachschlagetabellen ideal, und es ist auch immer realisierbar, solange der Input nicht mehr als 32 Bit lang ist. Kann man vielleicht größere Nachschlagetabellen aus kleineren zusammensetzen, sodass man auch Probleme mit mehr als 32 Bit Input nur mit Hilfe von Nachschlagetabellen lösen kann? Kann man zum Beispiel eine Nachschlagetabelle mit $2^{1.000.000}$ Elementen ersetzen durch ein System kleiner Tabellen?

Für die dritte Frage, die schwierigste, haben wir auf den letzten Seiten bereits einen Hoffnungsschimmer erarbeitet, ganz nebenbei. Wir hatten ja gefunden: Wenn eine Funktion als Eingabe n Bit hat, kann man sie immer als Tabelle mit 2^n Elementen darstellen, egal, wie kompliziert die Funktion ist. Wenn nun die Funktion linear ist (im digitalen Raum), kann man sie durch eine Matrix darstellen, die in etwa n^2 Elemente haben wird. Für einen Input von $n = 100$ Bit bedeutet das: Man kann die Funktion entweder durch eine Tabelle mit $2^n = 1267650600228229401496703205376$ Elementen darstellen oder aber durch eine Tabelle (Matrix) mit $n^2 = 10\,000$ Elementen – ohne irgendwelche Näherungen vornehmen zu müssen.

Indem wir also die mathematische Struktur der Funktion T nutzen, ihre Linearität, können wir die Funktion durch eine Nachschlagetabelle mit wesentlich weniger Speicherelementen ausführen! Und zwar analytisch präzise, ohne Näherungen zu benutzen.

Können wir auch in anderen Fällen die mathematische Struktur einer Operation nutzen, um die Nachschlagetabelle zu verkleinern? Nehmen wir eine Funktion, die im digitalen Raum nichtlinear ist, die Addition. Dadurch können wir auch die Geschichte vom kleinen Hund fortsetzen, Sie erinnern sich, der aus der Sixtinischen Kapelle: In der Tafel der reinen Vektoren, da wo keine Fragen mehr existieren, ist $1 + 1 = 0$. Wie kommen wir von da zum Zählen von Zahlen?

EINE FRAGE DES ZÄHLENS

Wenn wir natürliche Zahlen addieren, tun wir das folgendermaßen:

$$\begin{array}{r} 23 \\ +48 \\ \hline 71 \end{array}$$

Wir rechnen: 3 plus 8 ist 1, Übertrag 1. 4 plus 2 ist 6. 6 plus Übertrag 1 ist 7. Also: 71.

In diesem Beispiel ist die Addition zweier zweistelliger Zahlen aufgeteilt worden in drei getrennte Additionen einstelliger Zahlen (3 + 8, 2 + 4, 6 + 1). Wenn es zu noch einem Übertrag gekommen wäre, wären es maximal vier Additionen einstelliger Zahlen geworden. Jede dieser Additionen, zum Beispiel »4 + 2 = 6«, ist dabei letztlich nichts anderes als die Anwendung einer Nachschlagetabelle. Denn wenn Sie rechnen »4 + 2 = 6«, liefern Sie ja keine Begründung, sie führen keinen Algorithmus aus, sondern Sie wissen, dass 4 + 2 = 6 ist, weil Sie das als Kind in der Schule gelernt haben. Sie haben in Ihrem Kopf eine »look-up table«, die Ihnen für alle Zahlenpaare (a_i, b_i) das Ergebnis $a_i + b_i$ nennt, für a_i und $b_i = 0, 1, 2, 3, 4, 5, 6, 7, 8, 9$.

Eine Addition besteht also darin, Nachschlagetabellen auf eine bestimmte Weise miteinander zu verknüpfen. Die Art und Weise, wie diese Tabellen miteinander verknüpft sind, drückt die mathematische Struktur der Addition aus. Man kann das als Figur darstellen. In der nächsten Figur werden die beiden zweistelligen Zahlen (a_1, a_2) und (a_3, a_4) addiert:

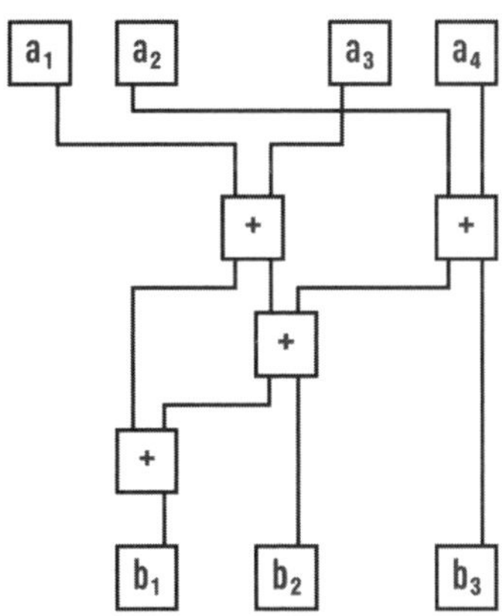

Jede der kleinen »Schachteln« mit einem »+« addiert zwei einstellige Zahlen und gibt als Ausgabe das Resultat mit Übertrag. Jeder dieser fundamentalen Addierer (in unserem Beispiel sind es 4) ist nichts anderes als eine »loo-kup table«, ein Spickzettel.

Man kann also zwei n-stellige Zahlen durch $2 \cdot n$ einstellige Additionen addieren. Mit der gleichen Maschine kann man auch digitale Zahlen addieren. Eine Maschine, die zwei zweistellige digitale Zahlen addiert, schaut genau gleich aus, nur dass nun die +Schächtelchen jeweils 2 Bit addieren. Man kann dann zum Beispiel mit dieser Maschine ausrechnen $01 + 01 = 10$, also im Zehnersystem geschrieben: $1 + 1 = 2$ (Sie können das mit einem Bleistift nachverfolgen, indem Sie die Additionstafel, die wir vorher gezeigt hatten, zu Hilfe nehmen). Das heißt, diese Maschine schafft den Übergang von der Restklasse modulo 2, in der gilt »$1 + 1 = 0$«, in die Welt der natürlichen Zahlen, in der gilt »$1 + 1 = 2$«.

Wir können also (zum Beispiel) zwei 8 Bit lange Zahlen entweder mit Hilfe einer Tabelle mit $2^{16} = 65\,536$ Speicherelementen addieren oder mit Hilfe oben aufgezeichneter Struktur, die 16 (im Falle zweier 8 Bit langen Zahlen) Additionen einzelner Bits durchführt, wozu sie 16 Nachschlagetabellen mit je vier Speicherelementen verwendet. Die also 64 Speicherelemente besitzt, statt besagter 65 536. Es ist also möglich, eine große Nachschlagetabelle durch eine oder mehrere kleinere zu ersetzen, indem man die mathematische Struktur der entsprechenden Funktion nutzt (in dem Fall der Addition, aber Ähnliches lässt sich auch für die Multiplikation tun, nur dass es dann halt ein paar Kästchen mehr werden).

Es bietet sich dann an, die Komplexität einer Funktion zu definieren als die minimale Anzahl der Elemente der Nachschlagetabellen, die man mindestens braucht, um die Funktion darzustellen (oder den Logarithmus davon). Das ist eine Zahl, die man messen kann, es ist eine physikalische Definition.

Bleibt allenfalls anzumerken, dass, wenn man eine große Tabelle durch ein System kleinerer ersetzt, die Fähigkeit, viele Rechnungen gleichzeitig durchzuführen, verloren geht.

VON DER BILDERKENNUNG ZUR KRYPTOGRAFIE

Aber auch ein System, wie in obiger Figur gezeigt, ist immer noch nicht das, was man sich traditionell unter einem »Programm« vorstellt. Denn nach wie vor rauscht das Signal sozusagen in voller Fahrt durch das Schachtelsystem. Nach wie vor kann es das mit Lichtgeschwindigkeit tun. Also so, als wenn nur eine normale Signalweiterleitung geschähe.

Ein Programm erhält man, wenn man mit noch weniger elementaren Schachteln auskommen will. Wenn man zum Beispiel die Rechnung in obiger Figur nicht mit vier elementaren Schachteln ausführen will, sondern nur mit einer. Das geht: Man führt die erste der Teiladditionen aus und speichert das Resultat. Dadurch wird das »+«-Kästchen für neue Aufgaben frei. Man kann dieses gleiche Kästchen also ein zweites Mal verwenden, um damit die zweite Addition auszuführen. Man speichert das Resultat. Und so fort. Das ist nun ein »Programm«, das in einer bestimmten Anzahl von Arbeitsschritten durchlaufen werden muss.

Deswegen könnte es vielleicht sinnvoll sein, die Komplexität des Programms zu messen, indem wir zählen, wie oft ein und derselbe Speicher wiederholt genutzt wird. Das wäre wiederum etwas, das man messen kann, also eine physikalische Variable.

Addition und Multiplikation sind Beispiele dafür, wie man eine große Nachschlagetabelle durch ein System kleinerer Tabellen ersetzen kann. Ob das immer und bei allen Arten von Rechnungen geht und inwiefern, das wäre zu untersuchen, das wollen wir hier aber nicht verfolgen. Wichtig ist, es geht im Prinzip. Allerdings sind Addition und Multiplikation mathematische Operationen, es handelt sich um präzise mathematische Algorithmen, also Rechenverfahren. Und das ist eigentlich nicht, was uns interessiert. Wir wollen doch zum Beispiel verstehen, was »Verstehen« ist, wie man etwa verstehen kann, was ein Bild zeigt. Das ist doch vermutlich etwas anderes, als eine Formel auszurechnen?

Sicher kann man mit einer Nachschlagetabelle auch sehen: Nehmen wir an, ein Bild besteht aus einer Million Bildpunkten (»Pixeln«). Der Einfachheit halber nehmen wir an, es sind schwarze oder weiße Punkte. Dann kann man das Bild als Zahl darstellen, die eine Million Bit lang ist, für jeden schwarzen oder weißen Bildpunkt eine »1« oder eine »0«. Das wäre dann der Eingabevektor für das informationsverarbeitende System *T*. Eine Zahl, die eine Million Bit lang ist, kann $2^{1.000.000}$ verschiedene Werte annehmen. Es gibt also im Prinzip $2^{1.000.000}$ verschiedene Bilder, die man auf einem Bildschirm mit 1.000.000 Pixeln darstellen kann.

Ein *T*, das aus einer Tabelle mit $2^{1.000.000}$ Elementen besteht, von denen jedes die korrekte Beschreibung des zugehörigen Bildes enthält, wäre also in der Lage, für jedes Bild die richtige Beschreibung zu geben, so wie ein Mensch. Es wäre also eine universale Bilderkennungsmaschine. Aber einen so großen Speicher mit $2^{1.000.000}$ Elementen kann man nicht bauen. Kann man nun vielleicht auch in diesem Fall einen sehr großen Speicher ersetzen durch ein System kleinerer, so wie vorher bei der Addition? Indem man sich die mathematische Struktur der Bilder dieser Welt zunutze macht? Wie also ist die mathematische Struktur von Bildern?

(Nur für die Experten: Aus Gründen der Einfachheit werden wir im nächsten Kapitel von der Vektoralgebra zur Booleschen Algebra übergehen, denn die Lösung des Mustererkennungsproblems ist ohne das hoch entwickelte Instrumentarium der Booleschen Algebra zu schwierig. Für die Lösung einfacher praktischer Probleme genügt aber die Vektoralgebra. Für den an solchen Dingen besonders interessierten Leser seien deshalb sehr kurz und platzsparend noch zwei praktische Anwendungen der Vektortheorie erwähnt: Zum Beispiel hat man jahrzehntelang versucht, einen OTP cipher zu schaffen, der einen Schlüssel verwendet, welcher wesentlich kürzer ist als die zu verschlüsselnde Nachricht. Man hat an Beispielen gezeigt (Rip van der Winkel), dass so etwas theoretisch möglich ist, die gefundenen Beispiele waren aber immer völlig unpraktikabel. Wenn man berücksichtigt, dass Nachrichten Vektoren sind, ist das Problem unmittelbar und einfach lösbar, man kann dann zum Beispiel nur mit einer kleinen Floppy Disk die gesamte im Universum enthaltene Information verschlüsseln. Mehr noch: Es ist möglich, die absolute Sicherheit des Verfahrens mathematisch zu beweisen, nicht einmal ein Quantencomputer könnte die Floppy Disk knacken! (Einzelheiten finden sich auf der Web-Seite der Isomorph.)

Das umgekehrte Problem ist, einen Geheimcode zu knacken. Um die herkömmlichen Codes zu knacken, muss man ein Produkt aus zwei Primzahlen aufspalten in seine Faktoren. Mit herkömmlichen Mitteln ist das praktisch unmöglich. Aus dem, was wir in diesem Kapitel diskutiert haben, folgt aber ein ganz einfaches Verfahren, das dies möglich machen sollte: Wir hatten in der letzten Figur ein Schaltschema aufgezeichnet für eine Maschine, die addiert. Ein ähnliches Schema können Sie aufzeichnen für eine Maschine, die multipliziert. Zusätzlich zu den fundamentalen Addierern müssen Sie nur noch fundamentale Multiplizierer einfügen. Es ist einfach. Herkömmlicherweise funktionieren solche fundamentalen Addierer oder Multiplizierer in eine Richtung: Wenn ein bestimmter Input-Wert anliegt, so produzieren sie einen entsprechenden Output, nicht umgekehrt. Man kann eine solche Schachtel aber auch anders aufbauen: Stellen Sie sich eine Schaltung vor, welche dann in einen stabilen Zustand übergeht, wenn alle vier (Input- und Output-) Leitungen so belegt sind, wie es einem der Elemente der »loo-kup table« entspricht, die also vier stabile Grundzustände besitzt. Und die sich in einem höheren energetischen Zustand befindet, also in einem instabilen Zustand, wenn die Signalleitungen eine inkonsistente Belegung aufweisen. Eine solche Schaltung rechnet sozusagen gleichzeitig vorwärts und rückwärts. Wenn man nun den Output der Gesamtschaltung mit einem Produkt zweier Primzahlen belegt, so wird die Schaltung injektiv – sie wird beginnen zu schwingen, bis sie irgendwann im einzig stabilen Zustand ankommt. Sie wird dann im Input die beiden Primzahlen zeigen. Jemand, der ein bisschen von Analogelektronik versteht, sollte so ein Schaltungssystem eigentlich bauen können. Wie sich so ein System genau verhalten wird, das kann heute niemand sagen. Wie lange es zum Beispiel schwingen wird, ehe es den Grundzustand erreicht, ich wüsste nicht, wie man das ausrechnen sollte, es handelt sich da möglicherweise um ein ganz neues Wissensgebiet? Funktionieren sollte es aber, einfach schon deshalb, weil man sich schlecht vorstellen kann, dass so ein System unendlich lange schwingt – und sobald das Gerät aufhört zu schwingen, wäre dies das Ende der Kryptografie, wie wir sie heute kennen.)

VOM RECHNEN ZUM SEHEN

Wir hatten bisher unser Vorgehen auf die Vektoren gestützt, haben aus der großen Allgemeinheit und Einfachheit dieser Gebilde Nutzen gezogen. Aber nun ist diese Allgemeinheit ein Nachteil, wir wollen uns ja der sichtbaren Oberfläche der Welt annähern, dem Sehen also, als einem ersten Schritt hin zu einem Verständnis des Denkens. An ihrer Oberfläche aber ist diese Welt sehr kompliziert und detailliert, sie wimmelt geradezu und ist gar nicht allgemein. Die Vektoren mögen ja einfach sein, sie auf das Gewimmel anzuwenden ist aber nicht einfach.

Zu Hermann Grassmann und seinen Vektoren zurückzugehen, das genügt deshalb nicht mehr, wir müssen zurück zu Demokrit, Parmenides, Pythagoras. Die Welt habe eine Struktur, fanden sie. Die Atome. Wenn diese Struktur existiert, so ist sie Zahl, denn alles ist Zahl, so sagten sie. Es handelt sich also um eine mathematische Struktur. Und diese grundlegende Struktur wollen wir mit dem Sehen verbinden, als der ersten Stufe zum Denken.

Die Aufgabe lautet also: Finde eine mathematische Theorie, die sowohl vom Denken handelt als auch von den Atomen. Da kommt nur eine in Frage: Im Jahre 1854 hat Boole ein Buch veröffentlicht mit dem Titel »The Laws of Thought« – »Die Gesetze des Denkens«! Wundervoll. Und die Boolesche Algebra kennt auch den Begriff des Atoms. Bingo! Und nicht nur das, sie kennt auch das Ideal. Und was könnte besser geeignet sein, die Atome mit dem Erkennen zu verbinden, als das Ideal*?

Früher hat man die Boolesche Algebra, also die Mengenlehre, schon an der Grundschule unterrichtet. Das war sehr richtig, die Mengenlehre an der Grundschule zu unterrichten. Die Mengenlehre handelt davon, Elemente zu Mengen zusammenzufügen. In der Schule veranschaulicht man es, indem man irgendwelche Gegenstände als »Elemente« wählt. Und dann fügt man diese Gegenstände zu Mengen zusammen. Man legt zum Beispiel einen Apfel, eine Orange und eine Banane zusammen in einen Korb. Das ist eine Menge. Wenn in einem anderen Korb ein Spielzeugauto liegt, so haben die beiden Mengen nichts gemeinsam. Wenn sich im ande-

---

* Es sei angemerkt, dass es in mathematischer Hinsicht wohl gar keinen wesentlichen Unterschied gibt zwischen Boolescher Algebra und Vektortheorie. Mein Freund Hans Weber meint dazu ganz trocken: »Jede Boolesche Algebra ist ein Vektorraum über F_2.«

ren Korb außer dem Spielzeugauto auch noch eine Orange befindet, haben die beiden Mengen etwas gemeinsam. Und so weiter, erinnern Sie sich?

Die erste Frage ist also, ob Bilder Mengen einer Booleschen Algebra sind – kann man Bilder zusammen in ein Körbchen legen, ohne dass es eine Katastrophe gibt? Das müssen wir als Erstes prüfen. Der Einfachheit halber verwenden wir Schwarz-Weiß-Bilder (die Pixel des Bildes sind also »1« oder »0«), und wir verwenden Bilder, die nur die Umrisse der Gegenstände zeigen (das kann man zum Beispiel durch Verwendung eines Filters erreichen). Das dient aber nur zum Ordnen der Gedanken, es schränkt die Allgemeingültigkeit unserer Untersuchung nicht ein, denn man kann selbstverständlich aus verschiedenen Schwarz-Weiß-Bildern ganz beliebig Farbbilder herstellen.

Die nächste Figur zeigt als Beispiel das Bild eines Rechtecks – das Rechteck ist der Gegenstand und das Bild zeigt diesen Gegenstand.

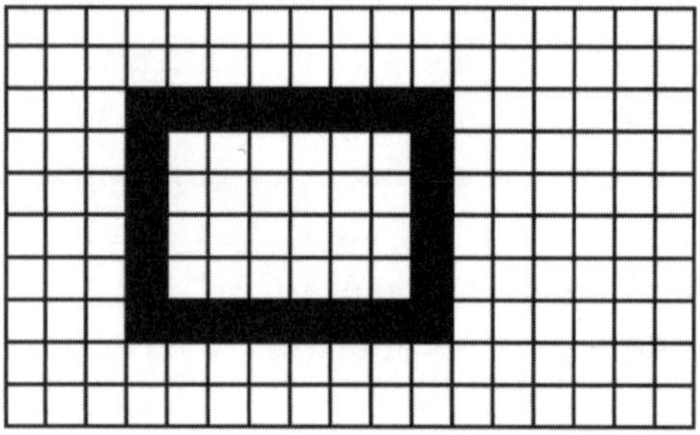

Als Nächstes überlagern wir die Bilder zweier verschiedener Rechtecke. (Wir legen sie also zusammen in ein Körbchen.) Das ist in der nächsten Figur gezeigt, wir haben dabei die Operation »oder« der Mengenlehre gewählt.

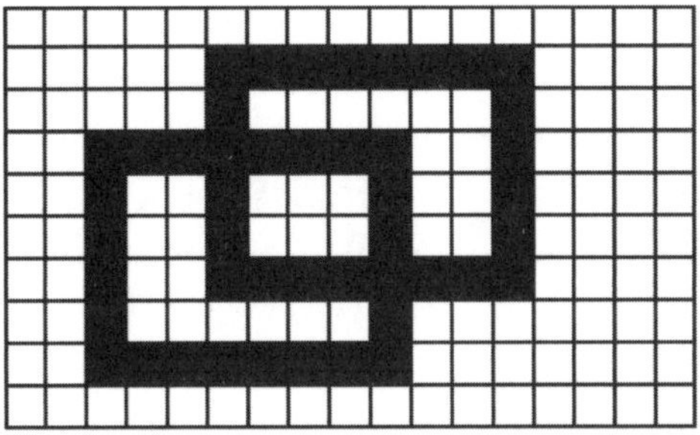

Der Vollständigkeit halber erwähnen wir auch, was herausgekommen wäre, hätten wir stattdessen die Gesetze der Vektoraddition auf die beiden Bilder (Nachrichtenvektoren) angewandt:

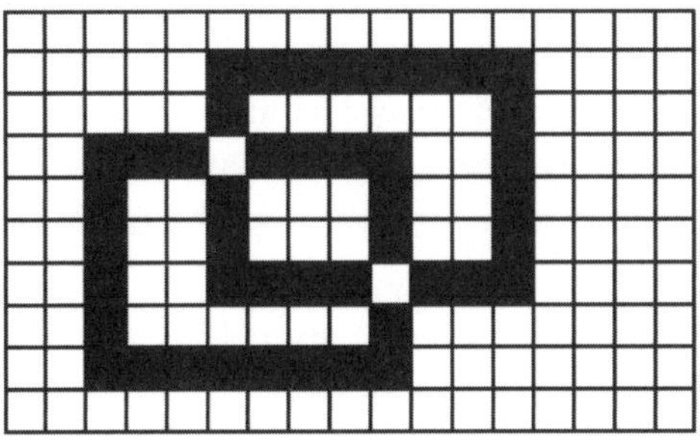

Wenn wir aber zwei wirkliche Rechtecke der wirklichen Welt fotografieren, kommt etwas ganz anderes dabei heraus, nämlich dies:

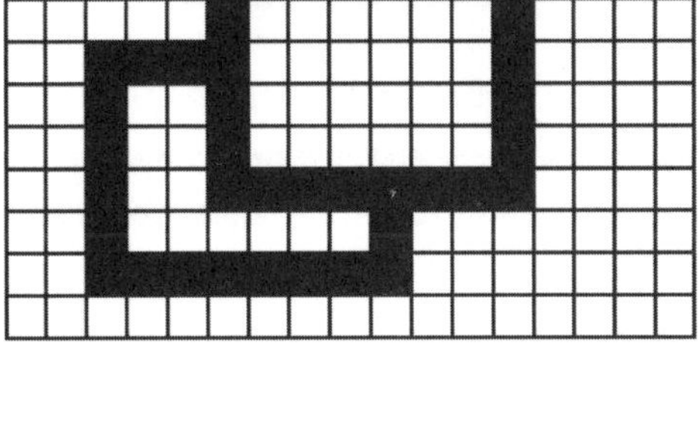

Nun sind aber Rechtecke Gegenstände der wirklichen Welt und als solche »bilden sie eine Boolesche Algebra«, das heißt, sie unterliegen den Gesetzen der Booleschen Algebra. Wenn nun die Bilder der Rechtecke sich anders verhalten als die Rechtecke selbst, so könnte man schlussfolgern, dass Bilder eben keine Boolesche Algebra bilden.

Wenn man ein wenig über diese Sache nachdenkt, sieht man aber: Das Problem liegt weder in den Bildern noch in den Rechtecken, sondern im Fotoapparat: Es ist einfach so, dass die physikalische Welt drei Dimensionen hat. Die Bildwelt nur zwei. Hätte die physikalische Welt nur zwei Dimensionen, könnten Gegenstände sich nicht überlagern, so wie das bei obigen Rechtecken der Fall ist.

Wir »verbieten« den Gegenständen deshalb vorerst, sich zu überlagern. Wir fotografieren nur Gegenstände, die sich nicht überlagern (später werden wir selbstverständlich auch sich überlagernde Gegenstände untersuchen). Dabei wird ein Gegenstand nicht nur durch seine Form charakterisiert (Rechteck, Kreis, Banane), sondern auch durch seine Position. Ein Rechteck links oben ist also ein anderer Gegenstand als eines rechts unten.

Durch diese Einschränkung auf Gegenstände, die sich nicht verdecken, wird es nun ganz einfach: Einem jeden Gegenstand entspricht ein Bild dieses Gegenstandes, und einer jeden Menge aus Gegenständen entspricht ein Bild dieser Menge von Gegenständen, und dieses Bild der Menge erhält man aus einer Überlagerung der Bilder der einzelnen Gegenstände. Ebenso wie die Gegenstände selbst bilden nun auch die Bilder der Gegenstände eine Boolesche Algebra. Und zu jedem Gegenstand gibt es ja eine Beschreibung, sodass also auch die Beschreibungen eine Boolesche Algebra bilden. Damit ist eigentlich schon alles gesagt, aber damit man es sich etwas besser vorstellen kann, bedenken wir es noch einmal schrittweise.

Wir können sicherlich jedem Bild, a_i, eine korrekte Beschreibung zuordnen, b_i, und diese Zuordnung ist eben unser oben erwähntes D, also $b_i = D(a_i)$. Die Beschreibung eines Bildes, das zwei Gegenstände zeigt, ist dann gleich der Liste der Beschreibungen der beiden Einzelbilder der einzelnen Gegenstände, also: $D(a_i \vee a_j) = b_i \cup b_j$. (In mathematischer Hinsicht bedeutet das: D ist ein Homomorphismus. Und weil D außerdem bijektiv ist, ist es auch ein Isomorphismus. Das ist genau, was wir schon vorher gefunden hatten.)

Und das bedeutet in der Praxis: Wenn wir 100 Gegenstände zur Verfügung haben, gibt es zwar unvorstellbar viele verschiedene Anordnungen dieser Gegenstände (2^{100}) und genauso viele verschiedene Bilder dieser Anordnungen. Aber alle diese vielen Bilder können wir aus nur 100 Bildern erzeugen, eben den Bildern der Einzelgegenstände. Und ebenso können wir die unvorstellbar vielen Beschreibungen der Kombinationen von Gegenständen erzeugen aus nur 100 Beschreibungen einzelner Gegenstände. Eigentlich einfach.

Unvollständige Gegenstände oder unvollständige Bilder sind in der Diskussion bisher nicht vorgesehen. Insofern sind die Bilder der Einzelgegenstände Atome dieser Booleschen Algebra. (Ein Atom ist in der Booleschen Algebra ein Element a, das nicht null ist, und für das gilt, dass es kein Element b gibt mit null $< b < a$, wobei $a \leq b$ wenn $a = a \wedge b$).

Die Bilder der einzelnen Gegenstände als Atome zu verwenden ist aber nur eine von vielen Möglichkeiten, die Boolesche Algebra schreibt uns diesbezüglich nichts vor, wir können auch ganz andere Atome definieren. Zum Beispiel Geradensegmente, Kurvensegmente und so weiter. Aus diesen Segmenten kann man dann größere Objekte zusammensetzen. Und zwar kann man dies wiederum mit Hilfe der Booleschen Algebra tun, indem man sogenannte total geordnete Mengen von Atomen bildet.*

Zum Beispiel bilden kurze Geradenstückchen, die alle in die gleiche Richtung zeigen und sich an den Enden berühren, eine Gerade. Sie bilden aber ebenso eine total geordnete Menge. Der Computer kann nicht »sehen«, dass sie eine Gerade bilden. Er kann aber mit einem ganz einfachen Programm feststellen, dass sie eine total geordnete Menge bilden. Und diese kann dann wieder Element einer übergeordneten Menge sein. Wohlgemerkt, der Computer muss dabei keineswegs mit geometrischen oder sonstigen Modellen vergleichen, er muss nicht den Grad irgendeiner Übereinstimmung bestimmen, keine Wahrscheinlichkeit abschätzen und keine Entscheidungen treffen.

Die Mathematik konnte uns nicht sagen, welche der 16 möglichen Tafeln wir für die Addition verwenden sollen. Ebenso wenig kann sie uns sagen, welches die Atome der Bilder sind, das ist nicht ableitbar. Das müssen wir selbst herausfinden aus einem Vergleich mit der Wirklichkeit. Und es wird wohl nicht mit nur zwei Tafeln abgehen wie bei der Addition und der Multiplikation der Restklasse modulo 2. Wir werden es mit sehr viel mehr Atomen zu tun haben und jedes durch eine Tabelle ausdrücken müssen, vielleicht werden viele tausend solcher fundamentalen Tabellen nötig sein.

Den Rest aber besorgt dann die Mathematik. Es braucht kein weiteres A-priori-Wissen, kein Verständnis, sondern es genügt, die Regeln der Booleschen Algebra zu befolgen. (Ohne dass es dabei je zu Näherungen kommt, zu Wahrscheinlichkeitsaussagen oder Wahrscheinlichkeitsentscheidungen.)

---

* »*Eine Totalordnung, Anordnung oder lineare Ordnung* ist eine Halbordnung, die zudem eine *totale* Relation ist, das heißt für je zwei beliebige Elemente a, b der Grundmenge mit $a \neq b$ ist stets mindestens eine der beiden Relationen $a\ R\ b$ oder $b\ R\ a$ erfüllt. Der Begriff *linear* orientiert sich an der Vorstellung, die ganze Menge in einer Sequenz … $Ra_1\ Ra_2\ Ra_3\ R$ … aufzuzählen. Daher leitet sich auch die Bezeichnung *Kette* für eine total geordnete Menge ab.« (Wikipedia)

Bleibt nur noch ein grundsätzliches Problem: Wie ist das nun mit den Gegenständen, die sich überlagern? Die hatten wir vorläufig von unserer Diskussion ausgeschlossen, um leichter einen Überblick über die Situation zu gewinnen.

PLATON UND BOOLE

Auch für Überlagerungen, wie in den obigen Figuren gezeigt, hat die Boolesche Algebra einen Lösungsweg: Man muss ein Rechteck gar nicht vollständig sehen, es genügt, einen Teil des Rechtecks zu sehen. Die alten Griechen hätten so etwas eine »Idee« genannt, in der Booleschen Algebra heißt es »Ideal«.

Nehmen wir an, ein bestimmtes Rechteck bestünde aus ganz bestimmten 100 schwarzen Pixeln. Nun kann man eines der Pixel auf »weiß« schalten, irgendeines der 100 Pixel. Oder man kann irgendwelche zwei Pixel auf »weiß« schalten, und so weiter. So erzeugt man die Menge aller unvollständigen Rechtecke. Diese nennt sich »Ideal« des Rechtecks (ein Fachausdruck der Booleschen Algebra). Ein teilweise verdecktes Rechteck findet man also, indem man nach einem Element seines Ideals sucht. Und damit kann man dann genauso weiterarbeiten, als hätte man das Rechteck selber gefunden, denn auch Ideale sind Elemente Boolescher Mengen.

Laut Platon kann ein Mensch, der die »Idee« des Rechtecks kennt, ein Rechteck auch dann erkennen, wenn es ein wenig unvollständig ist. Nun mag man behaupten, die Idee des Rechtecks und das Ideal des Rechtecks, das sei nicht dasselbe. Man kann aber ebenso gut das Gegenteil vertreten – sicher ist nur eines: Egal, ob ich die Idee des Rechtecks oder das Ideal des Rechtecks kenne, das Ergebnis ist identisch, ich kann dann unvollständige Rechtecke erkennen.

Es scheint also möglich zu sein, einem Computer die Welt verständlich zu machen, indem man ihn in eine Isomorphierelation zur Welt bringt. Das wollen wir im folgenden Kapitel tun. Selbstverständlich kann es sich dabei nur um einen vorsichtigen ersten Schritt in eine neue Technologie handeln, denn sicher waren unsere bisherigen Betrachtungen unvollständig, sicherlich werden wir keine Isomorphie im strengen mathematischen Sinne zustande bringen. Außerdem gibt es bis heute keine richtigen linearen oder Booleschen Computer. Aber auch die experimentelle Überprüfung einer unvollständigen Theorie kann doch schon interessant sein und die weitere Entwicklung erleichtern.

DURCHBRUCH ZUM SEHEN, DURCHBRUCH ZUR WELT

Zuerst die Atome: Als Atome verwenden wir keine Rechtecke, sondern Segmente von Geraden oder Kurven, diese Segmente sollen etwa 5 Pixel lang sein. Wir legen also eine möglichst vollständige Liste aller Kurvensegmente an, die in einem 5 x 5 Pixel großen Bildausschnitt möglich sind. Ein 5 x 5 Pixel großer Bildausschnitt hat insgesamt 25 Pixel, man kann damit 2^{25} verschiedene Bilder darstellen (wir verwenden Schwarz-Weiß Bilder). Für die vollständige Beschreibung aller dieser Bilder brauchen wir also eine Liste mit 2^{25} Elementen.

Das schafft auch ein normaler Schreibtischcomputer in seinem RAM-Speicher (ein PC kann typischerweise Tabellen mit bis zu 2^{32} Elementen anlegen). Wir füllen diese Tabelle mit Bildbeschreibungen auf die folgende Weise: Mit einem Computerprogramm produzieren wir Geradenstückchen mit verschiedenen Neigungen (Winkeln) und verlagern diese in ein Pixelfeld aus 5 x 5 Pixeln. Die Geradenstückchen berühren das zentrale Pixel, können aber innerhalb dieses Pixels auch verschiedene Positionen haben. Weil ja das Programm (gemäß unseren Anweisungen) die Gerade selbst produziert hat, kennt das Programm selbstverständlich alle Parameter der von ihm geschaffenen Geraden.

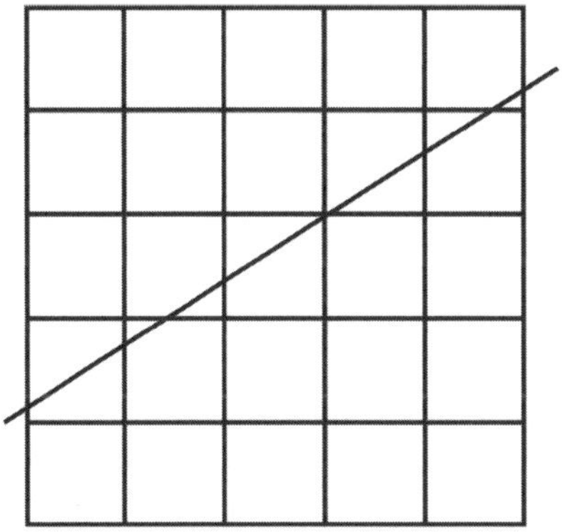

Projektion eines Geradensegments auf ein Feld von 5 x 5 Pixeln.

Als Nächstes rechnet das Programm aus, wie eine solche Gerade auf dem Pixelschirm aussehen würde: Es schaltet alle Pixel, die von der Geraden berührt werden, auf »1« (schwarz). Es ergibt sich also ein Pixelmuster. Dieses Pixelmuster entspricht einer 25 Bit langen Zahl.

0000000011011001100000000

Diese Zahl lesen wir aus dem Bild aus 5 x 5 Pixeln direkt ab, Zeile für Zeile, jedes schwarze Pixel ist eine »1«, jedes weiße eine »0«, und so erhalten wir in unserem Beispiel »0 0 0 0 0 0 0 0 1 1 0 1 1 0 0 1 1 0 0 0 0 0 0 0 0 0«. Und ebenso kann man dann auch Kreissegmente berücksichtigen und andere geometrische Elemente.

Dann schreibt der Computer an genau diese Speicheradresse 0 0 0 0 0 0 0 0 1 1 0 1 1 0 0 1 1 0 0 0 0 0 0 0 0 0 die Beschreibung dieses Musters. Er schreibt also, was diese Zahl »besagt« – so hatten wir das vorher formuliert. Er schreibt also, dass es sich bei dieser Zahl um ein Geradenstückchen mit einem bestimmten Winkel handelt.

Wenn man nun in einem Bild alle darin enthaltenen Liniensegmente finden will, muss man den Vorgang ja nur umkehren: Dazu unterteilt der Computer das Bild in 5 x 5 Pixel große Felder, und zwar in ebenso viele Felder wie das Bild insgesamt Pixel hat (also in eine Million Felder für ein 1000 x 1000 Pixel großes Bild). Und für jedes Feld muss er dann im RAM nachlesen, was in dem Feld dargestellt ist.

Im Prinzip würde schon eine milliardstel Sekunde ausreichen, um eine Nachricht aus der RAM zu holen. Man könnte also ein Bild aus einer Million Pixeln in einer tausendstel Sekunde vollständig in Linien und Kurven übersetzen. (Einerseits dauert es ein wenig mehr als eine milliardstel Sekunde, um eine Beschreibung aus dem RAM zu holen, andererseits braucht man das tatsächlich nur für die Muster zu tun, welche ein schwarzes Pixel im Zentrum haben.)

Das Resultat ist dann eine Liste von Geraden- und Kurvenstückchen mit typischerweise nur noch 10.000 Elementen (statt einer Million Pixeln). Und nicht nur geht das sehr schnell, sondern es ist auch mathematisch präzise: Es gibt keine Näherungen, keine Interpretationen, keine Wahrscheinlichkeiten.

Diese Geradenstückchen kann der Computer dann zu vollständig geordneten Mengen anordnen. Dadurch entstehen Geraden, Kurven, je nachdem. Wiederum geht dies sehr schnell und ohne Ambiguitäten.

Nun muss man dem Computer nur noch sagen, welche Form ein Mensch hat oder ein Haus, und dann findet der Computer diese auch. Unabhängig von der Umgebung, die sonst noch zu sehen ist.

Ein paar Ergebnisse dieses ersten Programms haben wir ins Internet gestellt, unter:

http://www.isomorph.it/solutions/information-technology/pattern-recognition

Da gibt es ein Programm, das Menschen erkennt, auch in einer »nicht-kontrollierten Umgebung«, also in einem normalen Zimmer oder auf der Straße oder im Garten. Und weil es zwei Kameras verwendet, kann es sogar die Position der Person im Raum bestimmen. Pro Bild dauert die Auswertung etwa 0,2 Sekunden, wenn man mit einem CELL-Prozessor arbeitet.

Um zu veranschaulichen, was das Programm gesehen und erkannt hat, produziert es auf einem getrennten Bildschirm eine virtuelle Menschenfigur in einem virtuellen Raum und platziert diese Figur an die gleiche Stelle, an welcher der richtige Mensch steht, und lässt die Figur auch die gleichen Bewegungen ausführen. Der Computer lässt uns also zuschauen, wie er sieht.

Ein anderes Programm versteht es, wenn ein Mensch eine Waffe in die Hand nimmt, dann gibt es Alarm. Ein weiterer Film auf unserer Web-Seite zeigt einen kleinen Roboter, der selbstständig Gegenstände ordnet.

Wir haben für diese Arbeiten nur sehr begrenzte Mittel zur Verfügung gehabt, ein Jahr Arbeit etwa. Außerdem könnte man die Programme aufgrund ihrer linearen Struktur ebenso gut auf 10 CELL-Prozessoren laufen lassen (einem sogenannten Blade-System), dann wären sie 10-mal schneller. Also bereits schneller und präziser als ein Mensch. Und man kann die Programme beliebig erweitern, damit sie zum Beispiel auch Elefanten oder Panzer erkennen können. Diese beliebige Erweiterung ist wiederum möglich aufgrund der linearen Programmstruktur.

Und obwohl die von uns investierten Mittel sehr gering waren und wir sehr wenig getan haben, verglichen damit, was ohne Weiteres möglich wäre, sind derartige Resultate, soweit mir bekannt, mit herkömmlichen Methoden bereits nicht mehr zu erreichen.

Ganz falsch können deswegen auch die theoretischen Überlegungen, die wir hier angestellt haben, nicht sein. Es handelt sich wohl wirklich um die allerersten Anfänge einer neuen Technologie, basierend auf einer neuen Physik, der Physik der Information.

So könnte es weitergehen

Wir haben auf den vorhergehenden Seiten nur die allernötigsten Grundlagen besser zu verstehen versucht, nur das, was man unbedingt und mindestens braucht, um über die offenen Probleme nachdenken zu können, die wir in den bisherigen Kapiteln diskutiert haben. Dabei haben wir uns auf eine Diskussion umkehrbarer Transformationen beschränkt, denn diese sind in mathematischer Hinsicht besonders einfach. Wohingegen das Gehirn hauptsächlich nicht umkehrbare Operationen ausführt; auch das Programm für den CELL, das wir vorgestellt haben, ist nicht umkehrbar.

Nicht umkehrbare Transformationen sind deswegen wichtig, weil sie erlauben, Information sozusagen zu »verdichten«, man könnte es auch als Abstraktionsvorgang bezeichnen. Die Physik selbst ist das Ergebnis nicht umkehrbarer Abstraktionsvorgänge. Dies bleibt zu tun.

Wenn ein informationsverarbeitendes System Information nur umformen, nicht aber neu schaffen kann, dann kann die im Universum angetroffene Information nicht von den im Universum vorhandenen informationsverarbeitenden Systemen stammen. Sie muss aus der Frühzeit oder aus der Vorzeit des Universums stammen. Es muss sich um eine Information handeln, die selbst die Extrembedingungen des frühen Universums überstanden hat, die so gesehen irreduzibel ist. Woher kommt sie? Wie viele Bits umfasst sie?

Daneben scheint es noch eine zweite Art von Information zu geben, eine Information, die einfach darin besteht, die Ergebnisse von Zufallsereignissen festzuhalten. Wie viel es da noch zu verstehen gibt!

Ein riesiges Forschungsgebiet eröffnet sich auch da, wo es darum geht, die mathematische Struktur der Information zu verbinden mit der Thermodynamik. Laut Szilard wird mindestens die Energie $\frac{1}{2}kT$ dissipiert, wenn 1 Bit Information gespeichert wird. Und Information wird nur dann aufgenommen und gespeichert, wenn das Computerprogramm geladen oder das Gehirn aufgebaut wird (es muss eine Isomorphierelation geschaffen werden). In unserem Szenario wird keinerlei neue Information aufgenommen oder gespeichert, wenn ein Computer oder ein Gehirn Daten aus der Umwelt erhält, um diese zu verarbeiten. Es kann also nur die Entstehung oder Programmierung des informationsverarbeitenden Systems zu Energiedissipation führen, nicht der Betrieb dieses Systems.

Wie gern hätte man zu dieser theoretischen Vorhersage, die sich nur aus Gründen der Logik aufdrängt, konkrete experimentelle Befunde! Unser großes Vorbild sollte hier Rizzolatti sein, dessen wunderbare Experimente auf sehr einfache Weise die Struktur des Gehirns als eines Spiegels der Außenwelt aufgezeigt haben, in großer Übereinstimmung mit dem, was wir in diesem Kapitel gefunden haben (wir nennen es »Isomorphie«, Rizzolatti nennt es »Spiegelsystem«).

Wir haben es auch vermieden, in die Philosophie abzuschweifen, auf Parmenides einzugehen, auf Kant, auf Wittgenstein, es wäre mit unseren Ressourcen nicht möglich gewesen, es bleibt zu tun.

Und ebenso bleibt viel zu tun, um die Mathematik der Information weiterzuentwickeln. Wundervolles, Aufregendes, Einfachstes bleibt zu tun: Während wir uns durch die Restklasse kämpften und uns bis zur letztendlichen Linearität aller Informationsverarbeitung vorarbeiteten, bis dorthin, wo es nicht mehr weitergeht, ist der Mathematiker Hans Weber zu uns gestoßen. Ich habe inzwischen stundenlang mit ihm nachdenken, verwerfen, verstehen und von ihm lernen dürfen, man könnte davon bereits das nächste Buch schreiben – mit dem, was wir bisher erreicht haben, hört die Geschichte nicht auf, sie fängt erst richtig an.

Immerhin, vieles, was wir vorher nicht richtig verstanden haben, eigentlich gar nicht einmal richtig formulieren konnten, verstehen wir jetzt besser. Was wird sich wohl ergeben, wenn wir unser neues Wissen auf die vielen offenen Fragen anwenden, die wir vorher diskutiert haben? Hat die Evolution nun mit Komplexität zu tun? Und inwiefern? Oder womit sonst? Gibt es eine Entwicklung? Was ist Leben, was ist Geist? Es gibt organisches Leben (was ist das?), gibt es entsprechend auch geistiges Leben, richtiges geistiges Leben, wörtlich gemeint, nicht nur als Metapher? Wir wissen jetzt, wie wir einen Computer programmieren, sodass er sieht. Wer programmiert aber uns, sodass wir sehen? Wer programmiert uns überhaupt? Und was passiert mit dem Programm, das wir sind, wenn wir tot sind? Und falls wir die Kopie sind, wo ist das Original?

Aber auch etwas bescheidenere, praktischere Fragen sollten erlaubt sein: Wissenschaft kommt vom Denken und umgekehrt – wie können wir unsere Wissenschaft endlich wieder aufbauen? Und wozu?

Evolution mit Physik

WAS IST LEBEN?

Man kann umso besser über die Evolution des Lebens nachdenken, je besser man versteht, was »Leben« ist. In den verschiedensten Büchern wird diese Frage, so scheint mir, nicht wirklich geklärt, sondern das »Leben« nur beschrieben. Man findet Listen mit Beschreibungen, was angeblich das Leben ausmacht, zum Beispiel »Stoffwechsel« oder »Fortpflanzung«. Aber selbst wenn wir uns mit einer reinen Beschreibung zufriedengeben wollten, also bereit wären, auf ein Verständnis zu verzichten, wären diese Listen trotzdem nicht sehr hilfreich.

»Fortpflanzung« zum Beispiel soll Voraussetzung sein, um von »Leben« sprechen zu können. Wie ist das dann mit einem Menschen, der sich nicht fortpflanzen kann oder will – lebt der dann nicht oder nur teilweise? Und bei den Bakterien besteht ja die Fortpflanzung einfach nur darin, dass sich das Bakterium teilt, wenn es genug gefressen hat und groß genug geworden ist – das kann man zwar »Fortpflanzung« nennen, aber was ist damit schon gesagt? Auch gibt es Würmer, die weiterleben und wachsen, wenn man sie teilt. Ist das auch »Fortpflanzung« und sind solche Würmer vielleicht lebendiger als solche, die das Auseinanderschneiden nicht überstehen?

Ebenso seltsam ist es, das Leben über den Stoffwechsel definieren zu wollen. Wenn einer eine schlimme Verstopfung hat, ist der dann schon tot? Und so wie man einen Menschen nicht als Ansammlung von vielen lebenden Wesen betrachtet – den Zellen und Einzellern, aus denen er besteht –, sondern als ein einziges Lebewesen insgesamt, so betrachten ja manche Leute auch unseren Planeten selbst, seine Biosphäre, insgesamt als Lebewesen, als

»Mutter Erde«. Und dieses Gesamtlebewesen »Erde« hat nun ganz bestimmt keinerlei Stoffwechsel, denn sonst müsste ja jeden Morgen der Milchmann mit der Rakete anfliegen, von Alpha Centauri. So ist das aber nicht, die Erde tauscht keinerlei Stoffe mit ihrer Umgebung aus.

WAS IST EIN MOTOR?

Man kann es genauer veranschaulichen am einfachen Beispiel des Motors. Für einen Benzinmotor ist es tatsächlich wahr: Er »trinkt« Benzin und »atmet« Luft, anschließend gibt er das an der Luft verbrannte Benzin als Abgas ab. Aber schon für einen Gleichstrom-Elektromotor kann man Derartiges nicht mehr sagen: Der Elektromotor verbraucht zwar Strom so wie der Benzinmotor Benzin. Aber dieser Strom (er besteht aus Elektronen, hatten wir gesehen) wird in keiner Wiese »gegessen« oder »verbrannt«. Und bei einem Wechselstrommotor liegt nicht einmal mehr ein richtiger Stromfluss vor, sondern die Elektronen zittern nur ganz leicht hin und her, aber durch den Motor fließen sie nicht.

Noch auffälliger ist das bei der Dampfmaschine: Wenn man den gebrauchten Dampf zu Wasser kondensieren lässt und wieder in den Kessel der Dampfmaschine zurückpumpt, tauscht die Dampfmaschine keinerlei Stoffe mit ihrer Umgebung aus. Sie nimmt nur Wärme auf und gibt sie wieder ab. Keine Materie. Kein Stoffwechsel. Ebenso beim Stirlingmotor, der nur mit Gas arbeitet, ohne Wasserdampf: Er hat ein heißes Ende und ein kaltes. Indem Wärme vom heißen zum kalten Ende fließt, wird ein Teil dieser Wärme in Arbeit umgewandelt.

Und das gilt auch für die Erde selbst und ihre Biosphäre: Sie nimmt am Tag Wärme auf und strahlt in der Nacht Wärme ab. Kein Stoffwechsel.

Aus physikalischer Sicht ist ein laufender Motor ein spontaner Vorgang. Er läuft, ohne dass jemand kurbeln muss, der Motor läuft auch, wenn man nicht hinschaut und sich nicht um ihn kümmert, er läuft so oder so (solange Benzin im Tank ist), ganz von allein, also spontan. Und bei spontan ablaufenden Vorgängen hatten wir gesehen, was sie einzig und allein am Laufen hält und warum sie spontan sind: Sie erhöhen die Entropie des Universums. Deswegen laufen sie spontan ab und können gar nicht anders.

Diese Entropieerhöhung wird beim Benzinmotor durch die Benzinverbrennung bewirkt. Benzin- und Luftmoleküle besitzen eine hohe Entropie (= sie besitzen bei gegebener Temperatur eine relativ hohe Energie), sie werden durch die Verbrennung geordnet zu Zuständen niedriger Entropie (Auspuffgase), und dieses lokale Bilden einer Ordnung geht einher mit der Abstrahlung von Wärme. Diese letztlich ins Universum abgestrahlte Wärme ist es, welche eben insgesamt die Entropie des Universums erhöht. Die ins Universum abgestrahlte Wärme erhöht die Unordnung insgesamt mehr, als durch das Ordnen der Atome an lokaler Ordnung entsteht.

Bei unserem Beispiel mit dem kalten und dem heißen Eisen war es genauso: Indem das heiße Eisen abkühlt, nimmt seine Entropie ab, aber sie nimmt um weniger ab, als die Entropie des kalten Eisens zunimmt. Deswegen nimmt die Entropie des Systems aus den beiden Eisen insgesamt zu.

Man könnte deshalb in der Tat auch einen Motor nur mit einem heißen und einem kalten Eisen betreiben: Man braucht zwischen die (entsprechend groß gewählten) heißen und kalten Eisen nur eine Dampfmaschine oder einen Stirlingmotor zu stellen, das genügt, um sie zum Laufen zu bringen. Die Benzinverbrennung ist also nur Mittel zum Zweck, der eigentlich grundlegende Vorgang ist auch beim Benzinmotor einfach nur die Erhöhung der Entropie – die hält ihn am Laufen.

Es ist allerdings schwer, sich das anschaulich vorzustellen. Wie die Energiebündel im heißen Eisen umherirren, bis sie schließlich im kalten Eisen ankommen, das kann man sich so gerade noch vor Augen halten. Es ist so ähnlich wie bei einem Gas in einem Druckbehälter: Wenn man den Behälter öffnet, werden aufgrund ihrer zufälligen Bewegung immer mehr Gasatome nach außen wandern, das kann man sich gut vorstellen.

Sich anschaulich vorzustellen, wie der Motor sich bewegt, weil er dabei Entropie erzeugt, das ist viel schwieriger. Vermutlich ist es deswegen so schwierig, weil an der Schule und auch an den meisten Universitäten nur ganz kurz auf diese Dinge eingegangen wird, wenn überhaupt. Und in der Zeitung steht sowieso nichts davon. Man ist es nicht gewöhnt, so zu denken. Man ist überhaupt nicht daran gewöhnt, über diese Dinge nachzudenken. Daher kommt wohl die Schwierigkeit, es sich vorzustellen.

Aber das ist ja eben das Interessante an der Physik: Indem sie sich mit der Mathematik verbündet, ist sie immer wieder in der Lage, unserem Vorstellungsvermögen vorauszueilen. Sobald man sich den Luxus erlaubt, sich ein wenig Zeit zu nehmen und über die Dinge genauer nachzudenken, beginnt man, mit einer Hand auf die Physik gestützt, es sich wirklich vorstellen zu können. Doch das braucht Zeit.

Und wenn schon das Nachdenken über einen einfachen Motor unserem Vorstellungsvermögen Schwierigkeiten bereitet, so wird die Sache sicher nicht leichter, wenn wir über die viel komplizierteren Lebensvorgänge nachdenken wollen. Da bewegen wir uns am Rande dessen, was heute und in unserer Gesellschaft denkmöglich ist, müssen uns also sehr vorsichtig bewegen.

Das immerhin wissen wir: Die Gesetze der Thermodynamik und insbesondere das zweite Gesetz müssen auch auf die Lebensvorgänge anwendbar sein. Denn das zweite Gesetz ist vollständig einfach, etwas Einfacheres ist nicht denkbar, es ist kein Raum für irgendetwas, das Einschränkungen und Ausnahmen vom zweiten Gesetz erlauben würde. Es muss deshalb auch bei den Lebewesen so sein: Wenn der Vorgang des »Lebens« spontan ist, und das ist er ja, so gibt es in der ganzen Physik dafür nur eine Erklärung – das Leben erhöht die Entropie des Universums, sonst wäre es nicht spontan. Dabei kann der Stoffwechsel eine Rolle spielen, muss er aber nicht. Mutter Erde kommt ganz ohne ihn aus, der Wärmefluss der Sonne genügt ihr.

EINE EXTREM KOMPLIZIERTE DAMPFMASCHINE

Nun ist ein Lebewesen zugegebenermaßen komplizierter aufgebaut als eine Dampfmaschine. Sich ein vollständig funktionsfähiges Lebewesen vorzustellen, das so einfach aufgebaut ist wie eine Dampfmaschine, das ist vielleicht zu schwer. Es ist aber einfach, das Umgekehrte zu tun, sich also eine beliebig komplizierte Dampfmaschine vorzustellen: Wir können einen Computer einbauen, der die Dampfmaschine überwacht und lenkt, mittels Tausender komplizierter Sensoren. Wir können Schmiermittel lagern. Wir können eine Bibliothek einbauen, damit sich das Bedienungspersonal nicht langweilt. Oder das Bedienungspersonal durch ein Heer hochkomplizierter Roboter ersetzen. Und so weiter. Am Prinzip wird sich durch all das nichts ändern: Die Dampfmaschine läuft und sie muss laufen, weil sie die Entropie der Welt erhöht. Nicht, weil sie kompliziert ist.

Der Unterschied zwischen einer Dampfmaschine und einer lebenden Zelle liegt also nicht in der Kompliziertheit, denn die Maschine können wir uns zumindest als Gedankenexperiment beliebig kompliziert vorstellen, auch 1000-mal komplizierter als eine Zelle. Der Unterschied ist ein anderer: Ein Lebewesen ist autonom. Es funktioniert ganz von selbst immerzu weiter, ganz spontan. Eine Maschine hat damit verglichen eine geringere Autonomie. Sie funktioniert, solange Treibstoff da ist und solange nichts kaputtgeht. Sie kann sich nicht selbst reparieren und nicht selbst auf die Suche nach Treibstoff gehen.

Die Schlussfolgerung, die wir aus den letzten Seiten mitnehmen wollen, ist also die: Leben ist ein autonomer Kreisprozess. Er läuft deswegen spontan ab (lebt also), weil er die Entropie (also die Unordnung) des Universums insgesamt erhöht, wobei er unvermeidlicherweise lokal Ordnung schafft. Die Kompliziertheit der Lebewesen dient ihrer Autonomie, sie ist aber nicht das, was am Leben lebendig ist.

Im nächsten Schritt wollen wir diese Überlegungen erweitern auf die Gesamtheit der Lebewesen, oder anders gesagt, auf das »Lebewesen Erde«.

LEBEN ERHÖHT ENTROPIE

Wir erinnern uns kurz noch einmal an unser Gedankenexperiment mit dem heißen und dem kalten Eisen. Wenn man ein heißes und ein kaltes Eisen zusammenbringt, wird Wärmeenergie vom heißen zum kalten Eisen fließen. Dadurch erniedrigt sich zwar die Entropie des heißen Eisens, aber die des kalten Eisens erhöht sich stärker, insgesamt erhöht sich die Entropie der beiden Eisen. Die beiden Eisen gleichen deswegen ihre Temperatur einander an, weil der Zustand »zwei warme Eisen« sehr viel wahrscheinlicher ist als der Zustand »heißes und kaltes Eisen«.

Stellen wir uns also die Erde vor als einen Planeten ohne Leben, vielleicht so ähnlich wie den Mond. Die von der Sonne beschienene Seite wird sehr warm. Und die Schattenseite ist sehr kalt. Das ist eine Situation wie mit dem heißen und dem kalten Eisen.

Wenn wir uns hingegen auf dem sonst gleichen Planeten Leben hinzudenken, so wird dieses Leben eine Verringerung der Temperaturunterschiede zur Folge haben. Denn die Pflanzen werden das Sonnenlicht zwar aufnehmen, es aber in chemischer Form speichern. Eine Pflanze wird also, wenn sie von der Sonne beschienen wird, nicht so heiß wie, sagen wir, ein Stein. Die der Sonne zugewandte Seite des Planeten wird sich also weniger erhitzen. Und wenn sich der Planet dreht, so wie die Erde, wird die Oberflächentemperatur während der Nacht nicht so stark sinken. Denn die Lebensvorgänge gehen ja während der Nacht weiter und sie sind immer mit einer Abgabe von Wärmeenergie verbunden. Ein Planet mit Leben ist also gleichmäßiger warm als ein Planet ohne Leben. Ein Planet mit Leben ist also wahrscheinlicher als einer ohne Leben.

Es wird sich also auf einem unbelebten Planeten ganz spontan Leben bilden. Es wird sich bilden müssen. So wie ein heißes und ein kaltes Eisen zu einem insgesamt warmen Eisen werden müssen. Vorausgesetzt natürlich, dies ist physikalisch möglich. Wenn man zwischen die zwei Eisen eine Isoliermatte legt, können sie keine Wärme austauschen. Wenn ein Planet zum Beispiel nur aus Eisen besteht, kann sich kein Leben bilden. Aber unsere Erde besteht ja eben nicht aus Eisen und Isoliermatten.

Und auch wenn sich erst einmal Leben gebildet hat, hört die Wirkung des zweiten Gesetzes nicht auf. Vermutlich erhöhen gleichmäßig warme Säugetiere die Entropie des Planeten stärker, als dies die wechselwarmen Echsen tun. Säugetiere wären dann, langfristig gesehen, wahrscheinlicher. In dem Fall würden die Säugetiere ganz spontan die Dinosaurier ersetzen. Genauer gesagt, sie würden die Dinosaurier in kleine biologische Spezialnischen verdrängen, auf die Galapagosinseln zum Beispiel. Oder die Dinosaurier müssten zu Vögeln mutieren, welche ja eine hohe und konstante Körpertemperatur haben. Und zwar eben deswegen.

Diese Argumentation stünde keineswegs im Widerspruch zur herkömmlichen Sichtweise, nach der die Dinosaurier durch Meteoriteneinschläge und dergleichen dezimiert wurden. Er ergänzt diese Sichtweise lediglich. Denn man muss sich doch irgendwie vorstellen können, wieso die durch Meteoriten ausgelöschten Saurierarten nicht durch andere, besser angepasste Saurierarten ersetzt wurden, sondern durch Säugetiere.

Und selbstverständlich bleibt auch für Säugetiere gültig: Das zweite Gesetz lässt physikalisch mögliche Vorgänge spontan ablaufen, es erlaubt aber nicht physikalisch Unmögliches. So können Säugetiere erst ab einer gewissen Körpergröße funktionieren. Denn für sehr kleine Tiere wird das Verhältnis von Körpervolumen und Körperoberfläche zu klein, die im Volumen des Tiers vorhandene Wärmeenergie ist zu klein im Verhältnis zum Energieverlust der Körperoberfläche, das Tier kann dann nicht leben. Das kleinste Säugetier ist etwa so groß wie eine Maus. Ameisengroße Säugetiere sind nicht möglich, weswegen sehr kleine Lebewesen auch durch Säugetiere nicht verdrängt werden können.

Es gibt Evolutionstheoretiker, die darauf verweisen, dass Bakterien einen sehr großen Teil des irdischen Lebens ausmachen. Und auch daraus schließen sie, die Evolution sei keine Höherentwicklung, denn sonst wären ja die sehr einfachen Bakterien schon von höher entwickelten Tieren verdrängt worden. Dieses Argument ist aber unzutreffend, weil eben das zweite Gesetz der Thermodynamik nur physikalisch mögliche Vorgänge spontan macht, nicht aber das Unmögliche möglich. Bakterien können durch Säugetiere nicht verdrängt werden, das wäre physikalisch nicht möglich.

Die Schlussfolgerung an dieser Stelle ist wohl: Um die Evolution des Lebens besser zu verstehen, muss man erst einmal das Leben verstehen. Umgekehrt: Wenn man versteht, was Leben ist, wie es funktioniert, welchen Gesetzen es gehorcht, versteht man auch die Evolution besser. Das Leben lebt ganz spontan, weil es die

Entropie des Universums erhöht. Das Leben breitet sich auf unserem Planeten aus, weil es seine Entropie erhöht. Das Leben entwickelt sich weiter, insofern als es die Entropie noch stärker erhöht.

In der herkömmlichen Evolutionstheorie kommen solche Argumente nicht vor. Die heutige Evolutionstheorie hat keine Ahnung davon, wie groß die Entropie unseres Planeten ist und wie groß sie wäre, wenn es nur Dinosaurier gäbe oder gar kein Leben. Die gegenwärtige Evolutionstheorie weiß nicht, dass gerade eben aus der uneingeschränkten Herrschaft des Zufalls im Reich der Atome sich eine zielgerichtete Entwicklung spontan ergibt.

SINNLOSE EVOLUTION – SINNLOSES LEBEN?

Mit diesen Überlegungen ist die Evolution also verbunden mit dem zweiten Gesetz der Thermodynamik, dadurch ist eine Entwicklungsrichtung des Lebens, gegeben und definiert: Die Evolution wählt unter zwei möglichen Zuständen den, der zu einer stärkeren Entropieerhöhung führt.

Aber ist es sinnvoll, diese Entwicklung als »Höherentwicklung« zu bezeichnen? Inwiefern sollte man ein System höherer Entropie als »höher« entwickelt bezeichnen? Zwei lauwarme Eisen sind ja auch nicht höher entwickelt als ein heißes und ein kaltes Eisen. Ob die Evolution überhaupt kein Ziel hat oder ob ihr Ziel die Erhöhung der Entropie ist, das macht keinen großen Unterschied. Das eine wäre fast so öde wie das andere.

Wir haben aber bisher nur von der ersten Hälfte des zweiten Gesetzes Gebrauch gemacht: Die Entropie erhöht sich global, das ist wahr und kann nicht bezweifelt werden, und alle Prozesse, welche die Entropie erhöhen, geschehen spontan, das ist so. Aber diese globale Erhöhung der Entropie ist nicht möglich ohne eine lokale Reduktion der Entropie!

Das heiße und das kalte Eisen erhöhen insgesamt ihre Entropie, indem sie gleichmäßig warm werden. Dabei erniedrigt aber das heiße Eisen seine Entropie. Es verringert sie um weniger, als die Entropie des Systems insgesamt zunimmt, aber es verringert sie. Es kann nicht global Unordnung geschaffen werden, ohne lokal Ordnung zu schaffen. (Der mathematische Grund ist, dass in $\Delta S = \Delta E / T$ die transferierte Energie ΔE ja immer erhalten bleiben muss. Wenn man einem Körper niedriger Temperatur Energie hinzufügt, erhöht dies seine Entropie, aber diese gleiche Energie muss ja von einem Körper höherer Temperatur abgezogen werden, dessen Entropie also geringer wird.)

Zuerst einmal wird dieses Ordnen durch die chemischen Prozesse des Lebens selbst bewirkt: Zum Beispiel werden Sauerstoff- und Kohlenstoffatome geordnet. Das Ordnen besteht in dem Fall darin, dass diese Atome in eine relative Anordnung zueinander gebracht werden, wie sie ihren Elektronenhüllen entspricht.

Aber neben diesem Ordnen von Atomen läuft noch ein anderer Ordnungsprozess ab: Ein Bakterium muss ja an seine Umwelt angepasst sein, damit es Atome ordnen kann. Ein Bakterium, das in einer Umgebung von 20 Grad und 50 Prozent Luftfeuchtigkeit lebt und Kohlenstoff verdaut, das muss ganz anders beschaffen sein als ein Bakterium, das auf einem Geysir bei 200 Grad vorkommt und Schwefel frisst. Das Bakterium hat also Informationen über seine Umwelt. Aus unserer Sicht formuliert: Ob sich ein einzelnes Sauerstoffatom in Hinsicht auf ein Kohlenstoffatom ordnet, also in eine bestimmte Position in Bezug auf das Kohlenstoffatom geht, oder ob die Menge der vielen Atome, welche wir »Bakterium« nennen, sich in eine bestimmte Position bringt zu der Menge der vielen Atome, welche wir »Umwelt« nennen, sollte letztlich das Gleiche sein.

Bis hierher läuft unsere Argumentation parallel zur herkömmlichen Evolutionslehre, wir benutzen lediglich andere Begriffe. Anstatt zu sagen, ein Lebewesen ist an die Umwelt angepasst, sagen wir, es enthält Information, weil ja die Information, die ein Lebewesen enthält, immer nur Information über die Umwelt sein kann.

Im nächsten Schritt aber ergibt sich folgender Unterschied: Es ist sicher sinnvoll zu sagen, ein Lebewesen ist angepasst an seine Umwelt, aber quantifizieren lässt sich das nicht. Man kann nicht messen, um wie viel mehr oder weniger ein Dinosaurier an seine Umwelt angepasst ist als ein Löwe.

Die Information, die ein Lebewesen enthält, lässt sich aber im Prinzip messen, auch wenn wir in der Praxis von einer solchen Messung noch weit entfernt sind.

Es wird deswegen möglich zu postulieren: Ein Lebewesen ist dann höher entwickelt, wenn es mehr Information enthält. (Was aber nicht heißt, dass es eine längere DNA haben muss. Denn die Länge einer Nachricht sagt ja nichts über ihren Informationsgehalt aus. Das hatten wir im Kapitel über Informationsphysik gesehen.) Damit sind »höher entwickelte« Lebewesen definiert. Und diese zunehmende Anpassung, die zunehmende Information des Lebewesens kann durchaus durch die üblicherweise bekannten Prozesse der Mutation und Selektion erklärt werden.

Wenn man die Arbeiten Szilards berücksichtigt, wird jedoch noch ein zusätzlicher Mechanismus denkbar, der in der bisherigen Evolutionstheorie nicht vorgesehen ist: Nach Szilard ist der Transport von Information in ein informationsverarbeitendes System notwendig energiedissipierend. Energiedissipierende Prozesse sind aber spontan (insofern sie physikalisch möglich sind). Folglich müsste die Diffusion von Information in ein Lebewesen ein spontaner Prozess sein. Er wäre zielgerichtet in dem gleichen Sinn, in dem der Wärmeausgleich zwischen einem heißen und einem kalten Eisen zielgerichtet ist. Es wäre ein Evolutionsmechanismus zusätzlich zu dem bereits bekannten: etwa Genmutation und Auslese.

Wissenschaftliche Studien oder gar Messungen zu dem Thema gibt es zwar keine, wichtig ist aber: Die Vorhersage, dass nämlich Information spontan in die Lebewesen diffundieren sollte, ist eine These, die mit Mitteln der Naturwissenschaft überprüfbar sein sollte.

Auf die Gene, also auf die »Hardware« eines individuellen Lebewesens, hätte dieser Prozess der spontanen Diffusion von Information vermutlich keinen Einfluss. Denn wie die Gene eines Lebewesens beschaffen sind, wird ja im kurzen Moment der Entstehung des Lebewesens festgelegt und kann im Laufe des Lebens nicht mehr geändert werden. Wenn man jedoch alle Lebewesen betrachtet, könnte sich vielleicht doch schon ein relevanter Effekt ergeben, denn es ereignen sich ja Tag für Tag ungeheuer viele solcher kurzer Momente. Die spontane Diffusion der Information in das Lebewesen könnte deshalb auch einen Beitrag leisten zu der in den Genen enthaltenen Information, dies wäre in Zukunft zu klären.

GEISTIGES LEBEN

Bei Bakterien ist es nicht so, aber beim Menschen ist es so: Ein Teil der Information, die ein Mensch »enthält«, ist nicht in den Genen gespeichert. Ein wie großer, ein wie eminent wichtiger Teil unserer Information nicht in den Genen zu finden ist, können wir uns vergegenwärtigen, indem wir im Gedankenexperiment Zwillingsgeschwister mit identischen Genen kurz nach der Geburt voneinander trennen und das eine Kind bei den Wölfen aufwachsen lassen, das andere in einer normalen Menschenfamilie, mit Schulbildung und Liebe.

Der Mensch, der bei Wölfen oder Affen aufwächst, wird nicht sehr verschieden sein von einem Wolf oder einem Affen, er wird weder lesen noch schreiben und nicht einmal sprechen können. Er wird von den Affen verschieden sein nur in dem Ausmaß, in dem auch seine Gene von denen der Affen verschieden sind. Also nicht sehr.

Der große Unterschied zwischen einem Menschen, der bei Wölfen, und dem, der in einer Menschenfamilie aufwächst, hat also nichts mit der Information in den Genen zu tun. Er kann deswegen auch nicht durch zufällige Genmutationen und einen nachfolgenden Ausleseprozess erklärt werden. Diejenige Information, die der Wolfsmensch nicht besitzt, der Familienmensch aber schon, ist im Nervensystem zu suchen, hauptsächlich im Gehirn. Zwischen der im Gehirn gespeicherten Information und der in den Genen gespeicherten Information gibt es dabei eine Gemeinsamkeit und zwei wichtige Unterschiede.

Für beide Informationsspeicher sollte es wahr sein, dass Information ganz spontan in sie diffundiert, so wie wir das vorher bedacht hatten. So wie sich Atome relativ zueinander ordnen und dabei Energie abstrahlen, ganz spontan, so wird sich das Gehirn ordnen, relativ zur Umwelt, und dabei Energie abstrahlen, aus den gleichen Gründen, ebenso spontan. Die Zunahme der Information im Gehirn wäre also eine Äußerung des Lebens, es wäre ein Prozess des Lebens, den gleichen Gesetzen unterworfen wie das organische Leben und von der gleichen Spontaneität.

Der erste Unterschied zwischen der in den Genen und der im Gehirn vorhandenen Information ist aber der, dass es sich bei der Aufnahme von Information in das Gehirn zwar in der Tat um eine Lebensform handelt, es aber keine Form des organischen Lebens ist. Das sieht man am Vergleich zwischen Familienmensch und Wolfskind: Beide sind organisch gleich. Der Unterschied zwischen ihnen ist also nicht eine Frage des organischen Lebens. Die Aufnahme von Information in das Gehirn wäre einer anderen Lebensform zuzuordnen, dem geistigen Leben. »Geistiges Leben«

wäre also keine Metapher mehr, sondern es wäre buchstäblich eine eigene Lebensform.

Der zweite Unterschied: Die Diffusion von Information in das Gehirn der Lebewesen sollte unvorstellbar viel stärker sein als die Diffusion von Information in das Erbgut der Lebewesen. Denn die Erbinformation kann nur einmal im Leben eines Wesens geändert, verbessert, erweitert werden, dann nämlich, wenn das Wesen entsteht. Für den Rest des Lebens bleiben die Gene unverändert. Die Information des Gehirns hingegen kann ständig verändert, erweitert, verbessert werden. In jeder Sekunde. Und auch das Ausmaß möglicher Veränderungen ist sehr viel größer. Das Gehirn ist in der Lage, neue Gedanken zu denken, eine neue Sprache zu erlernen – alles. Die Änderung der Erbinformation geht viel allmählicher vonstatten. Die Zähne können ein wenig länger werden oder die Ohren kürzer als die von Papa und Mama, aber dass zum Beispiel das Kind zweier Elefanten fliegen können wird, aufgrund einer Änderung der Erbinformation, das ist schwer vorstellbar. Beim Menschen hingegen ist es vorstellbar, das Gehirn braucht nur auf den Gedanken »Flügel« zu kommen, schon fliegt der Mensch.

Und nicht nur ist die Aufnahme von Information in das Gehirn ungleich leichter und schneller zu bewerkstelligen als die Aufnahme von Information in die Gene. Diese Information kann auch viel leichter weiterverbreitet werden! Ein fliegender Elefant könnte seine Flugfähigkeit bestenfalls an seine Kinder weitergeben. Ein Pythagoras kann die Idee mit dem Dreieck auch seiner Tante erklären oder seinen Schülern und letztlich allen Menschen.

ARMER COMPUTER

Computer leben nicht. Sie sollten also nicht spontan Information aus der Umwelt aufnehmen. Das ist auch so, das zeigt die Erfahrung. Man hat noch nie einen Computer spontan Information über die Welt aufnehmen sehen. Die technischen Hintergründe dieses Sachverhalts lassen sich sogar leicht verstehen, wenn man sich nur an Szilard erinnert und den Vektorcharakter der Information berücksichtigt.

Zwar sind die Schaltzustände eines Computers frei programmierbar wie die Schaltzustände des Gehirns. Der Computer kann diese Zustände aber nicht spontan verändern: Einen Computer kann man sich auch als mechanisches Modell vorstellen, mit Hebeln und Zahnradübersetzungen, solche Computer sind schon gebaut worden. An einem Hebel oder Zahnrad ist aber nichts Spontanes, da gibt es keine Freiheit, es ist alles vorbestimmt.

Der Computer ist extra so gebaut, dass er seine Schaltzustände nicht spontan ändern kann, damit er keine Rechenfehler macht. Für einen bestimmten Eingabewert soll er immer das gleiche Ergebnis produzieren, er soll absichtlich nicht die Freiheit besitzen, das zu ändern. Denn könnte er seine Bits spontan ändern, käme ja bei jeder Rechnung etwas anderes heraus.

Es kommt deshalb bei jeder Rechnung mit dem Computer immer das Gleiche heraus, weil die mikroskopischen »Schalter« (Transistoren) eines Computers sehr schwergängig sind. Verglichen mit der atomaren thermischen Energieeinheit $\frac{1}{2}kT$ braucht es extrem viel Arbeit, um ein Bit eines Computers zu schalten. Deswegen kann die thermische Bewegung die Bits des Computers nicht beeinflussen, dadurch wird der Computer deterministisch. Der Computer soll ja nicht seinen eigenen Kopf haben, sondern haargenau ausführen, was man ihm gesagt hat.

Unser Nervensystem ist damit verglichen unvorstellbar empfindlicher: Wenn zum Beispiel das Ohr noch ein wenig empfindlicher wäre, als es ist, würde es ständig das Rauschen der thermischen Bewegung der Luftmoleküle hören. Die Sehzellen des Auges nehmen auch einzelne Photonen wahr. Und weil die »Technologie« der Ohrenzellen, der Augenzellen und der Nervenzellen im Gehirn vermutlich sehr ähnlich ist, wird wohl auch das Gehirn sehr leicht seine Schaltzustände verändern können.

Die Wärmebewegung der Teilchen wird also ausreichen, die Schaltzustände des Gehirns hin und wieder zu ändern (aber nur hin und wieder – Beispiel Ohr: Es ist gerade so empfindlich, dass es die chaotische Bewegung der Luftmoleküle nicht hört, denn die Wärmebewegung der Luftmoleküle enthält ja keine Information). Wenn eine solche Änderung nicht die Korrelation mit der Außenwelt erhöht (also nicht zu einer Isomorphiebeziehung führt), ist sie thermodynamisch »irrelevant«. Führt sie aber zu einer erhöhten Korrelation mit der Außenwelt, transportiert sie also Information in das Gehirn, müsste sie eigentlich Energie dissipieren, sagt Szilard. Nach Szilard ist nur das Aufnehmen von Information ein notwendig energiedissipierender Vorgang. Das willkürliche Herumschalten ist es nicht.

Dies entspricht wiederum gut unserer Alltagserfahrung: Wenn man zum Beispiel lesen und schreiben lernt, ist dies eine Aufnahme neuer Information. Es macht Arbeit, dissipiert also Energie. Wenn Sie einen Tag lang geistig hart arbeiten, sind Sie genauso hungrig, als wenn Sie den Garten umgegraben hätten.

Kann man aber schon Lesen und Schreiben, geht es mühelos, automatisch, man merkt gar nicht, dass man es tut – die Aufnahme von Nachrichten, welche bereits bekannte Information beinhalten (»dies ist ein A«, »dies ist ein E«), geht ohne Energiedissipation. Nur die Aufnahme neuer Information strengt an.

Vermutlich also sind die Nervenzellen des Gehirns sehr empfindlich, sie schalten vermutlich mit sehr wenig Energieaufwand, sie sind vermutlich in der Lage, sich spontan zu ordnen. »Vermutlich«. Denn obwohl das doch eine Frage ist, die alle Menschen angeht, scheint es zu dem Thema keine Untersuchungen und kein konkretes Wissen zu geben, keine Forschung. Ich habe ein paar

Mal Biologen oder Neurowissenschaftler gefragt, aber sie wussten es nicht. Ich habe mich auch in meinem letzten Buch an meine Leser gewandt, ob jemand etwas weiß oder jemanden kennt, der etwas weiß. Und obwohl mir meine Leser oft sehr wichtige und kluge Sachen mitteilen – bei diesem Thema konnte mir bisher keiner weiterhelfen. Es scheint wirklich nicht bekannt zu sein, wie viel Energie das Gehirn beim eigentlichen Schaltvorgang dissipiert. (Man weiß sehr genau, wie viel Energie das Gehirn insgesamt dissipiert, soundso viel Watt, aber das sind vermutlich vor allem Instandhaltungsarbeiten, die das Gehirn am Leben halten, aber nicht direkt dem Denkvorgang zuzuordnen sind.)

Am geistigen Leben werden die Computer, so wie sie heute gebaut sind, nie teilhaben. Das heißt aber nicht, sie müssten immer so dumm und hilflos bleiben, wie sie es heute sind. Denn es ist zwar wahr, spontan lernen können die armen Tröpfe nicht, aber es ist auch wahr: Die Welt enthält nur eine begrenzte Menge an Information. Wenn man die dem Computer erst einmal beigebracht hat, so wie man einem Analphabeten Lesen und Schreiben beibringt, dann kann der Computer einen recht brauchbaren Gesprächspartner abgeben. Oder einen recht brauchbaren Bankdirektor.

Außerdem, wir hatten das erwähnt, wäre es künftig durchaus denkbar, »lebende« Computer zu bauen. Das Denken dieser »Lebewesen« wäre nicht verschieden von unserem: Unsere Behauptung, Information müsse ganz spontan in Lebewesen hineindiffundieren, ist eine theoretische Vorhersage, die, falls wir irgendetwas zu bedenken vergessen haben, auch falsch sein könnte. Dass aber jedes Gehirn in einer Isomorphiebeziehung stehen muss zu der Information, die es verarbeitet, das ist bereits heute eine Tatsache, denn es folgt aus allgemeinen mathematischen Überlegungen. Ein Gehirn kann insofern nichts anderes sein als ein Spiegel der Außenwelt. Im nächsten Kapitel werden wir sehen, welche Folgen dies hat. Genauer gesagt, welche Folgen es natürlicherweise haben sollte. Und warum es diese Folgen gelegentlich dann doch nicht hat.

Wir haben in diesem Kapitel gezeigt, wie sich in wissenschaftlicher Hinsicht unser Verständnis der Evolution ändert, wenn wir die Gesetze der Physik berücksichtigen, insbesondere die der Physik der Information. Es ist nun zu fragen, ob diese Änderungen in einem Zusammenhang stehen zu den moralischen und vernünftigen Vorbehalten vieler Menschen gegen die Evolutionstheorie. Wird die Evolutionstheorie vernünftiger, wenn man die Physik berücksichtigt, oder wird sie das nicht? Verstärkt es die Marginalisierung des Menschen, wenn man die Physik berücksichtigt, oder verringert es sie?

Endlich Zukunft

Wir hatten es im Kapitel über die »Evolution ohne Physik« zugeben müssen: In den letzten Jahrhunderten scheinen die Naturwissenschaften den Menschen wirklich marginalisiert zu haben. Galt der Mensch bis zur Zeit Galileos als Krone der Schöpfung, im Zentrum der um ihn gebauten Welt stehend, so fand er sich nun unversehens auf einem x-beliebigen Planeten ziellos durchs All fliegend. Dann wies Darwin unsere enge Verwandtschaft zum Affen nach. Und Freud zeigte, wie sehr der Mensch seinem Unterbewusstsein unterworfen ist, seinen tierischen Trieben also.

Und auch das ist leider wahr: Wenn der Mensch wirklich nur ein Tier ist, so darf man ihn auch behandeln wie ein Tier. Man darf ihm dann antun, was man auch den anderen Tieren so antut, im Schlachthof etwa. Die Marginalisierung des Menschen trägt wahrscheinlich Mitverantwortung für die Untaten Stalins, Maos und Hitlers.

Schlimmer noch: Jene Untaten des 20. Jahrhunderts gelten zwar einer Mehrheit als verbrecherisch und falsch und sind geächtet. Die Gedanken aber, die mit schuld waren an jenen Geschehnissen, leben immer noch unter uns und werden weiter gepflegt.

Die nächsten Schläge gegen die Menschlichkeit führen nun vorgebliche Computerexperten und Molekularbiologen: Die DNA des Menschen sei fast völlig identisch mit der des Affen und kaum wesentlich verschieden von der der Maus. Und nicht nur sei der Mensch in nichts besser als ein Tier, er sei auch in nichts besser als ein Computer. Das Gehirn sei ein schlechter Computer. Die richtigen Computer würden uns bald überlegen sein. Die Maschinen würden uns bald überlegen sein, wir seien also nicht nur nichts als ein Tier, sondern sogar weniger als eine Maschine. Deswegen habe der Mensch, nebenbei bemerkt, selbstverständlich auch weder Freiheit noch Verantwortung. Wenn einer ein Verbrechen begeht, so sei er deshalb nicht schuld! (Hitler und Stalin konnten gar nicht anders, die Armen, hatten halt eine harte Kindheit.)

An dem Punkt angekommen, wird es dann in der Tat lächerlich, sich über Kleinigkeiten aufzuregen wie die, dass immer mehr Menschen ihr Leben mit irgendeinem sinnlosen Job zubringen müssen, von der Hand in den Mund lebend, nur damit die Arbeitslosenstatistik stimmt. Es ist dann eine Marginalie, wenn die Menschen sich nicht einmal eine Familie leisten können oder hilflos zusehen müssen, wie ihre Patchworkkinder immer weiter verblöden und verarmen. Tiere leben in der Gegenwart. Ist der Mensch ein Tier, so hat auch er keine Zukunft, denn worin sollte sie denn bestehen?

Erst recht braucht ein Mensch, wenn er nichts als ein Tier ist, keine Demokratie. Man kann es deswegen verstehen, wenn der Spiegel schreibt (19/2008): »Bei den Landtagswahlen sinkt die Beteiligung seit vielen Jahren, auf kommunaler Ebene finden sich längst nicht mehr genug Kandidaten, um aus jeder Bürgermeisterwahl ein demokratisches Ereignis zu machen, und die Volksparteien erleben einen wahren Exodus der Mitglieder. Zudem gibt es gerade bei jüngeren Menschen einen dramatischen Rückgang der Bereitschaft, sich regelmäßig über politische Vorgänge zu informieren. Wenn das weitergeht, gibt es in Deutschland irgendwann eine Demokratie ohne Volk.« Wenn der Mensch ein Tier ist, ist das nur logisch. Aus den gleichen Gründen wird dann auch der Niedergang der Physik logisch: Tiere haben keine Physik, sie brauchen auch keine.

SPIEGEL DER WELT

Wie anders sieht die Welt aus, wenn man nur berücksichtigt, was man ja eigentlich wissen könnte (was auch viele Menschen durchaus wussten, sie wussten, dass der Mensch nicht vom Brot allein leben kann, aber sie konnten es nicht erklären), was die Physik der Information aber noch einmal genauer und nachdrücklicher in Worte zu fassen erlaubt: wenn man berücksichtigt, dass der Mensch an zwei Lebensformen teilhat, am organischen Leben wie auch am geistigen Leben. Und wenn man berücksichtigt, dass die Naturwissenschaft in der Vergangenheit immer nur vom organischen Leben gehandelt hat – das der Mensch in der Tat mit dem Tier gemein hat, mit dem Affen, mit dem Blumenkohl. In Bezug auf das organische Leben ist der Mensch in der Tat marginal, ist ein Affe und ein Blumenkohl. Aber das, was den Menschen ausmacht, ist doch seine Teilhabe am geistigen Leben! Und das war bisher nie Gegenstand der Naturwissenschaften.

Wenn die Physik der Information recht hat, ist das »geistige Leben« mehr als die Metapher, die es bis jetzt war. Dann bricht die Marginalisierung zusammen, ohne dass man Darwin oder Freud auch nur im Mindesten widersprechen müsste. Darwin und Freud hatten schon recht, aber sie sprachen ja nie von der geistigen Lebensform »Mensch«, sondern immer von der organischen. »Geistiges Leben« war zu ihrer Zeit nicht Teil der Wissenschaft.

Was das geistige Leben nicht ist, was selbst schon das organische Leben nicht ist: Es ist kein Resultat irgendeiner Selbstorganisation. Es gibt keine Selbstorganisation. Und zwar deswegen, weil es keine Ordnung gibt, die auf sich selbst bezogen ist. »Ordnung« ist relativ, sie existiert nur und immer nur in Bezug auf etwas anderes.

Der Ordnungsprozess der Menschwerdung besteht dann notwendigerweise darin, nachzuformen, was in der Welt der Fall ist. Der Mensch wird zum »Spiegel der Welt«. In Anlehnung an die mathematische Sprache: Der Mensch tritt in zunehmender Weise in eine Isomorphierelation zur Welt. »Ebenbild« hat man früher gesagt, und besser versprachlichen kann man es auch heute nicht.

Dieses Ordnen geschieht (soweit wir sehen konnten) spontan. Dabei gibt es einen Unterschied zwischen »spontan« und »zwangsläufig«. Wenn Leben spontan ist, formt es sich auf einem unbelebten Planeten ganz spontan, von selbst. Es ist aber nicht zwangsläufig. Man kann es zum Beispiel auslöschen. Die Lebensform »Wal« kann man auslöschen, viele andere Lebensformen haben wir schon ausgelöscht, wir sind auch in der Lage, uns selbst auszulöschen. Und das Perfide an unserer Situation: Es ist möglich, den Menschen als geistiges Leben auszulöschen, ihn aber als organische Lebensform zu erhalten. Und weil ja das geistige Leben das eigentlich Menschliche ist, kann man das menschliche Leben auslöschen, ohne gegen irgendein Gesetz zu verstoßen! Es ist gesetzlich nicht verboten, also erlaubt. Und wie jeder weiß, wird alles, womit man sich Geld oder Macht verschaffen kann, auch irgendwann getan werden.

Man soll wegen der Größe dieser Gefahren nicht in Panik oder Polemik verfallen. Auch diese Probleme sind lösbar, man muss sie nur lösen wollen. Man kann es vielleicht ganz unpersönlich und diplomatisch so formulieren: Die Gefahr, in der sich der moderne Mensch befindet, resultiert aus dem Unterschied zwischen »spontan« und »zwangsläufig«. Dieser Unterschied hat aber einen einfachen Namen: »Verantwortung«. Logische Schlussfolgerung: Will man das Selbstzerstörungspotenzial des Menschen in Schranken halten, muss man die Macht der Einzelpersonen und vor allem der Organisationen begrenzen, und zwar so, dass sie nicht mehr Macht besitzen, als sie Verantwortung zu tragen bereit sind.

Und die Politik befasst sich ja durchaus mit diesen Themen. Es wird schon versucht, die Macht des Führungspersonals einzugrenzen oder Kontrollmechanismen zu verschärfen, aber dabei gibt es immer nur Teilerfolge. Wenn man nicht nur die Symptome des Problems bedenkt, sondern auch seine tieferen Ursachen, ergibt sich noch eine zweite Möglichkeit: Auch Macht ist ja relativ. Die übergroße Macht der Organisationen und der Führer kann man einfach reduzieren, indem man den sogenannten kleinen Leuten mehr Macht gibt (natürlich auch mehr Verantwortung). Man muss also die einzelnen Menschen stärken, ihnen mehr Freiheit geben, mehr Selbstvertrauen, mehr Möglichkeiten, auch mehr Geld. Nicht um ihren Egoismus zu fördern, sondern weil sie wichtig sind und eine wichtige Aufgabe zu erfüllen haben, und weil man jeden Einzelnen in die Lage versetzen muss, dieser Aufgabe gerecht zu werden.

Denn der Spiegel Mensch ist ja kein toter Spiegel, sondern ein lebendiger. Die lebende Struktur des Gehirns selbst, also der Geist des Menschen ist es, der beginnt, eine Isomorphiebeziehung zur Welt auszuformen. Wenn es auch zu diesen Fragen bisher kaum ein Nachdenken gibt, geschweige denn ernsthafte Forschung, so lehrt doch der Augenschein: Indem sich die Welt im lebendigen Spiegel »Mensch« spiegelt und dieser selbst – anders als ein Spiegel aus Glas – diese Welt nicht einfach zurückwirft, sondern nachbildet, nachlebt, ihr gleich wird, entsteht Bewusstsein.

Dann wäre unser Bewusstsein das Bewusstsein der Welt. Wir wären das Bewusstsein der Welt. Und es wäre wohl angemessen, den Punkt, wo die Welt sich ihrer Existenz bewusst wird, als ihr »Zentrum« zu bezeichnen. Wir wären also wirklich das Zentrum der Welt. Und sind es immer gewesen. Wir wären ein mit hoher Verantwortung ausgestattetes Zentrum der Welt, denn die bewusste Existenz der Welt selbst hinge von uns ab. Ohne uns wäre sich die Welt ihrer nicht bewusst. Es wäre so, als gäbe es sie nicht. Wir sind die Welt. Wir sind wirklich. Wir sind.

Und das ist schon interessant, wie gerade eben aus der Relativität der Information, die sich immer auf irgendetwas beziehen muss und nie Bezug nur auf sich selbst haben kann, das Absolute folgt.

Sicher, es gibt viele offene Fragen, wir stehen nicht am Ende, sondern erst am Anfang eines neuen Wissensgebietes. Zumindest das aber kann man doch schon sagen: Indem die Physik der Information nun zum ersten Mal vernünftig vom geistigen Leben sprechen kann, hat sie das Potenzial, die Marginalisierung des Menschen umzukehren.

MAN KANN ES SICH NOCH NICHT VORSTELLEN

Wie verschieden diese Sichtweise von der heutigen ist, sieht man, wenn man die Leute fragt, was sie von sich denken, wer sie zu sein glauben. Wenn man sie fragt, inwiefern sie im Guten besonders seien, worauf sie stolz sind, definiert sich der eine über seine Zugehörigkeit zu einer Partei – Genosse seit 20 Jahren (obwohl ihn seine Partei immer wieder schlimm enttäuscht) – oder über seine Religion – überzeugter Christ (obwohl er, wäre er woanders aufgewachsen, eine ganz andere Religion hätte). Es gibt Leute, die definieren sich über ihre Rasse. Es gibt Leute, die ihre Personalität mit dem Tragen bestimmter Kleidungsstücke zum Ausdruck bringen oder ihre Individualität mit Nasenringen herstellen. Fragt man nach den Besonderheiten der Menschen im Schlechten, unter vier Augen, so findet man: Einer hat besonders Mundgeruch, die andere sorgt sich ihrer besonderen Schweißfüße wegen. Eine wird von ihrem Chef misshandelt, ein anderer von seiner Frau betrogen. Einer hat noch nie Mathe verstanden, eine andere ist völlig unmusikalisch.

Man kann dies so zusammenfassen: In herkömmlicher Sichtweise ist das, was an jedem Menschen besonders ist, dasjenige, was er besonders hat. Also das, was ihn von anderen unterscheidet. Damit hat vielleicht auch die Angst der Menschen vor dem Tod zu tun. Denn all diese »Besonderheiten«, die doch angeblich den Menschen ausmachen, werden ja vergehen.

Aus Sicht der Physik der Information müsste es eigentlich gerade andersherum sein: Wenn, was gut und wichtig ist am Menschen, aus einer Widerspiegelung der Welt herrührt, und weil ja die Welt die gleiche ist für alle Menschen, müssten die Menschen das, was wichtig und besonders an ihnen ist, gemeinsam haben. Während das, was sie voneinander unterscheidet, marginal sein müsste.

Und wenn man es recht bedenkt, könnte das ja wirklich stimmen: Ist es denn nicht so, dass, wenn Menschen Mathematik verstehen, sie es auf die gleiche Weise tun? Wenn Menschen Musik verstehen, so tun sie es auf die gleiche Weise. Wenn Menschen lieben, nur so zum Beispiel, tun sie es auf die gleiche Weise. Wohingegen die Unterschiede zwischen den Menschen hauptsächlich damit zu tun zu haben, was weniger relevant ist am Menschen, was vergehen wird. (Das ändert allerdings nichts an der herausragenden Rolle des Einzelnen, denn das, was der Fall ist, spiegelt sich immer und nur im einzelnen Menschen. Es sind notwendigerweise immer Einzelne, die die Mathematik oder die Musik und also die Menschheit wieder einen Schritt voranbringen. Und das Kollektiv liebt nicht.)

Und weil sich die Wirklichkeit, deren Ebenbild der Mensch ist, nicht ändert, sind die Menschen, die heute leben, in allen wesentlichen Dingen die gleichen wie die vor 100 Jahren und nicht verschieden von denen, die in 100 Jahren leben werden.

Weil dies noch ein rein theoretisches Wissen ist, wird es unsere Angst vor dem Tod nicht besänftigen können. Aber auch das Wissen über die Kugelform der Erde war einmal rein theoretisch gewesen, und niemand hatte damals wirklich das Gefühl, auf einer Kugel zu leben, aber im Verlaufe der Zeit wurde dieses theoretische Wissen Teil unseres kulturellen Erbes und Teil unseres emotiven Wissens – niemand hat heute noch Angst, unten von der Kugel zu fallen.

Bedenkt man diese Dinge, müsste man erwarten, dass sich ein Teil der physikalischen Forschung mit der Physik der Information beschäftigt. Das ist aber nicht so. Weder in Deutschland noch in

Italien ist es für einen staatlich angestellten Physiker möglich, sich mit der Physik der Information zu beschäftigen.

Dabei hat die Physik der Information enorme praktische Anwendungen. Auch das interessiert niemanden. Und das ist durchaus kein spezifisches Problem der Physik der Information. Auf dem Gebiet erneuerbarer Energien sieht man dasselbe: Kleinere technische Verbesserungen existierender Technologien, wie zum Beispiel an den Windrädern, sind gern gesehen und werden gefördert (das Prinzip des Windrads ist seit dem Mittelalter unverändert). Selbst für völlig unsinnige Technologien, wie die Photovoltaik, werden Milliarden ausgegeben, solange sie nur nicht innovativ sind. Nicht einmal eine Diskussion dieser Probleme findet statt. Denn diejenigen, die für diese Probleme verantwortlich sind, sind identisch mit denen, die diese Probleme von Amts wegen lösen sollten.

Viele der besten jungen deutschen Physiker gehen zum Beispiel ins Ausland, sie haben keine andere Wahl, und nur wenige kommen zurück. Das ist eine kulturelle Tragödie. Und in unserer neuen Sichtweise wäre es sogar ein Verbrechen. Anstatt die Situation ehrlich zu diskutieren und Verbesserungen vorzunehmen, feiern die für die Katastrophe Verantwortlichen selbst das noch als Erfolg: Es zeige doch, wie gut die Ausbildung in Deutschland sei, deutsche Forscher seien eben überall begehrt.

Wie tief derartige Probleme reichen und wie sehr sie tabuisiert sind, zeigt auch die Sprache selbst: Es gibt im Hinblick auf den fortschreitenden industriellen Verfall den Begriff der »Deindustrialisierung«, aber ein entsprechender Begriff für den Zusammenbruch unserer Forschung existiert nicht (würde man »Entwissenschaftlichung« sagen?), obwohl doch der Zusammenbruch der Wissenschaft die Ursache der Deindustrialisierung darstellt.

Ganz selten, und immer von außerhalb des Systems, wird der Zustand der Forschung in Zahlen gemessen, zum Beispiel in den internationalen Hochschulrankings. Welche Antwort haben die

Verantwortlichen? Die gleiche wie immer: »Mehr Geld«, notfalls Geld als Leuchtturm getarnt, damit es nach was Neuem aussieht.

Die Nomenklatura ignoriert vorsätzlich, dass man die Qualität der Forschung verdoppeln könnte, ohne einen Cent auszugeben. Sie ignoriert vorsätzlich, dass man dazu lediglich die Arbeitseffizienz der Universitätsforscher um einige Prozent erhöhen müsste, von wenigen Prozent auf zehn Prozent. Davon ist nie die Rede. Stattdessen immer das gleiche Lied: Gebt uns mehr Geld! Man sollte aber nur dem Geld geben, der es verdient.

Es ist Zeitverschwendung, noch mehr Zahlen und abstrakte Fakten heranzuschleppen, dergleichen prallt am Zynismus der Wissenschaftsmanager ab. Ich will deshalb von meinen eigenen Erfahrungen in der Grundlagenforschung berichten. Ich selbst bin dabei vollständig unwichtig, es kommt auf meine Person nicht an. Es geht vielmehr darum, Zeugnis abzulegen gegen die Aalglatten, denen man anders nicht beikommt. Und dann urteilen Sie selbst.

WENIG ÜBERLEBENDE

Mein Physikstudium an einer typischen deutschen Universität bestand im Auswendiglernen und Aufgabenrechnen, es gab insgesamt nur zwei ernstzunehmende Vorlesungen (eine Physik- und eine Mathematikvorlesung). Einige der Vorlesungen grenzten an Freiheitsberaubung. Das Physikstudium sollte eigentlich lehren, wie man Physik macht. Das tat es nicht.

Man hat gelernt, wie man Gruppen bildet, sich einfügt, zusammenarbeitet, Seilschaften bildet, erkennt, wer dazugehört, und vor allem, wer nicht. (Wer mit dem Unterassistenten zusammen zum Mittagessen geht, gehört dazu. Wer nicht beim richtigen Witz richtig lacht, gehört nicht dazu. Und so weiter. Es ist eine sehr komplexe Angelegenheit.)

Zwei Freunde noch aus meiner Schulzeit haben mich vor dem geistigen Absterben bewahrt. Zwei andere Freunde haben es nicht geschafft: Der eine, ein Physikstudent, hat sich umgebracht oder ist an einer Überdosis gestorben, genau konnte ich es nicht herausfinden. Er war von uns beiden der bessere Physiker, ich weiß nicht, ob das wichtig ist. Die andere wurde in einem fehlgegangenen Versuch des Einpassens und Anbiederns ermordet, ihr Sterben hat sich von Mitternacht bis in den Morgen hingezogen. Dies ist die Wahrheit.

Durch sehr viel unverschuldetes Glück sowie durch extremen persönlichen Einsatz kam ich an eine relevante Diplomarbeit, außerhalb der Universität, und habe dabei ein »CsI(Tl) Kalorimeter mit Photodiodenauslese« entwickelt. Das ist ein Instrument, mit dem man hochenergetische Photonen (also Röntgenstrahlen) genauer und einfacher messen konnte, als das zuvor möglich war. Dieses Kalorimeter fand seitdem in vielen großen Experimenten der Grundlagenforschung Verwendung, im »crystal barrel« am CERN (wenn ich mich recht erinnere), am Detektor CLEO der Cornell-Universität, am Detektor Babar in Stanford, im Satelliten Glast der Nasa (der soeben mit viel Pressegetöse ins All geschickt wurde; dass ein deutscher Student seine Technologie vor 20 Jahren entwickelt hat, stand nicht in der Zeitung), vermutlich auch im Bereich der Medizin. Ein Millionengeschäft. Ich selbst habe für meine Arbeit insgesamt 15 Deutsche Mark bekommen – aus versicherungstechnischen Gründen hat mir meine Universität einen Scheinjob gegeben, 15 Mark.

Ich habe meinem damaligen externen Betreuer (vom Max-Planck-Institut) vorgeschlagen, zusammen dieses Gerät zu patentieren. Er hat das abgelehnt, aus weltanschaulichen Gründen, Forscher sollen nicht patentieren, sondern ihr Wissen umsonst der Allgemeinheit übergeben. (Allein und gegen seinen Willen zu patentieren habe ich mich nicht getraut, ich war zu jung.) Er hat mich dadurch nicht nur um den Lohn für ein Jahr harter Arbeit betrogen, er hatte ja ein Gehalt, ich nicht, sondern auch sich selbst sowie der deutschen Wissenschaft insgesamt geschadet: Gestützt auf ein Patent hätte er mit seiner Gruppe vom Max-Planck-Institut einer der Leiter des CLEO-Experiments werden können. Stattdessen hat ihm die internationale Forschergruppe, nachdem er ihr unser Know-how geschenkt hatte, höflich die Tür gezeigt. Er selbst hat dann ernüchtert die Teilchenphysik verlassen; ein Industriezweig, der in Deutschland aufgrund meiner und auch seiner Arbeit hätte entstehen können, ist nicht entstanden. Ich selbst musste mich in der Folge nach etwas Neuem umsehen.

In Cornell hat man mir damals eine Stelle als Doktorand angeboten, aber ich wollte in Deutschland bleiben, wenigstens in Europa. An meiner alten Universität konnte ich aber nicht mehr bleiben, da war ich durch meinen Erfolg zum Außenseiter geworden.

Ich ging zur Promotion nach Aachen, zu Helmut Faissner. Das war gar nicht so einfach, Faissner musste erst den offiziellen Betreuer meiner Diplomarbeit um Erlaubnis fragen, mich abwerben zu dürfen. Der kam aber nicht umhin, seine Einwilligung zu geben, weil ja seine Kollegen mein Bleiben an meiner alten Universität nicht wollten. Es war der reinste Menschenhandel, im Jahr 1985.

Faissner war Mitglied der UA1-Gruppe am CERN in Genf, am größten, modernsten und spannendsten Experiment weltweit. Es ging um die Suche nach neuen Teilchen, um die Bestätigung oder Widerlegung der fundamentalsten physikalischen Theorien. Bei UA1 hatte ich erwartet, mit den besten Physikern der Welt zusammenarbeiten zu können. UA1 hatte gerade das W- und Z-Teilchen entdeckt.

So einfach war es aber nicht. Denn Carlo Rubia, der Chef des Experiments, war zwar ein sehr großer Physiker, ein Genie, UA1 hat sich ganz und gar seinen Ideen und seiner enormen Arbeitskraft verdankt, es gab und gibt niemanden, der das bezweifelt. Er war aber unfähig im Umgang mit Menschen. Nachdem er das Experiment einmal zum Laufen gebracht hatte, haben es allmählich Seilschaften und Aktentaschenträgerkomitees unter ihre Herrschaft gebracht.

Carlo Rubia hat immer wieder gegen diese Leute aufbegehrt, schreiend und tobend wie ein Berserker, ich habe erwachsene Menschen unter seiner Wut weinend zusammenbrechen sehen. Carlo konnte aber nichts ausrichten, die Aktentaschenträger haben zwar hin und wieder geheult, waren aber letztlich doch stärker als er, sie hatten eine Geheimwaffe. Die bestand darin, immer ja zu sagen. Dagegen war Carlo machtlos, wie schon gesagt, er konnte nicht gut mit Menschen umgehen.

Als Mitglied der Aachener Gruppe (welche die sogenannten Muonkammern des Experiments entwickelt hatte) habe ich die Muonteilchen studiert. Und dabei herausgefunden, dass der Untergrund für diese Teilchen weit höher war als gedacht. Die meisten Teilchen, die wir für Muonen hielten, waren keine. Eigentlich wäre das eine wichtige und interessante Entdeckung gewesen, weil sie hätte helfen können, die Physikanalysis weiter zu verbessern.

Von den Komiteephysikern wurden meine Resultate jedoch als Störung empfunden, als Unverschämtheit, als Quertreiberei. Man hatte beschlossen, noch ein Teilchen zu entdecken, das Top Quark, und da kommt nun diese junge Rotznase und stellt alles in Frage. Ich durfte meine Arbeit nicht öffentlich vorstellen und auch sonst nicht veröffentlichen, die Resultate wurden einfach ignoriert. Das war nach meinem Dafürhalten wissenschaftlicher Betrug, und falls es formal gesehen nicht als solcher zählt, sollte man die Definition für wissenschaftlichen Betrug ändern. Und weil die Herren Komiteephysiker sich des Betrugs so halb und halb bewusst waren, war meine Karriere am CERN ab dem Punkt beendet.

Man hat die Untergrund-Muonen einfach zu richtigen Muonen erklärt und behauptet, sie kämen von Top-Quark-Zerfällen – woher sonst? Ich musste die entsprechende Veröffentlichung sogar mit unterzeichnen, obwohl ich doch gerade nachgewiesen hatte, dass sie falsch war. Wenn ich mich aber in aller Öffentlichkeit gegen die Gruppe gestellt, also öffentlich auf den wissenschaftlichen Betrug hingewiesen hätte, hätte mich auch Faissner nicht mehr schützen können. Dann hätte ich mit sehr hoher Wahrscheinlichkeit die Physik verlassen müssen, denn ohne Doktortitel bekommt man in der Forschung nicht einmal eine prekäre Stelle.

Die Position Faissners war aber schon schwierig genug. Er war der deutsche Physiker, der am meisten und sehr wesentlich zum Nobelpreis für UA1 beigetragen hatte, und durch diesen Erfolg war er in Deutschland zum Außenseiter geworden, so wie ich vorher in meiner alten Universität. Wie sehr er zum Außenseiter geworden war, sieht man am späteren Schicksal seiner damaligen Doktoranden, einem knappen Dutzend junger deutscher Physiker. Es waren alles sehr gute Leute, denn Faissner war schon vor UA1 ein bekannter Physiker – er war auch Universitätspräsident gewesen – und entsprechend anspruchsvoll in Bezug auf seine Mitarbeiter. Es waren gute junge Leute, die am besten Experiment der Welt hochinteressante Doktorarbeiten anfertigten. Hätten sie später nicht zu den Entscheidungsträgern der deutschen Hochenergiephysik gehören sollen, aufgrund ihrer Erfahrungen? Hätten sie nicht ihr Wissen weitergeben sollen in Forschung und Lehre? Das wäre doch zu erwarten gewesen. So ist es aber nicht gekommen, nicht für einen Einzigen von ihnen. Ich selbst habe das Massaker an den Faissner-Studenten nur deshalb überlebt, weil ich nach Italien ging.

SOZIOLOGIE DER SEILSCHAFT

Es gab damals, anders als heute, immerhin noch Konkurrenz in der Teilchenphysik. In Konkurrenz zum Experiment UA1 gab es etwa das Experiment CDF am Labor Fermilab bei Chicago. Und weil ich Europa nicht verlassen wollte, habe ich in der CDF-Gruppe von Giorgio Belletini angeheuert, in Pisa, als Post-doc. Bellettini war damals sicher einer der besten italienischen Physiker, besser sogar als Rubia: Als ich Rubia meine Methode der Muonidentifikation erläuterte, brauchte er etwa eine Minute, um sie zu verstehen, Bellettini hatte sie verstanden, ehe ich mit dem Satz fertig war.

Eigentlich gab es schon mehr als genug alteingesessene Physiker in Pisa, es war seltsam, dass Bellettini mich Außenseiter dorthin holte, um mit mir das Top Quark zu suchen. Bald darauf verstand ich, warum. Keiner von den Etablierten wollte bei der Suche nach dem Top Quark mitarbeiten, aus Angst, Bellettini könnte den Nobelpreis gewinnen und wichtiger werden als sie. Das haben sie selbst mir so erklärt, um mich mit diesem Argument auf ihre Seite zu ziehen. Allein die Tatsache, dass Bellettini sich das schwierigste Problem der damaligen Teilchenphysik gestellt hatte, die Suche nach dem Top Quark, empfanden sie als eine unerträgliche Arroganz und Überheblichkeit. Dabei hatte doch der Steuerzahler CDF einzig und allein deswegen finanziert, damit man das Top Quark suchen möge – das war die offizielle Begründung für das Experiment.

CDF war ein ganz neues Experiment, und die Verhältnisse am Tevatron-Protonenbeschleuniger waren andere als am CERN. Wir haben also die Top-Analysis schrittweise aufgebaut, beginnend mit dem Studium der W-Teilchen, die kurz vorher von Rubia entdeckt worden waren und in die das Top zerfallen musste, wenn es nur schwer genug war.

Es gab allerdings schon eine Arbeitsgruppe, ein Komitee, das sich als zuständig für das Studium der W-Teilchen erklärt hatte, mit Zustimmung des Managements. Und schlimmer noch: Diese Arbeitsgruppe hatte kurz zuvor »bewiesen«, dass man mit dem

W-Teilchen keinerlei Physik machen kann, außer einer Messung seiner Masse. Als nun unsere Studien der W-Zerfälle ganz hochinteressante neue Resultate erbrachten (wir fanden eine neue Möglichkeit, mittels der W-Teilchen die Struktur des Protons auf eine neue Weise zu studieren), war das Komitee gekränkt.

Und als wir unsere Ergebnisse auf einer Konferenz (in Castiglione) vorstellen wollten, hat das Komitee behauptet, unsere Arbeit sei falsch, und per Mehrheitsentscheidung unseren Vortrag verboten. Einige Wochen später haben sie selbst eine Veröffentlichung geschrieben und unsere Ergebnisse ohne uns veröffentlicht. Wir konnten lediglich erzwingen, dass die entsprechende Diplomarbeit meiner damaligen Studentin in die Referenzen jener Veröffentlichung kam. War das nun wissenschaftlicher Betrug oder ist das normale Wissenschaft? Dergleichen Fragen haben aber keinen interessiert, »Wissenschaft«, »wissenschaftlicher Betrug«, es war egal, darum ging es nicht, es ging ausschließlich um Argumente gruppendynamischer Art, Soziologie der Seilschaft statt Physik der Teilchen.

Die gleiche Physikerin, die vorher »bewiesen« hatte, dass man mit den W-Teilchen nichts anfangen kann, war uns inzwischen vorangeeilt, diesmal um zu »beweisen«, dass man aus der Form, der »kinematischen Struktur« der Top-Quark-Zerfälle nichts lernen und auf diese Weise das Top Quark auch nicht entdecken könne. Ein halbes Jahr später haben wir gezeigt, dass und wie es doch geht.

Besagte Physikerin hatte aber inzwischen Karriere gemacht und die ganze »physics community« hinter sich versammelt. Wir konnten unsere Studien nicht mehr veröffentlichen, sie wurden uns von den Zeitschriften ohne Nennung stichhaltiger Gründe wieder zurückgeschickt. Nur um unsere Arbeiten zu dokumentieren, haben wir sie schließlich in einer kleinen italienischen Zeitschrift veröffentlicht, mit Hilfe Giorgio Bellettinis.

Kurz darauf konnten wir das Top Quark tatsächlich in den Daten nachweisen. Mit genau der Methode, die wir vorher veröffentlicht hatten. Nun hatten wir nicht nur die Komitees und die »community« gegen uns, sondern auch ganz direkt das Management. Das Management wollte nicht, dass persönlich identifizierbare Physiker das letzte Quark entdeckten. Das Top Quark sollte von einer Gruppe entdeckt werden, seine Entdeckung also eine Leistung des Managements sein. (Deswegen wurde dann später, als das Management endlich die Entdeckung des Top Quarks bekannt gab, dieses von zwei Arbeitsgruppen einerseits unabhängig, andererseits auf die Stunde genau gleichzeitig und im gleichen Ausmaß »entdeckt«).

Immerhin war Bellettini einflussreich genug, um die Bildung eines »godparent«-Komitees für unsere Topanalysis zu erzwingen. Ein Godparent-Komitee besteht aus drei Physikern, die eine bestimmte Analysis in monatelanger Arbeit überprüfen und in Zweifel stellen soll. Findet das Komitee keine Fehler, wird normalerweise veröffentlicht. Das Komitee fand keine Fehler. Das hat das Management aber nicht interessiert, sie haben uns einfach darauf hingewiesen, dass es ungesetzlich wäre, auf eigene Faust Daten des Fermilab zu veröffentlichen, und dass man uns dafür vor Gericht stellen könne. Gleichzeitig stieg der Druck des italienischen Forschungsmanagements auf Bellettini. Dass wir das Top Quark nur entdecken wollten, war schon schlimm genug. Aber nun hatten wir es tatsächlich entdeckt, und das war nun wirklich unakzeptabel. Mein Arbeitsvertrag wurde nicht mehr verlängert, da konnte auch Bellettini nichts machen.

So kam ich an das SSC in Dallas. Dort hatte man den Bau eines neuen Riesenbeschleunigers begonnen (Superconducting Super Collider) und dabei sollte ich mithelfen. Meine Arbeit am Top Quark wäre an der Stelle eigentlich beendet gewesen. Aber die Kollegen am SSC waren von meinen Ergebnissen so beeindruckt, dass sie mir erlaubten, einfach wie bisher mit meiner Arbeit am Fermilab weiterzumachen, bezahlt vom SSC. Das führte zu der grotesken Situation, dass am SSC viele Kollegen das Top Quark als nachgewiesen ansahen, das Top Quark so gesehen am SSC entdeckt wurde, während das Fermilab Management, das ja eigentlich im Besitz der Daten war, weiterhin die Existenz des Top Quarks abstritt.

Dem Management blieb nichts übrig, als nun doch etwas zu veröffentlichen, einen Artikel, in dem stand, man habe vielleicht das Top Quark gefunden, aber vielleicht auch nicht, man habe sowohl Argumente dafür als auch dagegen. Wobei aber unsere Arbeit vollständig ausgespart blieb.

Ein Jahr später habe ich zumindest einen Teil unserer Arbeit dann veröffentlichen dürfen, in *Physical Review D*, es war ja offiziell keine Entdeckung mehr. Und nochmals ein Jahr später mit neueren Daten in *Physical Review Letters*. Mit all den Leuten, die uns jahrelang betrogen hatten, auf der Autorenliste: Die meisten dieser Autoren hatten nichts zur Analysis beigetragen, und viele haben diese sogar bis aufs Messer bekämpft und bis zuletzt ihre Veröffentlichung zu verhindern versucht, trotzdem sind sie auf der Liste der Autoren.

In jener Zeit haben die Amerikaner den Bau des SSC aufgegeben, nachdem sie bereits eine Milliarde Dollar in das Projekt investiert hatten. Ich verlor dadurch zwar einen guten Job, fand die Entscheidung aber richtig, es hat keinen Sinn, wenn man Milliarden von Dollar in ein Wissenschaftsgebiet investiert, in dem kein Unterschied mehr besteht zwischen Wissenschaft und wissenschaftlichem Betrug. Die Amerikaner hatten recht: Wo Wissenschaft nicht mehr ernsthaft betrieben wird, soll man sie zusperren.

Ich könnte noch seitenlang weitererzählen, aber das würde vielleicht doch ein wenig zu persönlich, es geht hier ja nicht um mich, sondern nur darum, den Aalglatten zu widersprechen, und das haben wir ja nun wohl getan.

Nachdem ich obige Texte geschrieben habe, ist mir ein Zeitungsartikel in die Hände gefallen, der es noch besser ausdrückt. Ich will hier ja nicht als Schriftsteller glänzen, sondern zur Verbesserung der Situation beitragen. Zitieren wir also noch mal aus der Zeitung (*Die Zeit*, Nr. 51, Seite 20). Unter der Überschrift »Gähnende Leere« interviewt Thomas Fischermann den Geschäftsführer des psychologischen Forschungsinstituts Rheingold (ich hatte doch gesagt, dass es die Physiker nicht allein werden richten können, es braucht auch die anderen, etwa die Psychologen). Rheingold hatte im Auftrag der »Initiative Neue Soziale Marktwirtschaft« 50 deutsche Entscheidungsträger nach ihrem Reformeifer befragt. »Weil es hierzulande in der Reformdebatte immer wieder hieß: Die Bürger sind reformmüde, die müssen motiviert werden, um endlich Wandel zu akzeptieren. Wir wollten wissen, ob es bei den Entscheidungsträgern selber auch Reformhemmnisse gibt.... Heraus kam eine frappierende Unwilligkeit, sich an Reformen heranzuwagen. ... ein großes Problem ist die Verneinung von Visionen, die wir da immer wieder festgestellt haben. Es ist fast erschütternd, wie wenige Ideen, wie wenige Zukunftsutopien da sind. Da blickt man in eine gähnende Leere.«

»Verneinung von Visionen«, »wenige Ideen«: Das gleiche Problem, auf das man in der heutigen Physik trifft. Wenn Rheingold recht hat, wenn unsere Manager an den gleichen Problemen leiden wie unsere Physiker, so könnte man, indem man auf dem Gebiet der Physik die Probleme zu lösen versucht, vielleicht auch helfen, die Probleme der Manager zu verringern. Wenn es auch bei den Managern nicht mehr um Leistung geht, nicht um Verantwortung, nicht mehr um Sachfragen, nicht mehr um Kompetenz, sondern nur noch um Macht, Seilschaft, Korruption (denn Macht, die nicht an Verantwortung gekoppelt ist, führt ganz automatisch zur Korruption), dann würde es sicher auch den Managern helfen, wenn man auf dem Gebiet der Physik zeigen könnte, dass es auch anders geht.

Man muss der Physik wieder Freiräume geben. Sie vom Terror der Verwaltung befreien. Es gibt keine Wissenschaft ohne Gedanken, es gibt keine Gedanken ohne Gedankenfreiheit, gebt der Wissenschaft Gedankenfreiheit. Das ist möglich, man muss nur wollen.

Sperren wir wenigstens ein einziges der völlig überflüssigen Nomenklatura-Projekte zu, das spart um die 200 Millionen Euro pro Jahr. Geben wir – »wir«, das ist die Gesellschaft, das sind die Steuerzahler, das sind die Eltern, das ist die Vergangenheit, die eine Zukunft haben will –, geben wir jedes Jahr den besten 200 Physikdiplomanden jeweils eine halbe Million Euro für ihre Forschung (inklusive Gehalt) und den 100 besten Doktoranden je eine Million. Das sind 200 Millionen jährlich.

Stellen wir keine Fragen, verlangen wir keinen »Businessplan«, kein Forschungsprojekt – lassen Sie uns Vertrauen haben. In die Menschheit. Es gibt keine Alternative. Es braucht keine.

Wenn wir nun jedes Jahr 300 jungen Physikern, die an deutschen Hochschulen ihr Diplom oder ihre Doktorarbeit gemacht haben, mehrere Jahre freie Forschung finanzierten, kämen bald die besten Studenten aus allen Ländern Europas zum Studium nach Deutschland. Und dann würden die Regierungen der anderen Länder wohl ebenfalls aufhören, sich von ihrer Wissenschaftsnomenklatura bevormunden zu lassen.

Und all die jungen europäischen Wissenschaftler würden ganz von selbst, spontan, zusammenarbeiten. So wie ich mit Gerhard Luhn und Fabiano Bet zusammenarbeite. Und würden voneinander lernen, so wie ich jeden Tag von meinen Mitarbeitern lerne. Und spontan, nur aus Interesse und Geist würden Seminare entstehen, Sommerschulen, Vorlesungsreihen, Konferenzen.

Ich bin mir deswegen so sicher, weil es genauso auch bei der Isomorph gekommen ist: Je mehr Fortschritte wir auf dem Gebiet der Informationsphysik erzielt haben, umso häufiger sind wir an Grenzen gestoßen, die wir allein nicht überschreiten konnten, auf Probleme der Systemtheorie, der Philosophie, der Biologie, der Computerarchitektur oder der Mathematik. Diese Situation hat ganz spontan zu einer Konferenz geführt, die wir dann im Schloss von Duino veranstaltet haben, etwa ein Jahr nach Sreenivasans Treffen (*http://www.isomorph.it/science/duino2007*). Es wurden drei Tage intensiver und wundervoller Gespräche und Diskussionen über »Information« in all ihren Aspekten. Es war ganz so, wie man sich die Wissenschaft vorstellt, wenn man jung ist, es war so, wie es eigentlich sein sollte. Es war eine Zeitreise: Immer wieder fielen Sätze wie »es ist schon richtig, was Sie in Ihrem Vortrag gesagt haben, Herr Kollege, aber Boltzmann geht da ja noch weiter, Boltzmann findet ja …« – so, als hätte auch Boltzmann gerade eben einen Vortrag gehalten. Es war alles richtig.

So etwas könnte, wenn man die jungen Leute nur ließe, in ganz Europa geschehen. Es würden sich Kurse bilden, Seminare, Sommerschulen, Forschergruppen, Fernkurse, geistige Aktivitäten jeder Art, über ganz Europa verteilt. Und irgendwann würden diese jungen Leute nicht mehr jung sein, und sie würden beginnen, weiterzugeben, was sie gelernt haben. Nicht von oben angeordnet, sondern ganz spontan wüchse eine europäische physikalische Fakultät!

Würden da die Philosophen, die Psychologen, die Wirtschaftswissenschaftler und all die anderen zurückstehen wollen? Es entstünde eine neue Kultur, letztlich eine ganz neue und nie gedachte Form einer europäischen Universität, einer verwaltungsfreien europäischen Universität. Ohne zusätzliches Geld auszugeben, einfach nur, indem man die Nomenklatura ein klein wenig entmachtet, nur teilweise, ihr nur eines ihren vielen Lustschlösser nimmt.

Europa würde sich ändern. Das deprimierende, graue Verwaltungseuropa, das groteske Europa der Bürokraten, würde zu einem kulturellen Europa, zu einem Europa des Geistes und des Lebens.

Falls Sie Sozialist sind, sollte Ihnen die Idee gefallen – es wäre ja eine Verstaatlichung (weil man den Nomenklaturabaronen einen Teil ihrer Pfründe wegnimmt und der Bevölkerung zurückgibt). Falls Sie Anti-Sozialist sind, sollte Ihnen die Idee auch gefallen, denn ebenso wäre es eine Privatisierung (weil man ja alles den individuellen Forschern zur Verfügung stellt).

Und man braucht auch kein Träumer oder Fantast zu sein, ganz im Gegenteil, sehr wahrscheinlich hätte auch Themistokles (sicherlich ein knallharter Realist) diese Ideen gut gefunden, auch Karl der Große (ein erfolgreicher Praktiker) und Friedrich II., Kant, Voltaire, Rutherford, Einstein, Rathenau, Siemens – man kann ziemlich sicher sein. Auch Sie selbst können etwas bewirken, auch wenn Sie kein Themistokles sind, und Sie brauchen noch nicht einmal selbst Physiker zu sein.

Wir können mit Hilfe einfacher Spiegelsysteme Öl und Kohle durch Sonnenenergie ersetzen, zu einem Preis, der nicht über dem von Öl und Kohle liegt. Und dazu müssen wir nicht in die Wüste gehen, das funktioniert auch in Deutschland. Die Nomenklatura hätte solche Spiegelsysteme schon vor 30 oder vor 50 Jahren entwickeln können. Sie tat dies nicht, und sie tut alles, auch andere an solchen Entwicklungen zu hindern.

Es ist dumm und unmoralisch, dass wir mit unserem Geld, das wir fürs Erdöl zahlen, Fanatiker und Extremisten finanzieren, ihnen sogar die Entwicklung von Atombomben finanzieren. Und unsere jungen Wissenschaftler, die uns aus dieser irrsinnigen Situation befreien könnten, schlagen wir tot, nicht ihren Körper, aber ihren Geist. Das muss sich ändern.

Es ist möglich, die Kriege ums Erdöl zu vermeiden und die Erderwärmung zu stoppen. Es würde nicht einmal zusätzlich Geld kosten. Alles, was wir tun müssen, ist, Gedankenfreiheit zu gewähren, nicht nur in politischen Dingen, sondern auch in der Wissenschaft.

Die Computer werden in den nächsten Jahren immer besser die Welt verstehen, sie immer besser erkennen und benennen. Die Arbeit an ihnen wird allmählich zu einer Zusammenarbeit mit ihnen werden. In der täglichen Arbeit der Isomorph erleben wir das schon heute.

Die Wissenschaft ist weit davon entfernt, am Ende zu sein. Zumindest die Physik steht, indem sie sich dem Denken selbst zuwendet, also ihrer Grundlage, eher am Anfang. Es gibt genug zu tun für eine europäische Universität. Bald schon würde sich keiner mehr erinnern, was das gewesen sein soll – »Globalisierung«? Und zusammen mit den anderen Wissenschaften würde die Physik schließlich den Menschen zurückholen an seinen Platz, den er nur irrtümlich verlassen hat, in das Zentrum der Welt. Die Physik ist für alle, all dies ist möglich.